●艺术实践教学系列教材

数字媒体入门实训教程

王文奇　编著

ZHEJIANG UNIVERSITY PRESS
浙江大学出版社

图书在版编目(CIP)数据

数字媒体入门实训教程 / 王文奇编著. —杭州：浙江大学出版社，2014.2

ISBN 978-7-308-12401-8

Ⅰ.①数… Ⅱ.①王… Ⅲ.①数字技术—多媒体技术—教材 Ⅳ.①TP37

中国版本图书馆 CIP 数据核字(2013)第 189337 号

数字媒体入门实训教程

王文奇 编著

责任编辑 石国华
封面设计 刘依群
出版发行 浙江大学出版社
(杭州市天目山路 148 号 邮政编码 310007)
(网址：http://www.zjupress.com)
排　　版 杭州星云光电图文制作工作室
印　　刷 杭州杭新印务有限公司
开　　本 787mm×1092mm 1/16
印　　张 9.5
字　　数 237 千
版 印 次 2014 年 2 月第 1 版 2014 年 2 月第 1 次印刷
书　　号 ISBN 978-7-308-12041-8
定　　价 28.00 元

浙江大学出版社发行部联系方式：0571—88925591；http://zjdxcbs.tmall.com

总 序

面对我国飞速发展的今天和高等教育从精英教育向大众化教育转变的现实,我们必须思考在这场激烈的人才竞争中如何使我们的教育适应新形势下的社会需求,如何全面地提升学生的综合竞争力,真正使我们所教的知识能"学以致用"。

教学改革是一个持久的课题,其没有模式可套,我们只能从社会对人才需求的不断变化和在教学实践中结合自身的具体情况不断地去提升与完善。要对以往的教学进行反思、梳理,调整我们的教学结构与体系,去完善这个体系中的具体课程。这里包含着对现有教学知识链的思考:如何在原有知识结构的基础上整合出一条更科学的知识链,并使链中的知识点环环相扣;也包含着对每个知识点的深入研究与探讨:怎样才能更好地体现每门课程的准确有效的知识含量,以及切实可行的操作流程与教学方法。重视学生的全面发展,关注社会需求,开发学生潜能,激发学生的创新精神,培养学生的综合应用能力。教育的根本目的不仅要授予学生"鱼",更要授予以"渔",使之拥有将所学知识与技能转化成一种能量、意识和自觉行为的能力。

编写一部好的教材确实不易,从实验实训的角度则要求更高,不仅要有广深的理论,更要有鲜活的案例、科学的课题设计以及可行的教学方法与手段。编者们在编写的过程中以自身教学实践为基础,吸取了相关教材的经验并结合时代特征而有所创新。本套教材的作者均为一线的教师,他们中有长期从事艺术设计、摄影、传播等教育的专家、教授,有勇于探索的青年学者。他们不满足书本知识,坚持教学与实践相结合,他们既是教育工作者,也是从事相关专业社会实践的参与者,这样深厚的专业基础为本套教材撰写一改以往教材的纸上谈兵提供了可能。

实验实训教学是设计、摄影、传播等应用学科的重要内容,是培养学生动手能力的有效途径。希望本套教材能够适应新时代的需求,能成为学生学习的良好平台。

本套教材是浙江财经大学人文艺术省级实验中心的教研成果之一,由浙江大学出版社出版发行。在此,对辛勤付出的各位教师、工作人员以及参与实验实训环节的各位同学表示衷心的感谢。

张继东

前　言

自人类进入信息社会以来，数字技术促使信息媒体形态发生了重要变革，建立在二进制基础上的数字媒体被广泛运用，数字媒体产业也成为增长速度最快的领域。

数字媒体包括了文本、图像、图形、视频、音频、动画等多种形态，数字媒体技术与人类的艺术想象力结合在一起，成为一股强大的力量，促成了形式丰富、效果精美逼真的视听景观的创造。它的具体运用领域涵盖了文字图像设计、视听影像产品制作、网页多媒体呈现以及一些新型的视觉展示产品，涉及广播、电影、电视、游戏、广告、出版、建筑设计、教育传播、信息服务业等多个行业。

对于从未接触过数字媒体的初学者而言，这一新的学习领域也许意味着神秘和困难，“数字”一词容易让人觉得有点高深莫测，就如电影《骇客帝国》开场一幕那满屏的跳动的绿色字母的寓意——数字构造了一个新的虚拟而又真实的世界，那是数字技术高级系统开发的艺术预言。但就数字媒体的初级运用而言，学习过程其实并没有那么复杂，它不需要学习难度较高的计算机编程技术，仅仅是凭借一些专业的媒体软件——图像、音频、视频和动画的系列运用软件的学习，就能够完成看起来相当不错的作品。数字媒体软件的使用使原本远离普通人的艺术创作领域不再遥不可及，从而大大降低了创意设计制作的门槛。对于初学者而言，学习重点不在于计算机的系统知识，而是理解和创造性地使用媒体软件工具，它们包括了 Adobe 公司生产的一些媒体制作软件，还包括了一些常用的同类软件。

本书的目的就在于给初学者建立一个合适的引导，按照循序渐进的过程，提供一些恰当而有趣味的训练项目来帮助初学者了解数字媒体的创作原理与使用技能。本书的突出特点在于对案例教学方法的倚重，实训项目的逐项完成会给初学者带来不断的“惊奇”体验——相比于文字和逻辑的脑力思维，这些仅仅用键盘和鼠标的几次运动所完成的作品效果更为直观和有力，可以激发初学者的学习热情。同时我们还提供简明而完备的项目知识点，以期读者在完成实训项目的练习达到“知其然”后，再进一步到“知其所以然”，这是本书区别于一般教材的编写初衷。作为入门的教程，本书主要是起到一个抛砖引玉的功能，使初学者在动手练习中获得成就感和快乐，培养其深入学习的兴趣。

本书的体例特点是以数字媒体的形态类别建立章节的，我们依循由简入繁的秩序，依次导入了图像、音频、视频、动画的综合实训。每一项实训内容包含了训练目的、项目知识点、具体的步骤讲解和课后习题。本书相关的资料可以到浙江大学出版社网站(http://www.zjupress.com)下载，也可以直接向责编索取：shigh888888@163.com。

在此，我要感谢为本书作出贡献的人们：王阿蒙老师为本书撰写了MIDI音乐制作一节，并为视频实训部分的完成提供了宝贵的参考意见；王琴老师、董建华老师、罗顺宏老师为本书的案例选择提供了无私的帮助。本书的完成过程中还展现了浙江财经大学数字媒体艺术专业同学们创作的精彩案例，08数字媒体艺术的赵国强同学提供了视频章节的案例，并撰写了该部分的初稿，09数字媒体艺术的周冰魂同学为动画章节提供了重要案例，10数字媒体艺术的胡景同学为图像章节提供了案例，还有09数字媒体艺术的李发芽同学为本书制作了网页案例，但由于多种原因我们未收入网页制作一章。他们的热情参与使本书作为一本案例教材更为丰富和精彩。

当然，还要感谢浙江财经大学人文学院和艺术学院的领导者，他们的远见和实验室项目经费的支持使得本书得以顺利出版。

限于本书作者的能力，本书无法做到尽善尽美，留下了一些遗憾，希望读者们能够谅解。

编　者

2013年10月

目　录

项目一　数字媒体工作室设备选择

【项目概述】

数字媒体工作室是指完成数字化的图像、文字、音频和视频的信息采集、加工和传播工作所必需的一整套设备,既包含了符合多媒体创作的核心设备计算机,也包括了采集和输出信息时的辅助设备。数字媒体不同于传统媒体之处就在于它是随着计算机技术和网络技术发展而出现的媒体形态,其中一个最核心的环节就是"数字化处理过程",这也造成了它与传统媒体工作设备的主要区别。数字媒体工作室根据不同的功能需求进行精细的专业级别的区分。

【项目目的】

通过设备选择训练,学习对象将了解不同类型数字媒体创作必备的硬件和软件,加深对计算机结构和硬件性能的认识,了解最基本的媒体创作工具和各种辅助设备,为进入媒体创作奠定必要的知识基础。

【项目要求】

把握图形设计、音频、视频工作室的设备构成及基本性能。

【项目知识点】

1. 计算机结构原理

数字媒体工作室的核心设备是计算机,配置一台合适的计算机往往是初学者面临的第一个问题。一台计算机包括了硬件系统和软件系统。硬件系统由运算器、控制器、存储器、输入和输出设备 5 个部分构成,并通过系统总线连接来协同工作。当计算机接受输入的指令后,由控制器指挥,将数据和程序从外存储器读入内部存储器,再由运算器进行处理,处理后的结果由输出设备输出。具体的硬件结构如图 1-1 所示。

计算机的软件系统则包括了操作系统和应用软件,操作系统是控制其他程序运行、管理系统资源并为用户提供操作界面的系统软件的集合。常用的如微软公司推出的 Windows 系统以及苹果电脑使用的 Mac OS 系统,而应用软件是根据客户的具体需要所开发编制的各种程序,常见的媒体应用软件有图像编辑软件 Photoshop、视频编辑软件 Premiere 等。

计算机除了硬件之间的相互适配外,还要讲究硬件和软件、应用软件和操作系统之间的相互协调,比如 32 位的 CPU 就不能安装 64 位的操作系统,32 位的操作系统也不能安装 64 位的应用软件。

2. 数字媒体工作室计算机重要硬件的关键性能

由于数字媒体制作中有大量的图像数据需要处理,要使整个工作过程达到高效,在计算机硬件配置上也有一定的要求。

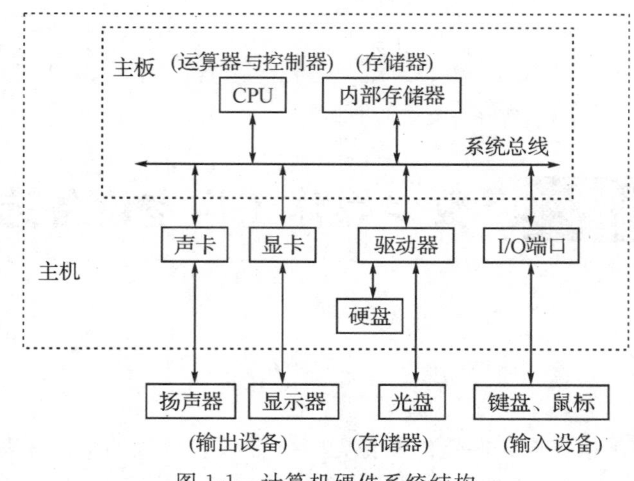

图 1-1 计算机硬件系统结构

(1)中央处理器(CPU)

作为计算机的核心,CPU 主要的技术指标包括了主频(CPU 内晶体震荡的频率)、外频(系统总线的工作频率)、CPU 缓存大小和架构、CPU 的位数、支持的内存容量等。一般而言,主频虽然与运算速度之间没有直接的对应关系,但 CPU 产商都在努力提高 CPU 主频,同一类型的 CPU 主频越高的性能相对越好。外频越高则 CPU 与周边设备数据输送的频率越快。CPU 缓存的交换速度快于内存,缓存容量大和多层缓存结构能够促进数据处理性能。CPU 的位数指处理器一次执行指令的数据带宽,在工作频率相同的情况下,64 位 CPU 的处理速度比 32 位的更快。由于数字媒体制作往往有大量的数据流,因而选取高性能的 CPU 是十分必要的。作为图形工作站的主机尤其注重 CPU 的性能,一般会采取高端的配置。

(2)内存

内存是计算机的重要部件,其作用是用来暂时存储 CPU 中运行的各种运算数据以及与外部存储器交换的数据。媒体应用软件运行往往需要较大内存,如果内存容量不够就会占用硬盘空间,会增加数据交换次数而使运行速度变慢。内存的合理大小则主要受到 CPU、主板的限制。目前的内存主要采用 DDR3 规格,而图形工作站的内存会选用 ECC 技术,它具有特殊的纠错能力,使服务器运行保持稳定。

(3)显卡

显卡将 CPU 输出的数据转化为显示器可以识别的格式并予以显现。一般来说,独立显卡的性能比主板的集成显卡要好。显卡带有图形处理芯片 GPU,它直接决定了显卡性能的高低,目前市场上主流的显卡芯片由 NVIDIA 和 ATI 制造。显卡内存位宽是在一个时钟周期内所能传送数据的位数,位数越大则瞬间所能传输的数据量越大,显卡内存容量的大小决定着显存临时存储数据的能力,显卡芯片性能越高,其处理能力越高,所配备的显存容量相应也应该越大,而低性能的显示芯片配备大容量显存对其性能是没有任何帮助的。复杂庞大的图形处理和高效的视频编码应配置性能较好的显卡。

(4)声卡

声卡是计算机实现声波的模拟/数字转化的硬件,它的主要功能包括了声音的采集与播放、声音的编辑合成以及提供音乐设备数字接口 MIDI。声卡要实现声波的模拟信号与数字信号之间的转换，依靠的是数/模转换DA和模/数转换AD，以及数字信号处理器DSP，它们决定了数字音频的处理效率和质量。此外，声音采样率和量化位数也是辨识声卡性能的重要指标。采样率是指一秒钟对声音采样的次数，量化位数用来描述声波的波形变化等级，即声卡处理声音的解析度，数值越大解析度就越高，声音形态就越真实。要达到CD音质，采样率要达到44.1kHz，16位位深度。对于音乐创作而言，MIDI的指令需要通过波表合成器合成音乐，目前由声卡硬件存储的“硬波表”已经由可下载音色库“软波表”替代，不同的声卡合成器音色会有差异。声卡中还带有不同的音效芯片，支持各类环境音效和环绕音效等。为提高录音效率，声卡最好能够支持ASIO驱动①，采用ASIO技术可以减少系统对音频流信号的延迟，将声卡硬件对音频流的响应时间降低到十几毫秒以内。从输出效果而言，声卡支持的通道数目会影响到声音的表现，从单声道、双声道到4.1环绕，目前最高的支持7.1声道系统。需要注意的是，声卡的种类可以区分为数字声卡和模拟声卡，前者输出的是数字音频信号，要外接功放或者解码器才能播放声音，后者则经过数模转换成模拟信号。

专业的音频工作站的声卡还要注重输入端口的种类、数量，它们决定了是否能够支持多类型接口（如单声道话筒/线路或立体声线路接口、高阻抗的Hi-Z输入等），使之能够直接录制不同的音源（乐器、人声）和进行多轨输入输出，并能便捷地添加效果器等。一般专业声卡会捆绑制作软件，比如雅马哈的声卡使用的是CUBASE系列软件。

(5)接口：火线接口或1394采集卡、HDMI接口、光纤接口

在视频工作室计算机接口中，除了常见的USB接口，一般还需要火线接口，即IEEE 1394标准，有些主板上直接带有此接口，如果没有还可以另外添加1394采集卡。IEEE 1394接口的最大数据传输速率为3.2Gbps（比特/秒），在速度上虽然落后于USB 3.0，但提供了点对点传输功能，这样不用依赖PC即可实现设备之间的数据传输，同时支持同步和异步传输模式，可以连接63个设备，并同时传输数字视频及数字音频信号，在采集和回录过程中没有信号损失，因而IEEE 1394接口更加适合多媒体设备（如摄像机、采集卡），它的应用具有较强的专业性。HDMI接口是一种高清晰度多媒体接口，可同时传送不经压缩的高清晰度数字音频和视频信号，是适合影音传输的专用型数字化接口，其最高数据传输速度为5Gbps。而光纤接口传输数字音频信号，可用来连接数字音箱和高档数字麦克风，还可进行数字录音，是目前较先进的音频输出接口。

3. 常用的辅助设备及功能

数字媒体的常用辅助设备是指输入各种创作素材信息和输出作品的设备。如获取图片素材的扫描仪、数码相机等，以及图片输出的打印设备等。数字媒体制作典型的特征是所有素材都要经过数字化转换才能使用，无论是图像还是音频、视频信息，均有一个转换为二进制0和1数字的过程，这也形成了它有别于传统制作的工作原理。因而输入用的辅助设备都具有模拟/数字转化器，而输出时数/模转换过程往往通过显卡和声卡等计算机硬件完成。辅助设备用于在不同显示介质上对信息进行呈现。

我们把不同类型素材的输入和输出的辅助设备进行分类列表，如表1-1所示。

---

① ASIO(Audio Stream Input Output)是音频流输入输出接口的英文缩写，ASIO作为系统中独立的音频通道可以避开Direct Sound（或其他通道）的干扰，从而使得ASIO应用程序（如音乐创作软件）可以不受系统中正在运行的其他程序的干扰。

表 1-1　多媒体计算机常用辅助设备

媒体类型	输入辅助设备	介质类型	输出辅助设备
文字	键盘(常规)	纸质	打印机
	手写板		
图像	绘图板	电子	显示器
	扫描仪		
	数码相机		投影仪
音频	麦克风		
	MIDI 键盘		扬声器
视频	数码摄像机		

在具体的运用中，上述设备还可分为多种类型以应对不同的需求，我们简单列举它们的功能类型和关键性能指标，如表 1-2 所示。

表 1-2　常用辅助设备类型及关键性能

设备名称	设备种类		关键性能
手写绘图板	数位板、数位屏		可辨尺寸、压力级数、分辨率、输入速度
扫描仪	平板式、滚筒式、底片扫描仪、三维扫描仪		扫描的最大尺寸、扫描分辨率、数据兼容性
数码相机	单反式、旁轴式		CCD/CMOS① 成像的像素数量、面积和感光灵敏度、存储方式、镜头变焦能力
数码摄像机	Mini DV、Digital8 DV、摄录放一体机、DVD 数码摄像机、硬盘数码摄像机、高清数码摄像机 HDV		CCD/CMOS 类型及有效像素数量、存储方式、输出方式
打印机	针式、激光式、喷墨式、热升华式		打印分辨率、打印幅面、速度、打印耗材
麦克风	演出用	动圈式、电容式	灵敏度、指向性、频率响应范围
	录音用	驻极体式、动圈式	
	会议用	电容式、铝带式	

这些设备有时还需要一些辅助器材，比如摄影或摄像时还经常用到三脚架或者轨道等，在此就不一一列举了。

4. 常用的媒体应用软件及主要功能

数字媒体制作有多种编辑制作软件，它们适用于不同的媒体类型，表 1-3 列举了最常见的媒体应用软件及其主要功能。

---

① CCD，Charge-Coupled Device，电荷耦合元件，CMOS，Complementary Metal-Oxide-Semiconductor，互补金属氧化物半导体，两者均为能够把光学影像转化为数字信号的图像传感器。

表 1-3　常用媒体应用软件及主要功能

媒体类型	应用软件	主要功能
图像、图形	Adobe Photoshop CS5	图像编辑处理
图形	Adobe Illustrator CS5，CorelDraw X6	矢量图形编辑
音频	Adobe Audition 3.0，Neundo5.0	多轨录制、混编、效果处理
音频	Sound Forge V9.0	音频编辑制作
音频	Sonar 8，Cubase 6	音序创作
二维动画	Adobe Flash CS5	二位矢量动画
三维动画	3Ds Max 2012	三维渲染与制作
三维动画	Maya 2012	3D 建模、动画、特效、渲染
视频	Adobe Premiere Pro CS5	视频编辑
视频	Edius 6	视频后期合成编辑
视频	Adobe After Effects CS5	视频特效合成
视频	Final Cut Pro 7	视频剪辑
视频	Avid Media Composer 6	视频编辑与合成
网页	Adobe Dream Weaver CS5	网页设计

子项目一　数字图形工作室设备选择

要求：请从图 1-2 中选择适用于数字图形工作室的设备，使之能够完成平面和影视广告所涉及的图形、图像、动画、视频的采集、编辑和输出工作，在同类型设备中挑选最高性能的一款。①

具体步骤：

1. 选择设备。可根据表 1-2 所列举的信息首先挑选出适合数字图形工作室的相关设备。涉及图形处理的外部设备包括了第 2 项到第 6 项。

---

①　在实际应用中，完成二维图形、图像编辑、简单的三维动画制作、视频编辑和工业设计由个人计算机即可完成，而大型的复杂的图像渲染则需要稳定高效的图形工作站——为完成图像处理任务而专门配置的计算机，一般都经过品牌认证，这些品牌包括了苹果、惠普、戴尔、联想等，图形工作站在性能、可扩充性、稳定性、图形/图像画质等多方面要大大超越普通电脑，采用服务器操作系统。由于本项练习目的在于让读者了解工作室设备的主要性能特征，能够完成入门级的图形处理工作，所以在此不涉及图形工作站的细节。

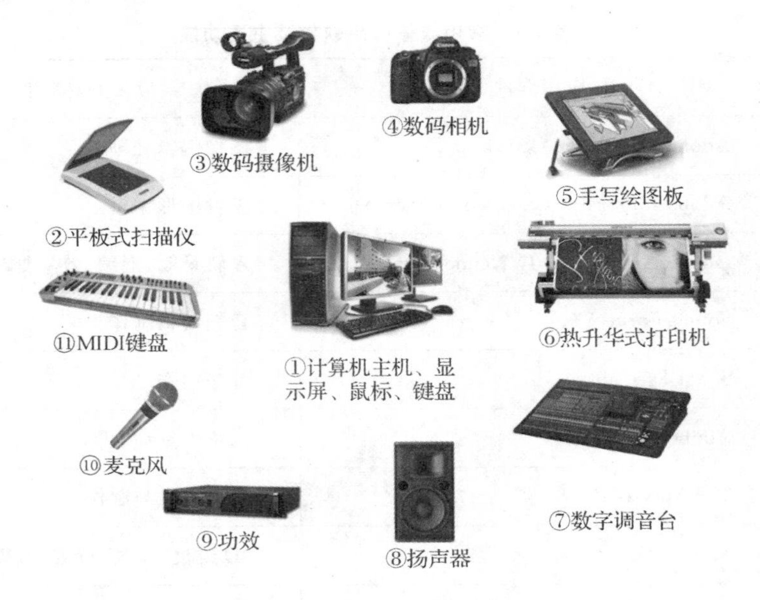

图 1-2　数字媒体工作室设备

2. 对计算机性能的选择。表 1-4 列举了不同硬件组装的计算机，从中选取性能最佳的一款。

应该关注的重要信息包括了我们前面提到过的 CPU、内存、显卡的关键技术指标。表 1-4 详细列举了技术参数，有些术语对于大家可能完全陌生，可以通过网络检索进行进一步的了解。在计算机 1 中，硬件间相互支持的关联指标被标出了下划线。在对比 3 套计算机硬件的技术参数后，请判断它们的性能差异。

表 1-4　计算机硬件配置及其主要性能

性能 / 硬件	计算机 1	计算机 2	计算机 3
CPU	Intel 酷睿 i7 3930K	Intel 酷睿 i7 3770K	Intel 酷睿 i5-2300
	CPU 主频：3.2GHz 最大睿频：3.8GHz 总线类型：DMI 总线 5.0GT/s 核心代号：Sandy Bridge-E 核心数量：六核，十二线程 制作工艺：32 纳米 三级缓存：12MB 热设计功耗(TDP)：130W 超线程技术：支持 内存控制器：DDR3-1600 插槽类型：LGA 2011 64 位处理器：是	CPU 主频：3.5GHz 最大睿频：3.9GHz 总线类型：DMI 总线 5.0GT/s 核心代号：Ivy Bridge 核心数量：四核，八线程 制作工艺：22 纳米 三级缓存：8MB 热设计功耗(TDP)：95W 超线程技术：支持 内存控制器：DDR3 1333/1600 插槽类型：LGA 1155 64 位处理器：是	CPU 主频：2.8GHz 最大睿频：3.1GHz 总线类型：DMI 总线 5.0GT/s 核心代号：Sandy Bridge 核心数量：四核，四线程 制作工艺：32 纳米 一级缓存：4×64KB 二级缓存：4×256KB 三级缓存：6MB 热设计功耗(TDP)：95W 超线程技术：不支持 内存控制器：DDR3-1333 插槽类型：LGA 1155 64 位处理器：是

续表

硬件＼性能	计算机 1	计算机 2	计算机 3
主板	华硕 P9X79 PRO	华硕 SABERTOOTH Z77	华硕 P8P67 LE
	主芯片组：Intel X79 CPU 插槽：LGA 2011 CPU 类型：Core i7 CPU 描述：支持 Intel 32nm 处理器 内存类型：DDR3 内存描述：支持四通道 DDR3 2400/2133/1600/1333/1066MHz 内存 内存插槽：8 DDR3 DIMM 显卡插槽：PCI-E 3.0 标准 PCI-E 插槽：4×PCI-E X16 显卡插槽 扩展接口：光纤接口 集成芯片：声卡/网卡 RAID 功能：支持 RAID 0，1，5，10 多显卡技术：支持 AMD Cross-FireX/NVIDIA SLI 技术	主芯片组：Intel Z77 CPU 插槽：LGA 1155 CPU 类型：Core i7/Core i5/Core i3 CPU 描述：支持 Intel 22nm 处理器 内存类型：DDR3 内存描述：支持双通道 DDR3 1866/2133/1600/1333/1066MHz 内存 内存插槽：4 DDR3 DIMM 显卡插槽：PCI-E 3.0 标准/PCI-E 2.0 标准 PCI-E 插槽：3×PCI-E X1，3×PCI-E X16 显卡插槽 扩展接口：光纤接口、HDMI 插口 集成芯片：声卡/网卡 RAID 功能：支持 RAID 0，1，5，10 多显卡技术：支持 AMD Cross-FireX/NVIDIA SLI 技术	主芯片组：Intel P67 CPU 插槽：LGA 1155 CPU 类型：Core i7/Core i5/Core i3 CPU 描述：支持 Intel 32nm 处理器 内存类型：DDR3 内存描述：支持双通道 DDR3 2200/1866/1600/1333/1066MHz 内存 内存插槽：4 DDR3 DIMM 显卡插槽：PCI-E 2.0 标准 PCI-E 插槽：2×PCI-E X16 显卡插槽 扩展接口：1394 接口、光纤接口 集成芯片：声卡/网卡 RAID 功能：支持 RAID 0，1，5，10 多显卡技术：支持 AMD Cross-FireX
内存	海盗船复仇者 4G DDR3 1600 MHz(4×4GB)	三星 4GB DDR3 1600 (MV-3V4G3/CN)(4×2GB)	金士顿 2G DDR3 1333 MHz(4GB)
	内存类型：DDR3 内存主频：1600MHz	内存类型：DDR3 内存主频：1600MHz	内存类型：DDR3 内存主频：1333MHz 内存校验：ECC
主硬盘	希捷 ST31000526SV（1TB/7200 转/32MB/SATA3）＋美光 M4(128G)固态硬盘	希捷 ST31000526SV（1TB/7200 转/32MB/SATA3）	西数 WDC WD5000 AAKX-001CA0 (500GB/7200rpm)
	硬盘容量：1000GB 缓存：32MB 转速：7200rpm 接口类型：SATA3.0 接口速率：6Gb/s —— 存储容量：128GB 接口类型：SATA 3 接口速率：6Gb/s 数据传输率：读出：415MB/s，写入：175MB/s 内存架构：MLC 多层单元	硬盘容量：1000GB 缓存：32MB 转速：7200rpm 接口类型：SATA3.0 接口速率：6Gb/s	单碟容量：500GB 缓存：16MB 转速：7200rpm 接口类型：SATA3.0 接口速率：6Gb/s

续表

性能 硬件	计算机 1	计算机 2	计算机 3
显卡	华硕 HD7950 DirectCU II	微星 N570GTX Twin Frozr III Power Edition	华硕 ATI Radeon HD 6850
	显卡芯片:Radeon HD 7950 制造工艺:28 纳米 核心频率:800MHz RAMDAC①:400MHz 显存容量:3G GDDR5 显存位宽:384 位 总线接口:PCI Express 3.0 16X 流处理器(sp):1792 个 DirectX 版本:11.1	显卡芯片:GeForce GTX 570 制造工艺:40 纳米 核心频率:732MHz RAMDAC:400MHz 显存容量:1280MB GDDR5 显存位宽:320 位 总线接口:PCI Express 2.0 16X 流处理器(sp):480 个 DirectX 版本:11	显卡芯片:Radeon HD 6850 制造工艺:40 纳米 核心频率:775MHz RAMDAC:400MHz 显存容量:1GB GDDR5 显存位宽:256 位 总线接口:PCI Express 2.0 16X 流处理器(SP):960 个 DirectX 版本:11
声卡	集成 Realtek ALC8988 声道音效芯片	集成 Realtek ALC8928 声道音效芯片	板载瑞昱 ALC892 @ 英特尔 6 Series Chipset 高保真音频
网卡	板载 Intel 82579V 千兆网卡	板载 Intel 82579V 千兆网卡	集成瑞昱 RTL8168E PCI-E Gigabit Ethernet NIC
显示器	惠普 HP ZR24W(24 英寸)	戴尔 U2412M(24 英寸)	飞利浦 226CL2SB(21.7 英寸)
	面板类型:IPS 动态对比度:3000∶1 最佳分辨率:1920×1200 背光类型:CCFL 背光 亮度:400cd/m^2 灰阶响应时间:5ms	面板类型:IPS 动态对比度:200 万∶1 最佳分辨率:1920×1200 背光类型:LED 背光 亮度:300cd/m^2 灰阶响应时间:8ms	面板类型:TN 动态对比度:2000 万∶1 最佳分辨率:1920×1080 背光类型:LED 背光 亮度:250cd/m^2 黑白响应时间:2ms

从硬件指标来看,在 CPU、内存、显卡、显示器、硬盘容量等方面,计算机 1 的性能最佳,计算机 2 次之,计算机 3 居末。

3. 辅助设备的选择。从表 1-5 中选取性能最佳的一款设备。

表 1-5 图形工作室常用设备性能

性能 设备名称	设备 1	设备 2	设备 3
扫描仪	中晶 1000XL	惠普 HP G4050	惠普 HP 5590
	产品类型:平板式 扫描元件:三线 CCD 光学分辨率:3200×6400dpi 最大幅面:A3 预扫时间:18s 色彩位数:48 位 扫描光源:白色冷阴极荧光灯 CCFL 透扫尺寸:304.8mm×406.4mm 双面扫描:手动	产品类型:平板式 扫描元件:CCD 光学分辨率:4800×4800dpi 扫描范围:216×311mm 扫描速度:预览模式下 8.5s 色彩位数:96 位 扫描光源:冷阴极荧光灯 CCFL 透扫适配器:内置透扫器(TMA),16 张 35mm 幻灯片/30 张 35mm 底片 双面扫描:手动	产品类型:平板式+馈纸式 扫描元件:CCD 光学分辨率:2400×2400dpi 最大幅面:A4 预扫时间:7s 色彩位数:48 位 透扫适配器:Satellite(TMA),3 张 35mm 幻灯片或 4 张 35mm 底片 自动进纸器:支持,50 页

① RAMDAC, Random Access Memory Digital-to-Analog Converter,即随机存取内存数字/模拟转换器。

续表

设备名称＼性能	设备 1	设备 2	设备 3
数码相机	佳能 5D Mark II	尼康 D90	松下 LX5GK
	机身特性:全画幅数码单反 有效像素:2110 万 显示屏尺寸:3 英寸 92 万像素 VGA 镜头结构:兼容佳能 EF 系列镜头 高清摄像:全高清(1080) 传感器尺寸:36mm×24mm CMOS 防抖性能:不支持 存储卡类型:I 或 II 型 CF 卡(兼容 UDMA) 连拍功能:最大约 3.9 张/s 快门速度:30～1/8000s	机身特性:APS-C 规格数码单反 有效像素:1230 万 显示屏尺寸:3 英寸 92 万像素 VGA 镜头:相当于 35mm 胶片照相机的焦距长度的 1.5 倍 高清摄像:高清(720P) 传感器尺寸:23.6mm×15.8mm CMOS 防抖性能:不支持 存储卡类型:SD/SDHC 卡 连拍功能:4.5 张/s 快门速度:30～1/4000s	机身特性:广角 有效像素:1010 万 显示屏尺寸:3 英寸 46 万像素 TFT 光学变焦:3.8 倍 等效 35mm 焦距:24～90mm 24～95mm 高清摄像:高清(720P) 传感器尺寸:(1×1.63)英寸 CCD 防抖性能:光学防抖 存储卡类型:SD/SDHC/SDXC 卡 快门速度:60～1/4000s
数码摄像机	松下 AG-HPX500MC	佳能 XF305	松下 AG-HMC43MC
	传感器类型:3CCD 传感器尺寸:(2/3)英寸 水平解像度:1080 线 无光学变焦 液晶屏描述:3.5 英寸 21 万像素 取景器描述:1.5 英寸彩色取景器 存储介质:SD/SDHC 卡,P2 卡 录制格式:DVCPRO HD,DVCPRO 50,DVCPRO,DV 接口:USB2.0 AV 端子:IEEE 1394 接口,HD-SDI 输出/标清向下变换输出,XLR 音频输入接口,立体声迷你插孔	传感器类型:FULL HD 3CMOS 传感器尺寸:(1/3)英寸 最大分辨率:1920×1080 光学变焦:18 实际焦距:f=4.1～73.8mm 液晶屏描述:4.0 英寸 123 万像素 取景器描述:0.52 英寸,155 万像素彩色取景器 存储介质:CF 卡双卡槽 录制格式:MXF(MPEG-2 长 GOP) 接口:USB2.0 AV 端子:HDMI,HD-SDI 输出/标清向下变换输出,XLR 音频输入接口,立体声迷你插孔	传感器类型:3MOS 传感器尺寸:(1/4.1)英寸 最大像素:915 光学变焦:12 实际焦距:f=4.0～48mm 液晶屏描述:2.7 英寸 23 万像素 取景器描述:0.26 英寸,11.3 万像素彩色取景器 存储介质:SD/SDHC 卡 最大支持容量:SD 卡 2GB、SDHC 卡 32GB 录制格式:AVCHD(MPEG-4AVC/H.264) 接口:USB2.0 HDMI 接口:支持
手写绘图板	凡拓 1910W 液晶数位屏	凡拓 1890 数位液晶屏	WACOM 影拓四代 M PTK-640/KO-F
	压感级数:1024 最大有效尺寸:408.24mm×255.15mm 最大分辨率:5080 LPI 最高读取速度:200 点/秒 感应方式:电磁感应 适用操作系统:Windows 7,Vista/XP,MAC OS 10.2.8 或以上版本	压感级数:1024 最大有效尺寸:408.24mm×255.15mm 最大分辨率:4000 LPI 最高读取速度:200PPS 感应方式:无线电磁压感 适用操作系统:Windows 7/Vista/XP MAC OS 10.2.8 或以上	压感级数:2048 最大有效尺寸:127mm×203.2mm 最大分辨率:5080 LPI 最高读取速度:10mm(0.39 in) 感应方式:多功能触控环功能 适用操作系统:Windows XP(SP2)/Vista,Mac OS X 10.4.8

续表

设备名称＼性能	设备 1	设备 2	设备 3
打印机	HP Z5200	爱普生 4880C	
	最大打印幅面:44 英寸(B0$^+$) 最大打印宽度:1118mm 墨盒数量:8 色墨盒 打印速度:41 平方米/小时 最大打印分辨率:2400×1200dpi 接口类型:USB2.0, RJ-45 网络接口 内存:32GB 硬盘:160GB	最大打印幅面:17 英寸(A2$^+$) 最大打印宽度:432mm 墨盒数量:8 色墨盒 打印速度:大约 1.3 分钟 (360×360dpi/普通纸:草图模式) 最大打印分辨率:2880×1440dpi 接口类型:USB2.0, RJ-45 网络接口 内存:64MB	

表中的设备 1 均为性能最佳者。设备 2 在图像应用的综合性能方面也高于设备 3。

4. 媒体应用软件选择,可参照表 1-3 中的软件功能安装不同类型的图像处理软件,并注意软件版本与操作系统的协调性。

5. 在具有相关实验设备(一台装有 Windows XP 操作系统的具有火线接口的计算机及外设、绘图板、扫描仪、打印机和摄像机)的条件下,组建各设备之间的连接,并安装一种图形处理软件。

子项目二　数字音频工作室设备选择

要求:请从图 1-2 中选择适用于数字音频工作室的设备,使之能够完成音源的录制、音频编辑和 MIDI 的创作。在同类型设备中挑选最高性能的一款。①

具体步骤:

1. 音频设备的选择。请回到图 1-2,涉及音频处理的外部设备包括了除了第 2 项到第 6 项外的所有设备。

2. 设备的性能选择。和图形处理的计算机主机相似的是,对于音频处理来说,CPU、内存、硬盘存储空间都是关键的,除此之外,就是声卡的性能了。本章知识点中对声卡进行了介绍,而表 1-6 中列出了一些有关音频接口和音效的性能参数,体现了不同的音频规格和效果模式,读者可以针对不同的需求进行选择。参数中涉及较多的术语,有兴趣的读者可通过网络检索进行进一步的了解。

表 1-6 中声卡 1 是专业声卡,火线接口,音频接口类型丰富,采用了专业音响的卡侬 XLR 和大三芯 TRS 接口模式,48V 幻象供电可接各类麦克风,高抗阻 Hi-Z 端口可接电贝

---

① 普通的音频录制除了计算机音频处理核心和软件功能外,再加上音源输入和监听设备(通常是麦克风和扬声器),就能够完成音频录制和编辑功能。而要改善录制的音质和效果,则还可以使用效果器、调音台等外围专业设备,后者是音频工作站经常使用的设备。

司和电吉他，多个模拟输入和输出端口，两路监听耳机，零延时录音，音效专注于声音的混音和动态效果。与其他三者相比其录音的性能最为突出，但它没有 MIDI 接口。声卡 2 和 3 录音性能次之，声卡 4 的设计并无过多的关注录音功能，属于普通声卡。不过，对于小规模的录音任务来说，后者也足以胜任。

表 1-6　声卡型号及其性能

声卡 1	声卡 2	声卡 3	声卡 4
雅马哈 MR 816csx	M-AUDIO Firewire410	德国坦克 DMX 6Fire USB	创新 SB X-Fi Elite Pro
采样位数：24 bit 采样样率：96kHz 总线接口：火线音频接口 捆绑 Steinberg Cubase 5 录音软件 音频接口：XLR/TRS 复合通道输入口 8 个（48V 幻象供电、高抗阻乐器开关、－26dB 衰减功能）； Hi-Z 乐器输入； RTS 输出 8 个； ADAT 数字 I/O 供数字音频信号和 S/PDIF 同轴/光纤输入/输出； 独立耳机输出 2 个； 两个硬件效果器插槽 时钟同步 特点：零延时录音，AISO 软件低延迟监听 音效支持：VST3 DSP SweetSpot Morphing Channel Strip 动态效果器和 REV-X Reverb 混响效果器	采样位数：24 bit 采样样率：96kHz 输出采样率：192 kHz 总线接口： 火线音频接口 捆绑 Steinberg Cubase LE 48 录音软件 音频接口：XLR/TRS 复合通道输入口 2 个（48V 幻象供电和－22dB 衰减功能和＋66dB 增益功能，LED 监测）； RTS 输出 8 个； S/PDIF/同轴/光纤输入/输出； MIDI 输入/输出；（旁通开关） 独立耳机输出 2 个； 其他：支持 7.1 环绕立体声输出。零延时监听，以及 AISO 软件低延迟监听	类型：模拟声卡 采样位数：24 bit 总线接口：USB 音频接口：同轴光纤输出；6.5mm 通用麦克风输入；4 个模拟输入；线路输入；唱放输出；MIDI 输入/输出； 特点：多路输出，并可在声卡控制中自由切换	类型：数字声卡 声道系统：7.1 声道 采样位数：24 bit 总线接口：PCI 音效芯片：Ctreative CA20K1-PAG，Cirrus Logic CS4398 音频接口：多功能接口（三合一功能的 3.5mm 接口，支持数字输出/线性输入/麦克风输入）；线性输出（3 组 3.5mm 接口，支持前置/后置/中置/低音/侧置）；卡上内建 Molex 4 针接口，可支持各种的辅助音源输入；1 个 AD_LINK（26 针）接口，可连接内附的 X-Fi 专用外接式输入/输出模块；其它参数：支持 CMSS-3D、EAX HD2、RMAA 等

3. 音频应用软件选择。读者可参照表 1-3 中的软件功能安装不同音序软件和音频编辑软件。

4. 外设选择与建立工作模式。在具有实验器材的条件下（具有声卡的 Windows XP 系统的计算机、麦克风、监听音箱或耳机、调音台、MIDI 设备、音源和其他外设），挑选合适的设备组建录音编辑工作平台、MIDI 创作工作平台以及整合平台。根据图 1-3～图 1-5 的音频工作结构原理，对这些外设进行连接。

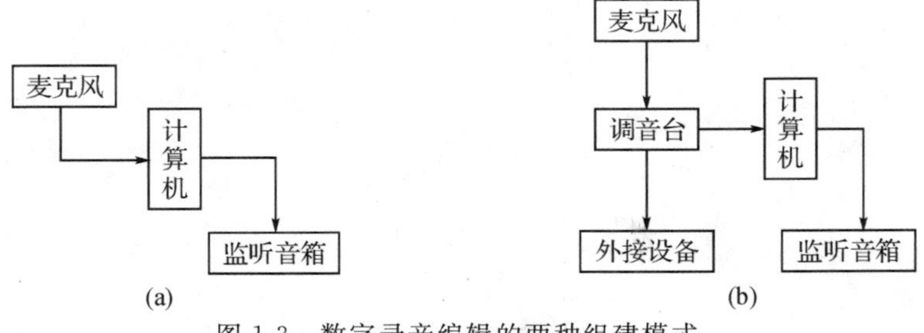

图 1-3　数字录音编辑的两种组建模式

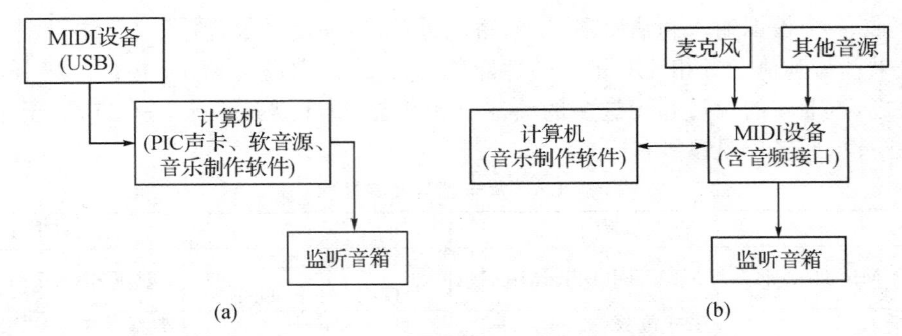

图 1-4　MIDI 音乐创作平台的两种组建模式

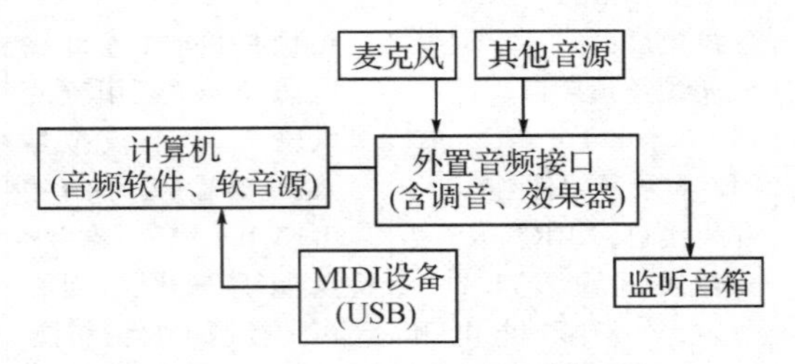

图 1-5　音频工作室的组建模式

【练习题】

1. 登入网站"中关村在线",模拟选购一台适合于数字媒体视频编辑的个人台式电脑,要求 CPU 性能较高,主板等部件与之协调,能够安装 Windows7 操作系统。

2. 进入学校数字媒体实验室,了解该实验室的设备构成和配置情况,能够说出设备的主要功能和特征。

项目二　数字图像的制作

【项目概述】

数字图像的制作是指通过运用计算机图形图像应用软件，进行绘制、编辑、合成图形或图像的一系列过程。它需要对数字图像特定知识有所了解，并能够运用软件 Photoshop 的基本编辑功能完成一些初级的训练。

【项目目的】

通过在 Photoshop CS5 软件中进行图像制作训练，让初学者了解数字图像的类别、颜色模式、位深度、通道、路径、图层、蒙板、滤镜的内涵和运用方式，并熟悉其各个功能窗口和基本工具的使用，了解图像优化的主要环节，理解数字图像绘制与编辑合成的原理，并熟悉一些操作技能。

【项目要求】

能够熟悉数字图像的特点和基本功能，在 Photoshop CS5 软件中独立完成对图像的优化和编辑合成。

【项目知识点】

1. 位图和矢量图

位图，是由像素点构成的图像，位图也称作光栅图，在图形编辑软件中，图像内容可以通过一个像素接一个像素的简单方式进行编辑。每一个像素包含由数据构成的颜色信息，这些颜色信息可以用一个 1 和 0 的序列来表示，一位的图像中最多出现两种颜色，即 2^1。图片在比较正常的情况下看不到像素点，但是当你把它放大到一定程度时便可以看到里面的小颗粒，即像素颗粒，它们会显现出图像的锯齿形，如图 2-1(a)所示。

(a) 位图及其像素颗粒

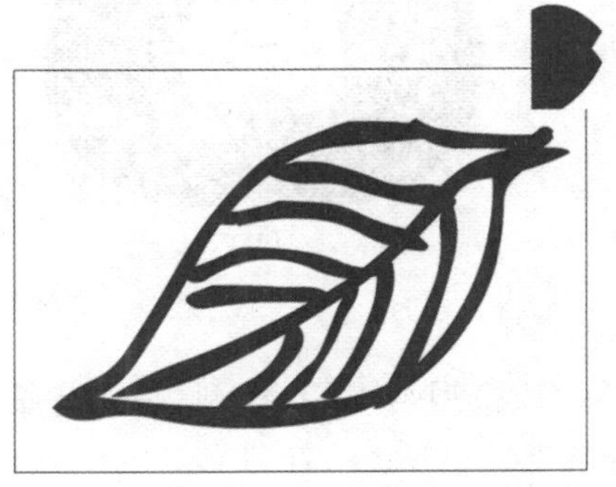

(b) 矢量图放大后依旧清晰

图 2-1

在模拟图像转化为数字图像的过程中，有两个关键点。第一个是采样率，在数码拍照中，如果有足够多的像素点对景物进行采样，就能够呈现连续色彩的丰富变化，相反，如果像素点比较少，图像的采样率太低，图像就会因表现力不足而失真，单位面积的像素总量被称之为分辨率，如像素量/厘米^2。对图像效果而言，还有一个重要的关键点是位深度，也叫颜色深度，是对采样信息进行解析的过程，解析度越高，对采样点的还原能力越强，色彩的表现力越强。如24 位的图像能够表现 2^{24} 即 16777216 种颜色，8 位的图像只有 2^8 即 256 种颜色。

矢量图是用数学的方式描述图形，生成的方法是按照方程式计算出构成图形的离散点。它的突出特点是与分辨率无关，无论把图形放大多少倍，它们依旧清晰，不会出现位图的像素颗粒的锯齿边，如图 2-1(b)所示。因而，矢量图可以被缩放成任意的尺寸，而不会失去图形的细节，但它也很难表现如位图般细腻丰富包含大量信息的细节。

位图无法转换成矢量图，但矢量图可以转换成位图，矢量图的栅格化，也叫光栅化，就是将矢量图转换成基于像素的位图。要将一个与分辨率无关的矢量图形转换成一个有分辨率效果的图像，就需要为栅格化提供一个分辨率，即取样的精细程度。

2. 颜色模式、通道

在 Photoshop 或者其他图形软件中新建文件的初始，就会面临颜色模式的选择，如位图、灰度图、RGB、CMYK 和 Lab 等，它们指定了哪种颜色模型用于显示和打印正在处理的图像，不同的颜色模型的颜色数和通道结构不同。

先来看颜色模式。颜色模式是指对颜色的数字化描述方式，每种模型使用不同的方法和一组原色来描述颜色。最常见的分别是 RGB 模式、CMYK 模式、HSB 模式、CIE XYZ 模式。

RGB 是一种发光体的加色模式，一般为屏幕显示输出时所采用。三原色是红色(Red)、绿色(Green)和蓝色(Blue)，当这三种颜色都达到最大强度时就合成白色，如图 2-2(a)所示。它可以被图形化地描述为一个依据三维空间中的三个轴定义的立方体，x、y、z 轴分别为红色、绿色和蓝色，如图 2-2(b)所示，数字图像编辑程序给三种颜色分配 0～255 的值，其原点(0,0,0)对应黑色，其对角点为白色(255,255,255)。立方体的其他三个角分别对应红色、绿色、蓝色的互补色青色、洋红(品红)和黄色。

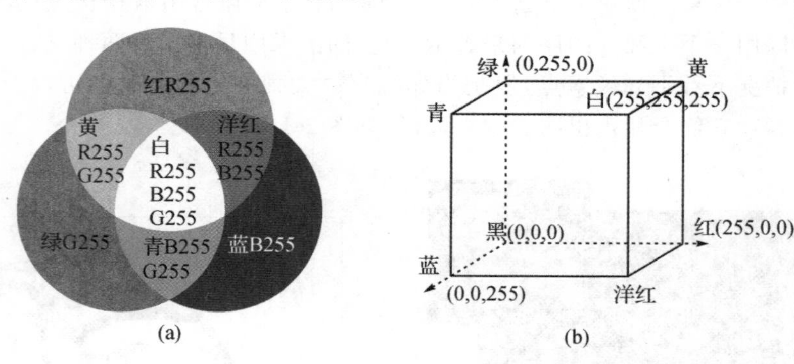

图 2-2 RGB 模式原理

CMYK 模型与 RGB 模型相对应，是一种依靠反光的减色模型，也称作印刷色彩模式。三原色是青色(Cyan)、洋红(Magenta)和黄色(Yellow)，理论上将上述三种颜色(100%，100%，100%)混合将得到黑色，但是由于目前制造工艺还不能造出高纯度的油墨，CMY 相加的结果实际是一种暗红色。因此还需要加入一种专门的黑墨(Black)来调和,也就是 K。这里选 K 而不是 B,主要是为了区别于蓝色 Blue。如图 2-3 所示。

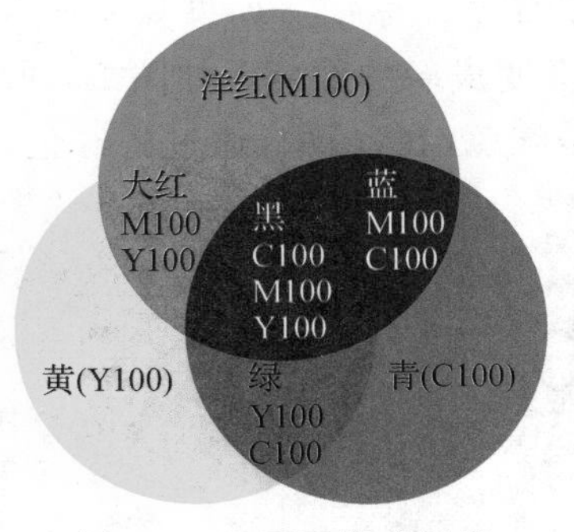

图 2-3　CMYK 模式原理

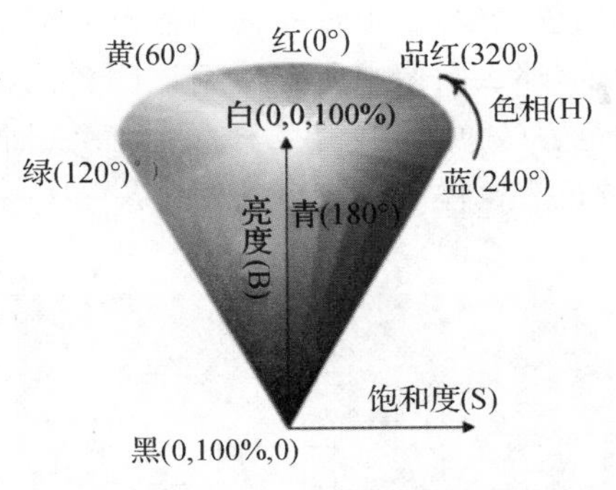

图 2-4　HSB 模式原理

HSB 模型从颜色的三种属性来进行描述,分别是色相(Hue)、饱和度(Saturation)、亮度(Brightness),见图 2-4。色相,就是各种色彩的相貌,比如红,黄,绿,蓝等,它是色彩的首要特征,是区别各种不同色彩的最准确的标准,不同的色彩拥有不同的色相,色相(H)用 0°(从红色开始)到 360°(最后回到红色)之间的一个角度值表示。饱和度,指颜色的强度或者纯度。饱和度越大,颜色就越艳丽;饱和度越小,颜色就越黯淡。饱和度用到色轮中心距离的百分比来表示,其中心是同等亮度下的中性灰色。亮度,指的是颜色的明亮程度。当亮度值为 0%时,不论饱和度和色彩值多少,颜色都为黑色;亮度值为 100%时,颜色都为白色。HSV 和 HSL 的颜色原理与 HSB 十分相似,HSL 的不同之处是当亮度 L 为 50%时,是颜色最饱和之时;当 L 为 100%时,都为白色。

CIE XYZ 模型是是由国际照明委员会(CIE)确定的一个理论上包括了人眼可以看见的所有色彩的色彩模式,如图 2-5 所示。它是一种与设备无关的颜色模式。基于 CIE XYZ 可见色域加以改造的 Lab 模式由三个通道组成,一个通道是亮度 L,另外两个是色彩通道,用 a 和 b 来表示。a 通道包括的颜色是从深绿色(底亮度值)到灰色(中亮度值)再到亮粉红色(高亮度值);b 通道则是从亮蓝色(底亮度值)到灰色(中亮度值)再到黄色(高亮度值),如图 2-6 所示。L 表示明度值,a 表示红/绿值,b 表示黄/蓝值。Lab 模式适用于不同颜色模式之间转换时使用,能够使 RGB 和 CMYK 模式的色彩信息不流失。

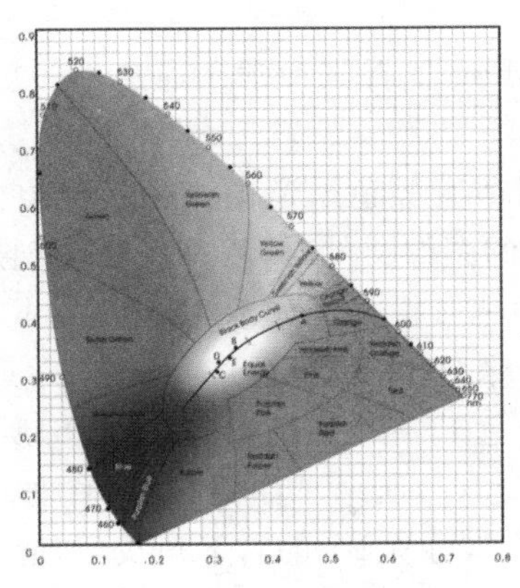

图 2-5　CIE XYZ 彩色图谱

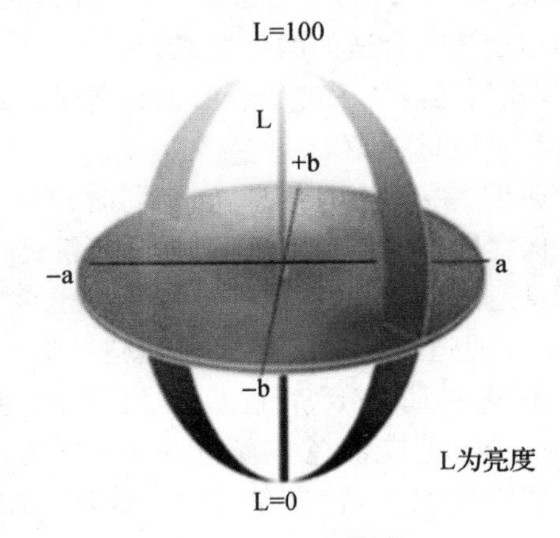

图 2-6　Lab 模式

颜色模式中还有一种索引颜色模式，它可以对实际出现在图像中的颜色进行索引和使用，可描述的颜色数量上限为256种(8位)。采用该种模式的图像的所有颜色出现在一个颜色表或称调色盘中，表中每一种颜色被分配了一个数字或者索引。如果其中索引值对应的颜色改变了，那么图像中所有使用该颜色的像素都会变成新的颜色。如图2-7所示，(a)图对应的颜色表(b)中的共有4种颜色，第三种颜色是红色，在(c)中，通过将红色改为蓝色，(d)中的颜色表也体现了相应的变化。

(a) 采用索引颜色模式的图像

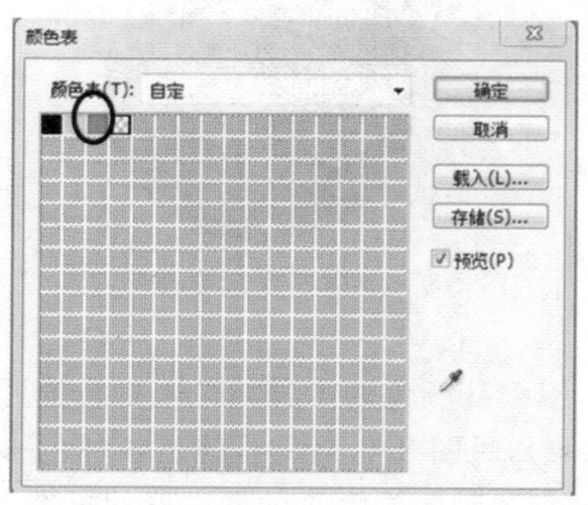

(b) 对应索引颜色的颜色表

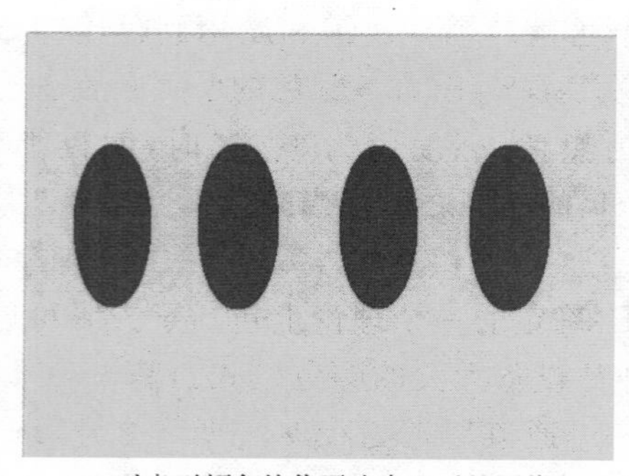

(c)对索引颜色值作了改变之后的图像

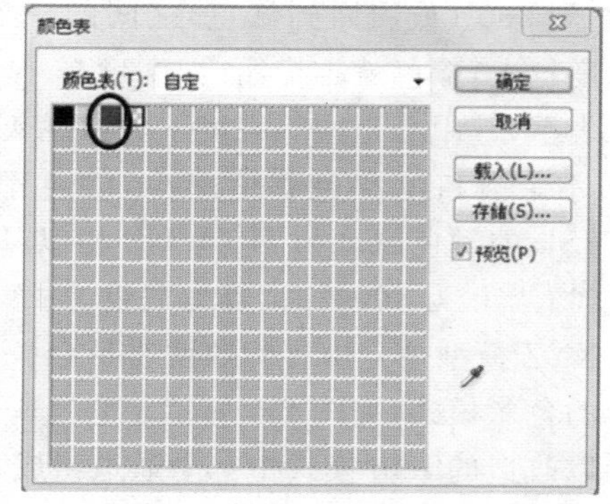

(d) 反映(c)中变化的颜色表

图 2-7　索引颜色实例

在数字图像编辑软件中，颜色模式之间可以转换，但转换中会发生颜色信息丢失，比如RGB转换成CMYK后，颜色会发生改变，而重新转换成RGB，也无法恢复成原图的颜色，因而要根据用途选择合适的颜色模式。

此外，我们还需要了解颜色的通道含义。Photoshop里有三种常用通道——复合通道、颜色通道和Alpha通道。

复合通道本身不含有信息，它是同时预览并编辑所有颜色通道的一个快捷方式。颜色通道用来保存图像的颜色信息，当打开或新建一个新的图像文件时，程序将自动创建其默认的颜色信息通道，默认的颜色通道数取决于该图像的色彩模式。如RGB图像，共有四个通道，一个复合通道RGB，三个颜色通道，即红色R、绿色G和蓝色B，如图2-8(a)所示。CMYK图像则有CMYK、青色C、洋红M、黄色Y、黑色K五个通道，如图2-8(b)所示。Lab图像，有Lab、亮度L、颜色a、颜色b四个通道，如图2-8(c)所示。如要在PS中如图显示出每个通道的原色，需要在“菜单”的“窗口”栏勾出“通道”，再从PS的右下角找到“通道”，单击右键，找到“界面选择”，勾出“让彩色显示通道(C)”，才可看到。

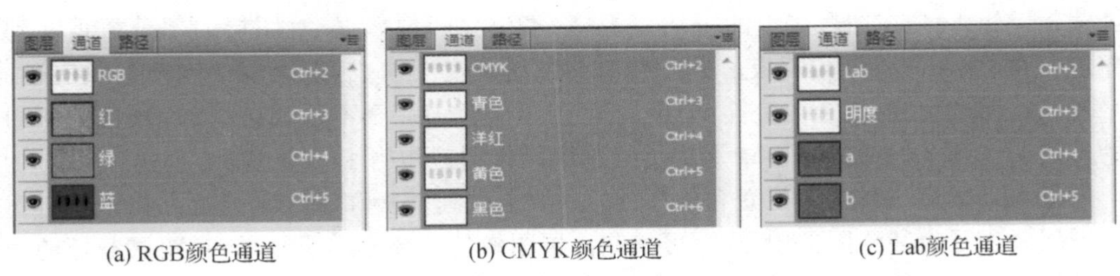

(a) RGB颜色通道　(b) CMYK颜色通道　(c) Lab颜色通道

图 2-8　颜色通道

Alpha 是用于保存选区的通道，它将选区作为 8 位的灰度图像来保存，白色部分表示表示完全选中的区域，黑色部分表示没有选中的区域，灰度部分表示不同程度被选中的区域，如图 2-9 所示。Alpha 通道可用来保存和编辑蒙板(见下一个知识点)，以创造出不同的图像效果。但 Alpha 通道信息只有在以 PSD、TIFF 文件格式进行保存时才能保留下来，否则将丢失。

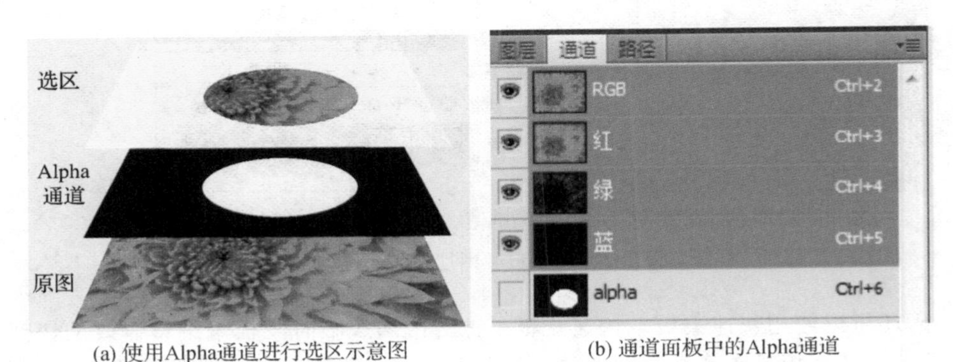

(a) 使用Alpha通道进行选区示意图　(b) 通道面板中的Alpha通道

图 2-9　Alpha 通道

图像的颜色数量和通道的颜色深度有关，当把通道的颜色深度指定为 8 位时，RGB 颜色模式的颜色深度就是 24 位，共有 2^{24} 即 16777216 种颜色。灰度模式只有一个通道，默认情况下颜色深度为 8 位，共有 2^{8} 即 256 种颜色。位图则仅有黑白 2 色。

3. 图层和蒙版

图层(Layer)是图像编辑中最常用到的功能，图层是一个相对独立的图像单元，一个图像可以按照不同的图层来记录和编辑，一个图层可以被独立选择和编辑，而不会影响到其他图层的信息，各个图层之间可按照透明度和前后顺序叠加在一块达成特定的效果，如图 2-10 所示。在图层控制面板中可以对图层进行编辑操作，包括了新建、复制、删除、移动等。

(a) 两个图层叠加示意图

(b) 图像的最终效果

(c) 图层控制面板

图 2-10　Photoshop 图层

蒙板(Mask)是在图层之上的一块挡板,它不包含图像数据,对图层的部分数据起到遮挡作用。在 Photoshop 中,蒙板由一个类似 8 位的灰度图构成,但该层的点阵并没有色彩,而是传达透明度信息,白色为完全透明(不遮挡),黑色为完全不透明(遮挡),灰色为不同程度的半透明。图 2-9(a)的 Alpha 通道进行选区的作用就相当于一个蒙板。

蒙板可以通过三种方式建立和保存:图层蒙板、快速蒙板和 Alpha 通道方式。

图层蒙板是为某一图层创建的,可控制该层图像的各部分透明效果,对图层蒙板的编辑可以使该图层产生不同的显示效果,而该图层数据不变,如图 2-11 所示,可选择菜单中的"图层"→"图层蒙板"→"显示全部",或者在图层控制面板底层的快捷方式中点击▣新建蒙板,即可为当前图层添加图层蒙板,然后运用"渐变工具"再使蒙板产生渐变填充,在图形上产生渐变的透明效果。图层蒙板既可以转换成该层数据的永久变化,也可以删除,恢复图层数据的本来面貌。

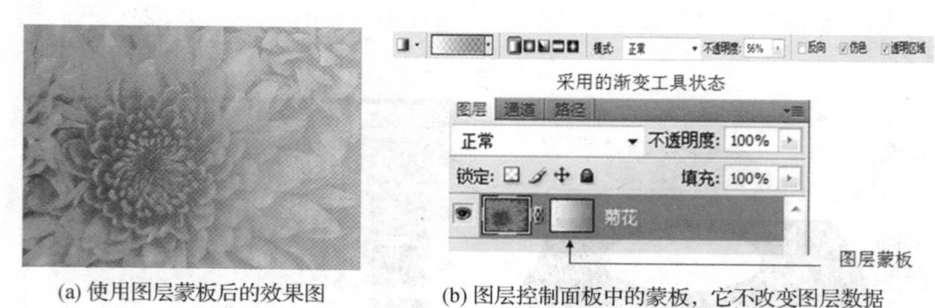

(a) 使用图层蒙板后的效果图　　(b) 图层控制面板中的蒙板,它不改变图层数据

图 2-11　图层蒙板

此外,还可以使用快速蒙板。快速蒙板是把选区当成临时蒙板来编辑修改的快捷方式,系统默认的快速蒙板是叠加在原图上的一层红色半透明膜,选区为全透明,如图 2-12 所示。在原图上用"矩形选框工具"定义一个选区,然后点击工具栏最下方的快速蒙板标示▣,就形成了如图 2-12(a)所示的效果。此外,选区可以存储到 Alpha 通道中,如图 2-12(b)作为用户指定的默认蒙板使用。当蒙板被删除后,图层数据将恢复成没有使用蒙版时的状态。

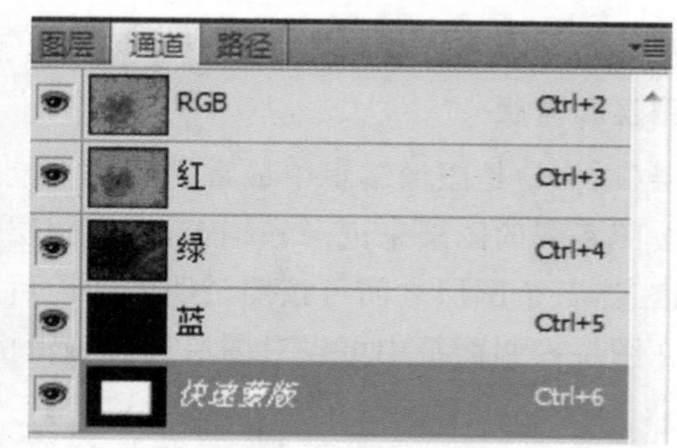

(a) 使用快速蒙板后的效果图　　(b) 通道中所显示的快速蒙板通道

图 2-12　快速蒙板

4. 选择工具

在 Photoshop 中进行图像编辑时,选择图像中的一个特定区域是非常关键的功能。选择工具的作用是在当前图层上定义一个编辑区域,使得对该图像的编辑操作仅对选区数据有效,而非选区部分则不会被修改。

图像编辑软件提供了多种选择工具，包括了下面几种类型：

预定义形状：选框工具提供了很多预定义形状，它们是一些几何图形，如矩形、椭圆形、多边形等，用于选取规则的选区。如图 2-13(a)所示。

套索方法：套索工具和多边形套索工具可以自由绘制一个轮廓，用于选取色调和边界都不规则的区域。磁性套索工具则用于选择一个具有清晰边界的区域，它能够实现对边界的自动寻找和跟踪。如 2-13(b)所示。

(a) 选框工具　(b) 套索工具　(c) 魔棒工具

图 2-13　Photoshop 中的选择工具

通过颜色选择：魔棒工具可以定义一个颜色的容差范围和相似度来进行选区，适合选取色调相近的区域，它以魔棒点击的像素点为中心确定色彩的容差范围，可调容差范围为 1～255，值越大，则被选取的近似度范围越大。而快速选择工具在色调相近区域还能查找图像中相似的纹理，有效探测到物体的边缘。如图 2-13(c)所示。如要选取特定的色调区间，可用吸管工具在图像中选择一种颜色，然后菜单中的“选择”→“色彩范围”，通过界定与取样点的色彩容差范围来进行选区。

通过笔刷在蒙板上涂色来实现选中或取消选区：可以使用笔刷涂黑色表示去选，涂白色表示选中，涂灰色表示创建半透明区域。而羽化功能使选区边缘也实现了不同像素范围的半透明选区，让选区边界更为柔和。如图2-14所示。

图 2-14　羽化选区边缘为半透明状

通过绘制轮廓来选择：可以使用钢笔工具针对特定区域绘制出一个矢量的多边形轮廓来实现对特定区域的选择。(详见下一个知识点)

在定义选区之后，图层会出现一个闪动的黑白线条区域。此时，可对选区内的图像数据进行编辑处理。

5. 路径

在 Photoshop 中，路径可以是一个点、一条直线或曲线，或者由系列连续直线和曲线形成的组合。它提供一个精确定义选区的方式，主要用于选取和裁剪复杂的形体轮廓。采用路径工具——钢笔工具，可以绘制各种形状的路径，与绘画方式中用画笔工具绘制的像素线条和形状不同的是，路径是一种不包含点阵的矢量对象，它不会被打印输出，独立于图像数据之外，并且很容易进行重新修改。此外，选区也可以转换成路径。

钢笔工具是用来绘制不规则矢量形状的主要工具，它的浮动面板选项如图 2-15(a)所示。钢笔工具绘制的路径由一系列的点来定义，这些点被称为锚点，每个锚点都有一个方向手柄或称切线手柄，如图 2-15(b)所示。曲线采用的是赛贝尔曲线，每个点的弯曲度和切线都可以通过改变其手柄的长度和角度来控制。

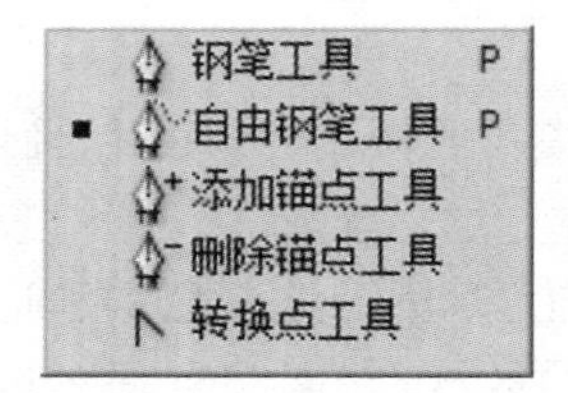

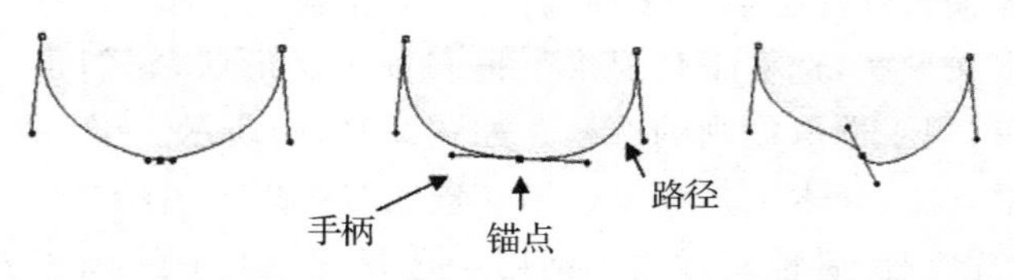

(a) 钢笔工具面板　(b) 手柄的长度控制了路径的弯曲度，手柄的方向控制该点的曲线切线

图 2-15　Photoshop 中的钢笔工具及其使用

锚点有拐角点和平滑点之分，拐弯点附近的曲线看上去有尖角，它的手柄长度为 0，可以用来生成直线，平滑点可通过手柄的长度与方向调整该点附近的曲线切线和弯曲度，如图 2-16(a)所示。选择钢笔工具后直接点击将生成拐角点，点击时按住鼠标并同时拖动鼠标，就可以形成平滑点。通过转换点工具可对锚点手柄调整，使拐角点和平滑点之间随时转换。手柄还可以分为两边，每边都可以单独控制，如图 2-16(b)所示，在矢量图形处理软件 Adobe Illustrator 中，可以按住 Alt 键(Windows 操作系统)或 Option 键(Mac 操作系统)拖动手柄的任意一段进行控制。

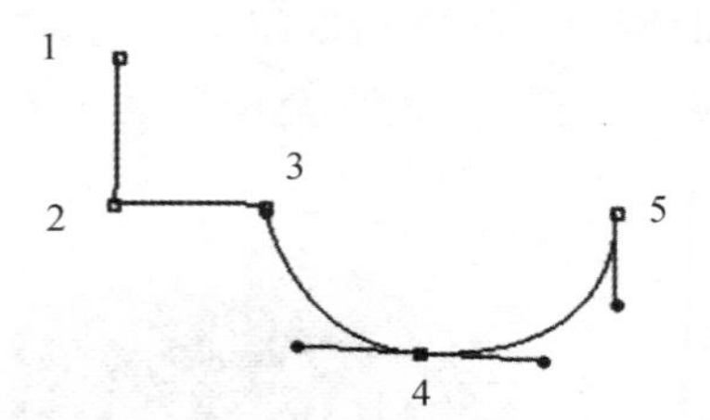

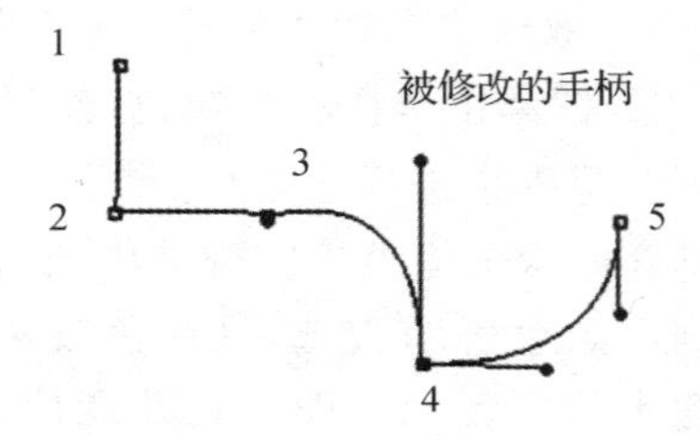

(a) 路径中锚点1-3为拐弯点，4、5为平滑点　(b) 锚点4的手柄方向通过转换点工具可做单边调整

图 2-16　路径的锚点使用

与钢笔工具不同，自由钢笔工具可以任意、连续地绘制路径，它不需要手工定义锚点，但是，一条自由绘制的路径实质上仍是由锚点构成的。

当运用路径工具建立了一个路径时，可以把它保存到路径控制面板中，并随时可以转换成选区，还可以用前景色填充路径包围的区域。如图 2-17 所示，该图用自由钢笔工具绘制了三个路径，每建立一个路径就必须把临时路径改名才能保存，否则系统下次再使用临时路径时会自动删除原有的内容。右键单击每个路径层，在弹出框里勾选“建立选区”，并依次将三个路径都添加为选区，在图层上显示为图 2-17(a)，接着回到刚才的弹出框里勾选“填充图层”，使用前景色 RGB 值为(194,109,104)，透明度为 50%，当三个路径都依次操作之后，就显现为图 2-17(b)，而路径控制面板则显现如图 2-17(c)。路径的选区功能可以适用于不同的图层。

6. 滤镜

图像编辑软件一般都有滤镜，可以轻易创造出特殊的视觉艺术效果。Photoshop 之所以受人们青睐，在于它有强大的滤镜功能，可以适应复杂图像处理的需求。滤镜是一种植入 Photoshop 的外挂功能模块，目前 Photoshop 自带滤镜有近百种，此外还有第三方厂商开发的滤镜，以插件的方式挂接到 Photoshop 中，其主要内部滤镜功能组如下：

风格化：模拟印象派及其他风格画派效果，如浮雕、风、拼贴、曝光过度等。

(a) 3个路径形成的选区

(b) 用前景色透明度50%填充路径的效果

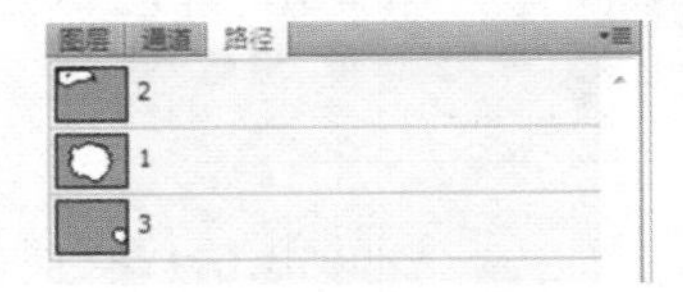

(c) 路径控制面板

图 2-17　Photoshop 的路径

画笔描边：模拟各种画笔处理的效果，如喷溅、墨水轮廓、深色线条等。

模糊：使边缘过于清晰或对比度过于强烈的区域变得模糊柔和，如动感模糊、高斯模糊、径向模糊等。

扭曲变形：模拟各种不同的扭曲效果，如波浪、玻璃、旋转扭曲等。

锐化效果：增加图像的对比度，强化图像的轮廓。

素描：产生各种不同的轮廓效果，如塑料、图章、水彩画笔、粉笔炭笔等。

纹理：通过颜色间的过渡变形，产生不同的纹理效果，如龟裂纹、马赛克、染色玻璃等。

像素化：是图像产生相近像素块状分布的效果，如点状化、晶状化、马赛克、铜板等。

渲染：产生不同的光源效果，创建云彩图案、折射图案和模拟的光反射。

艺术效果：模仿各类美术处理效果，如木刻、水彩、蜡笔、胶片颗粒等。

杂色：使图像出现粗糙的纹理效果，如蒙尘和划痕、添加杂色等。

7. 图像文件类型

在保存图像数据时，需要选择文件类型，不同的文件类型功能有所不同。常见的文件类型见表 2-1。

表 2-1　位图与矢量图常用文件类型

位图图像常用文件类型			
文件类型	标准颜色模式	用途	压缩
JPEG (Joint Photographic Experts Group)	RGB、CMYK	适用于连续色调图像，如照片，可对应不同的压缩比和压缩效果，可用于网络图像。	JPEG 压缩，有损
GIF(Graphics Interchange Format)	颜色索引、灰度	8 位颜色适合描述图形和卡通，或有大片实心填充色且边界清楚的图片，可用于网络图像。	LZW 压缩，无损
PNG(Portable Network Graphics Formal)	RGB、颜色索引、灰度、黑白	支持 8 位和 24 位颜色，具有高保真性、透明性及文件体积较小等特性，可用于网络图像。	无损

续表

位图图像常用文件类型			
文件类型	标准颜色模式	用途	压缩
PICT(Macintosh Picture Format)	RGB、颜色索引、灰度、黑白	用于 Macintosh(苹果)计算机。	允许 JPEG 压缩
BMP(Bitmapped picture)	RGB、颜色索引、灰度、黑白	是 Window 操作系统中的标准图像文件格式,可作为设备图像数据转换的中间格式。	行程编码压缩(无损)
TIFF(Tag Image File Format)	RGB、CMYK、颜色索引、CIE-Lab、灰度、黑白	通用文件格式,支持 Alpha 通道和路径,主要用来存储包括照片和艺术图。是扫描仪和桌上出版系统的通用图像格式。	允许不压缩、LZW 压缩(无损)、ZIP 压缩(无损)、JPEG 压缩(有损)
PSD(Photoshop File Format)	RGB、CMYK、颜色索引、CIE-Lab、灰度、黑白	Adobe Photoshop 的私有格式,适合 Photoshop 支持的任意类型的数字图像,支持图层和 Alpha 通道,能够保存编辑,便于修改。	无损压缩

矢量图像常用文件类型		
文件类型	文件后缀	信息与用途
Adobe Illustrator	. ai	矢量图形存储格式
Adobe Flash	. fla, . swf	动画文件存储格式
Encapsulated PostScript	. eps	专业打印中文件存储与交换的标准文件格式
Windows Metafile Format	. wmf	微软 Office 剪贴画的使用格式
Enhanced Metafile Format	. emf	. wmf 的后继开发模式

8. 数字图像的文件尺寸

位图图像文件的大小和像素总量(采样率)、颜色深度(量化值)有直接的关系,其计算方法为:图像文件尺寸(字节)=像素总量×颜色深度(位/像素)÷8。

例如一张 900 像素×700 像素的数字图像,颜色深度为 24 位,那么这个未压缩的文件尺寸为:

像素总量=900 像素×700 像素=630000 像素

图像尺寸=630000 像素×24 位/像素=15120000 位

=15120000 位/(8 位/字节)=1890000 字节

在 Photoshop 软件中,可以通过查看"菜单"→"图像"→"图像大小",来了解图像的文件尺寸。如图 2-18 所示。

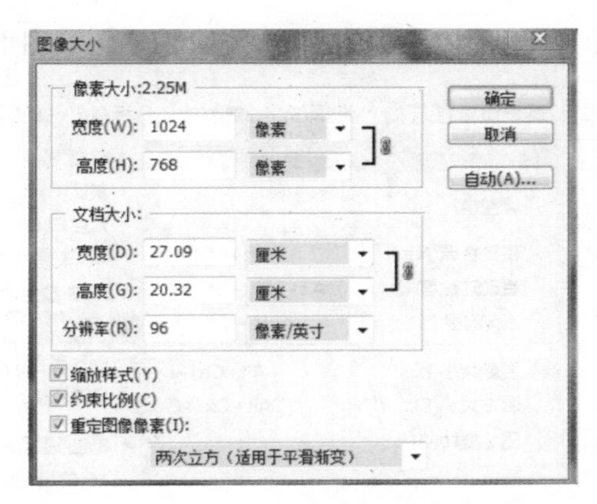

图 2-18　Photoshop 软件中的“图像大小”显示

如果要降低图像文件的大小，可以降低像素尺寸、降低位深度或者压缩文件。

子项目一　数字图像的优化——封面制作

要求：在 Photoshop CS5 中对图片进行适当的优化，使之适合图书封面使用。我们特意选取了一幅比较普通的照片，并人工添加了一个污点，因而图片的优化就需要改变素材的这些特征，把它裁剪成合适的尺寸，去除画面上的污点，适当调整色彩，还可以给它添加一些滤镜效果，在处理好图像后，给它添加文字“花语”作为书名，最后对它进行锐化处理。原始图像见图 2-19(a)所示，优化的目标版式如 2-19(b)所示。

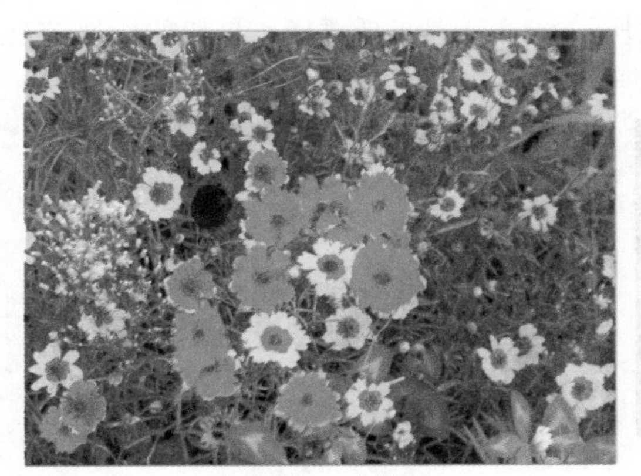
(a) 素材图：《花语》

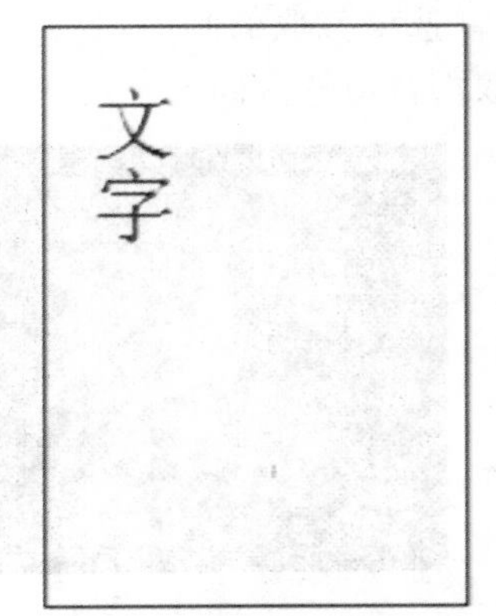

(b) 优化的目标版式

图 2-19　原始素材和优化

具体步骤：

1. 打开图片，选择“菜单”→“文件”→“打开”，找到《花语》后点击即可，也可直接使用鼠标将图片从文件夹拖曳到 PS 工作区内。

2. 转换颜色模式，如果是用于网络出版使用，则无需更改，保持 RGB 即可。如果本图片以后将作为图书封面印刷使用，那么，就应该把它的颜色模式转化为 CMYK 或者 Lab，以避免颜色失真。可执行“菜单”→“图像”→“模式”→“CMYK”。如图 2-20 所示。

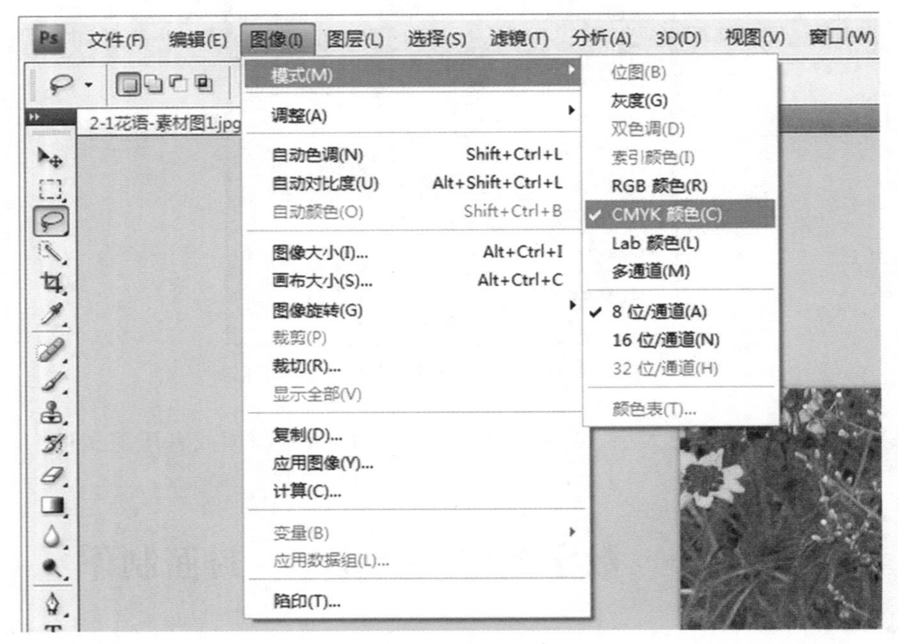

图 2-20　图像模式转换

3. 对图片进行裁剪，使它符合普通图书的版式。

复制图层，虽然裁剪的执行将对所有图层有效，但为了后面编辑的方便，我们先复制一下背景图片，在背景图层上用鼠标右键单击，在弹出框中点击“复制图层”即可。

对背景副本进行裁剪操作。可使用“菜单”→“工具”，找到“裁剪工具”，在“背景副本”图层上框选要截取的画面，如图 2-21(a)所示，裁剪工具可任意移动和改变大小、方向，当选定后，双击裁剪选区即可。裁剪后的图层面板如图 2-21(b)所示。

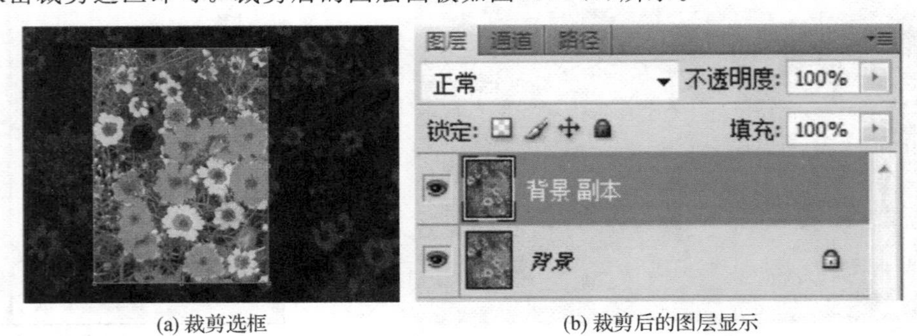

(a) 裁剪选框　　(b) 裁剪后的图层显示

图 2-21　图像裁剪

如果要取消刚才的裁剪，执行“菜单”→“编辑”→“后退一步”，或快捷键 Ctrl+Z，重新进行裁剪操作，这个技巧在后面经常会用到。

4. 去除污点，可使用“菜单”→“工具”，找到仿制图章工具，这时在画面中会出现一个仿制图章的图标，其属性可以通过工具栏属性(位于菜单下方)进行调整，包括图章的形状和大小、不透明度和流量大小等，如图 2-22 所示。因为污点的范围不是很大，所以仿制图章画笔的像素不宜过大，选取 20 像素为宜。

图 2-22　仿制图章的工具属性栏

定义仿制图章的范围，找到要仿制的位置，按住 Alt 键，图标会出现一个实心的变化，点击鼠标，意味着定义了仿制图章的中心点，这时把图标移到污点，点击并拖动鼠标来修改画面，这个过程要小心，动作幅度不宜过大，如果出现叠印可重新定义，进行修改，直到画面去除污点，看起来和边上的图像自然衔接即可，如图 2-23 所示。如果是划痕的话，还可以采取"修复画笔工具"，定义方法与仿制图章类似。

5. 色彩调整，选择"菜单"→"图像"→"调整"→"色彩平衡"，把图像调整成自己满意的色彩。如图 2-24 所示，图像被添加了绿色、青色和黄色。对图像的亮度和色彩的调整还包括了"亮度和对比度"、"色阶"(对图像的"高光色"、"中间色"、"阴暗部分"进行调整)，曲线(对光和油墨的输入输出的对比值的控制)等，在此案例中暂不涉及。

图 2-23　去除污点的图像

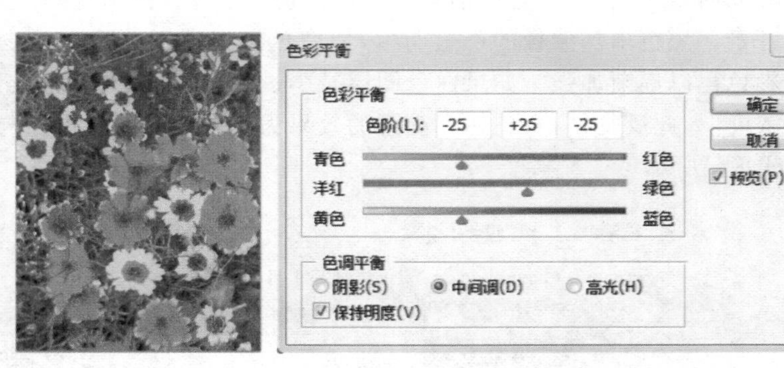

图 2-24　色彩调整参数及效果

6. 添加滤镜，可使用"菜单"→"滤镜"→"艺术效果"→"粗糙蜡笔"，采取默认值即可。如图 2-25 所示。对新图层进行命名，双击图层的文字部分即可输入文字，给新的图层命名"效果图"，如图 2-26 所示。

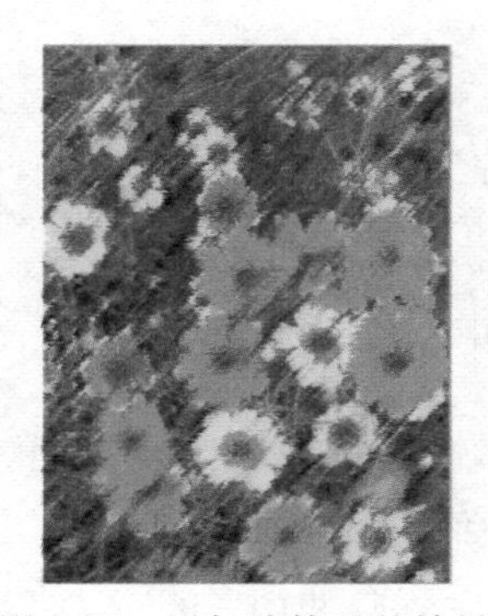

图 2-25　添加滤镜后的效果

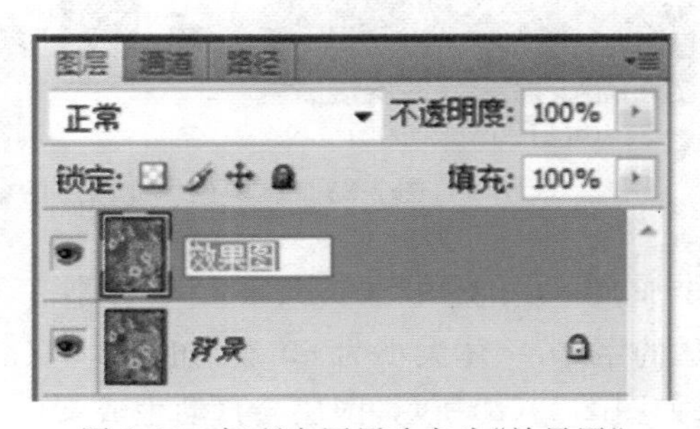

图 2-26　把所在图层改名为"效果图"

7. 给图像添加白色朦胧的效果。这个环节对初学者有点难，大家可以尝试做一下。由于要给图像添加字体，需要相对单一的背景才能突出字体，而图像色彩太艳丽，所以为了淡化图像的局部色彩，给图像添加白色朦胧的效果。

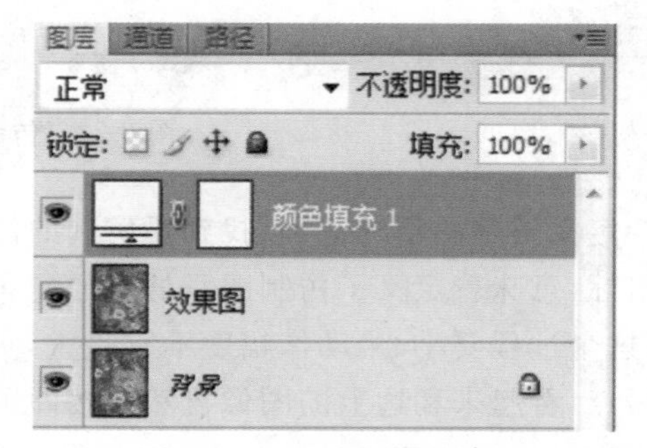

图 2-27 添加白色填充图层后的图层控制面板

添加白色填充图层。可以用“菜单”→“图层”→“新建填充图层”→“纯色”，默认“无色”，这时会跳出拾色器对话框，选择白色，画面显示为白色。此时图层控制面板显示如图2-27。颜色填充图层的前一个面板为白色的位图，后一个面板为该图层的矢量蒙板。

在矢量蒙板上刷出非匀态的半透明效果。先点击蒙板，使后面的操作均在蒙板上展开。选择画笔工具，为造成不均匀的笔刷效果，在画笔的工具栏属性中，挑选 100 像素的“粗边圆形钢笔”，并把直径调为 50 像素，透明度为 20%，流量为 80%，如图 2-28(a)所示。然后用前景色黑色在画面上反复涂刷(在工具栏中有系统“默认前景色和背景色”图标，默认的前景色和背景色分别是黑色和白色，只要点击右边的双向箭头，就可以置换前景色和后景色)，在涂抹中应保持左上角的朦胧感，以便作为字体背景。黑色增加蒙板的不透明度，使白色填充图层的显现减少，白色减淡后，上一个图层的彩色得以逐渐加强。如果白色图层减少过度，就将前景色置换为白色再刷，提高白色图层的浓度，如此反复刷，直到达到满意的效果为止。此时的效果图与图层控制面板状态如图 2-28(b)(c)所示。

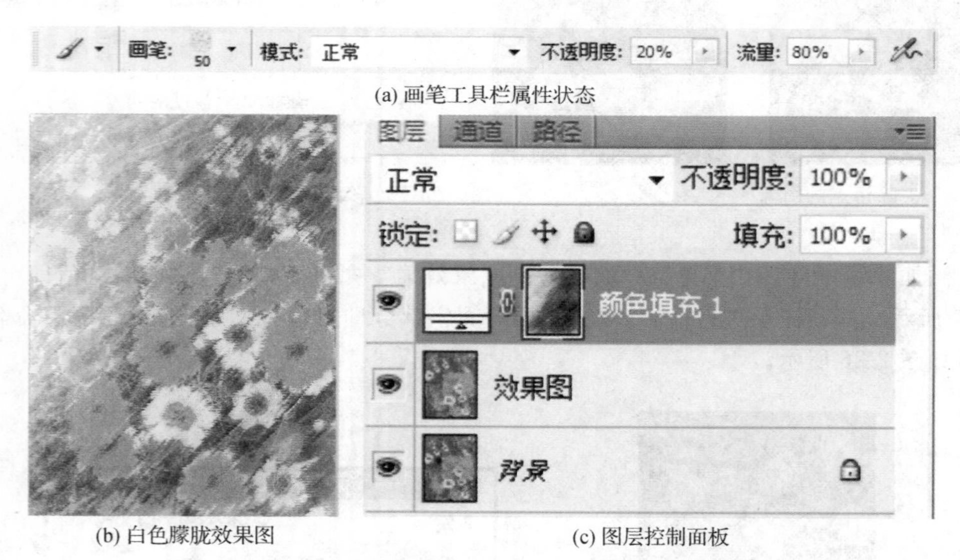

(a) 画笔工具栏属性状态

(b) 白色朦胧效果图 (c) 图层控制面板

图 2-28 在颜色填充图层的蒙板上刷出半透明效果

8. 添加文字，可使用“竖排文字工具”[T]，在工具栏属性中将字体改作“微软雅黑”或者其他合适的字体，字体大小为 60 点，如图 2-29(a)所示。然后在画面左上角打上“花语”二字，效果如图 2-29(b)所示，图层会自动生成文字图层，图层状态如图 2-29(c)所示。此时的文字为矢量文字。

给文字添加一定的视觉效果。必须要将文字栅格化才可添加滤镜，可在文字图层单击鼠标右键，勾选“栅格化文字”。添加滤镜效果，使用“菜单”→“滤镜”→“风格化”→“扩散”，可以看到字体发生明显的变化。再添加“图层样式”效果，右键单击文字图层，勾选“混合选

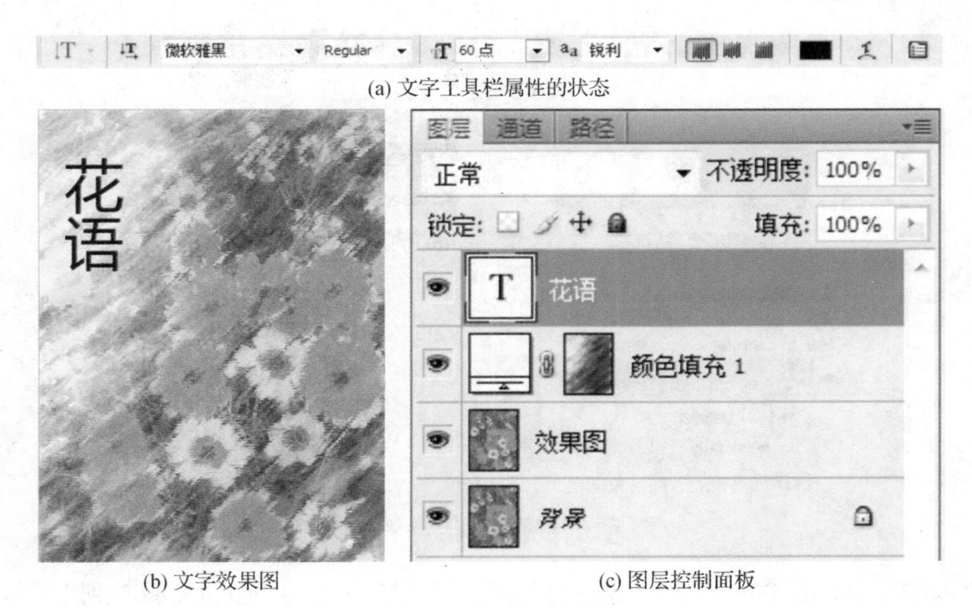

(a) 文字工具栏属性的状态

(b) 文字效果图　　　　(c) 图层控制面板

图 2-29　添加文字效果

项”,或者双击文字图层,会弹出一个“图层样式”选项框,勾选“样式”中的“光泽”,以及混合模式中选择“叠加”,如图 2-30(a)所示,确认后的效果和图层控制面板情况如图 2-30(b)所示。

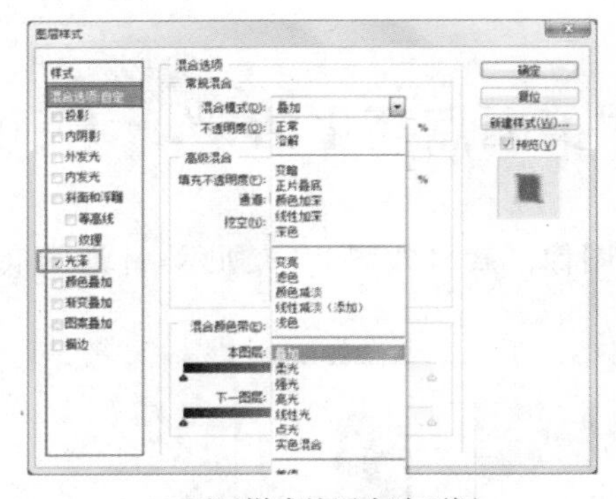

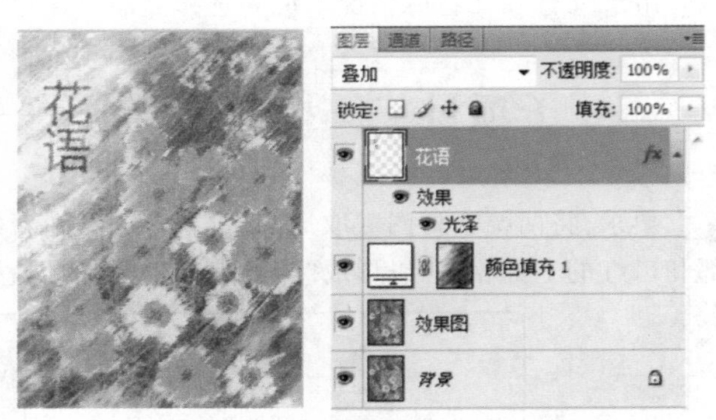

(a) 图层样式的混合选项框　　　　(b) 确认后的文字效果和图层控制面板状态

图 2-30　给文字图层添加效果

如果文字的位置和大小还不理想,点击文字图层,再点工具栏的“移动工具 ”对文字的位置进行调整。执行“菜单”→“编辑”→“自由变化”,或用快捷键 Ctrl＋T 进入“自由变化”,按住 Shift 键使之保持比例缩放,来改变文字大小。

9. 锐化图像,锐化往往是图像优化的最后一个环节,锐化的算法可以检测到颜色突变的“边缘”地带,加强对比度,使图像变得更清晰。

定义锐化范围。由于锐化是对图像修改结果的编辑,所以面临一个如何定义图层的问题。如果不需要保留图层信息的话,可以右键单击任一图层,勾选“合并可见图层”,使所有编辑效果体现在一个图层中再加以锐化,此时图层面板如图 2-31(a)所示。如果想要保留图层信息,则可以按住 Shift 键,选取所有图层,然后单击右键,勾选“转化为智能对象”,此时图层面板如图 2-31(b)所示,只要双击图层,就能够在新的窗口中还原被选取的图层信息。

(a) 图层合并后状态

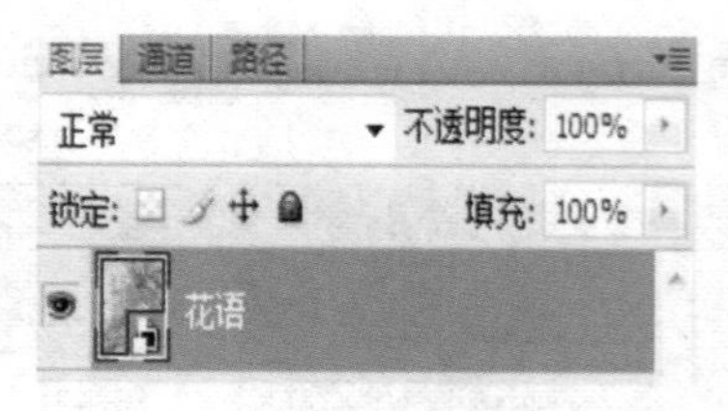

(b) 所有图层被定义为智能对象

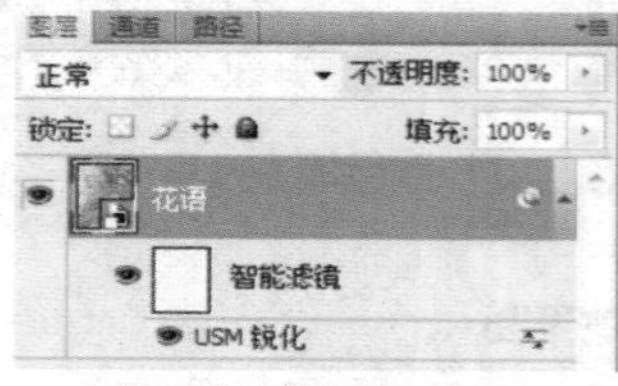

(c) 添加滤镜的智能对象图层

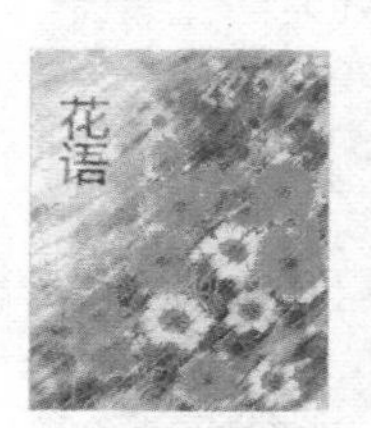

(d) 最后效果

图 2-31 锐化过程及效果

执行锐化,可用“菜单”→“滤镜”→“锐化”→“USM 锐化”,将数量参数拉到 78%,其效果明显清晰化,确认后其图层控制面板如 2-31(c)所示,最终的图像效果如图 2-31(d)所示。如果对锐化效果不满意,可点右键单击智能滤镜进行删除,重新修改。

10. 保存文件,执行“菜单”→“文件”→“保存为”,在文件格式选项中选择“.psd”文件格式保存图像的图层信息,文件名为“花语”。另外保存“.jpeg”文件格式以便压缩和便捷地浏览,.jpeg 文件在无特殊情况下应先选择高品质保存。

子项目二 抠像与合成——“美丽点亮生活”①

要求:将两幅素材图截取局部,重新合成一副新的图像。素材如图 2-32 所示,灯泡的底部和口红的上部相接,以形成“美丽点亮生活”的创意。

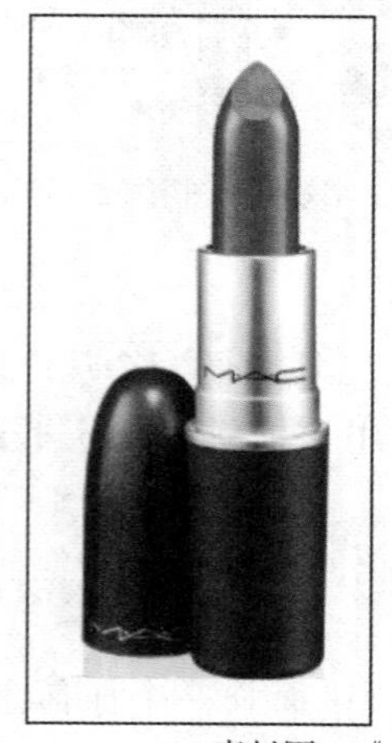

(a) 素材图:《口红》和《灯泡》

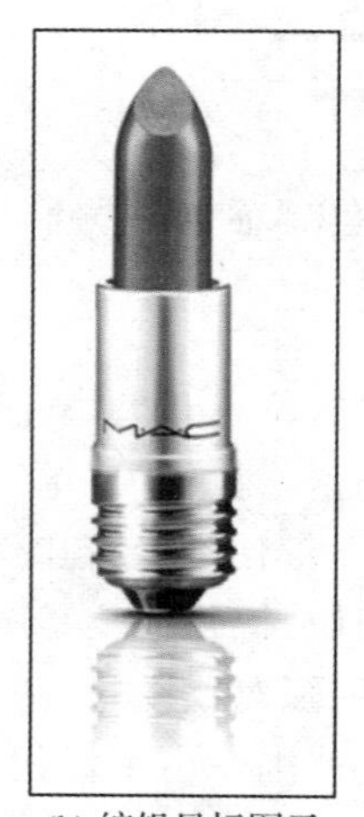

(b) 编辑目标图示

图 2-32 原始素材和编辑目标

① 此案例创意由浙江财经大学 2010 级数字媒体艺术专业胡景同学提供。

具体步骤：

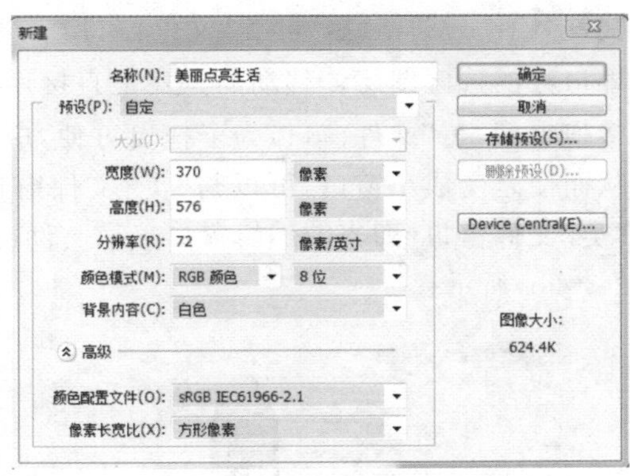

图 2-33　新建文件属性对话框

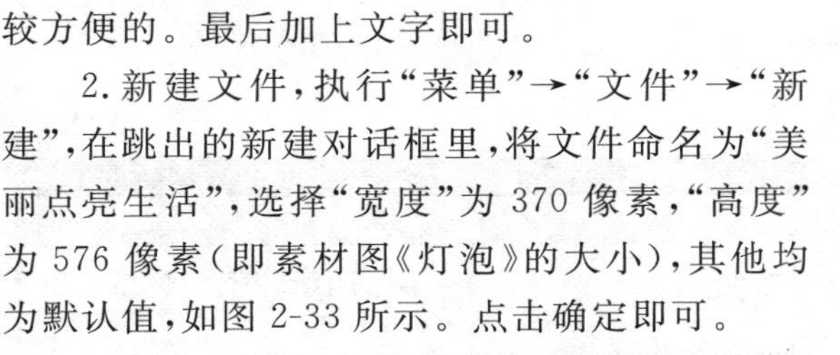

1. 思路分析：该图像的编辑要点在于给出合适的口红上部分和灯泡螺旋形的下部分，因而关键在于抠像和拼接自然。因为都是白色背景，拼接的边界也不复杂，所以处理起来还是比较方便的。最后加上文字即可。

2. 新建文件，执行“菜单”→“文件”→“新建”，在跳出的新建对话框里，将文件命名为“美丽点亮生活”，选择“宽度”为 370 像素，“高度”为 576 像素（即素材图《灯泡》的大小），其他均为默认值，如图 2-33 所示。点击确定即可。

3. 截取口红的上半部分。打开素材图片，执行“菜单”→“文件”→“打开”，找到后点击即可，这时会在新窗口中看到口红素材图。

对图层进行解锁，双击图层控制面板中“背景”图层的“锁定”图标，如图 2-34(a)所示，这时会跳出一个“新建图层”对话框，如图 2-34(b)所示，点击确定即可。

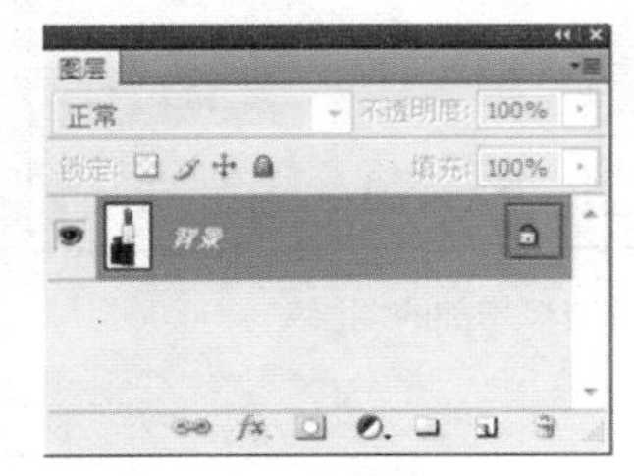

(a) 图层锁定标示

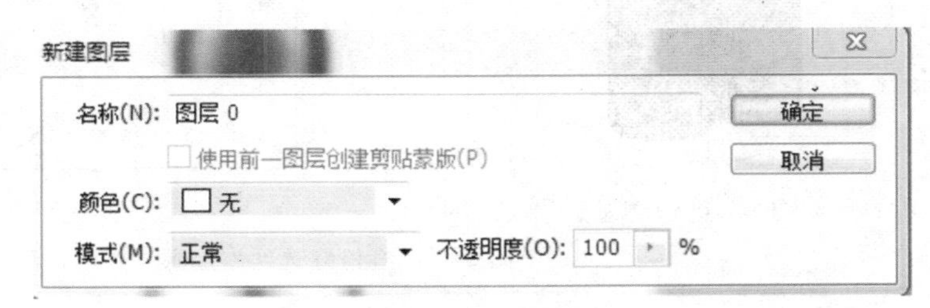

(b) 解锁时跳出的对话框

图 2-34　图层解锁

对口红局部进行选区设定。使用工具栏中的“快速选择工具”，在面板中围绕口红部分拖动，定义选区，如图 2-35(a)所示，然后单击右键勾选“选择反向”，这时选区就发生变化，外框的虚线消失，只剩口红的上半部分为选区，如图 2-35(b)所示。

(a) 第一次的选区

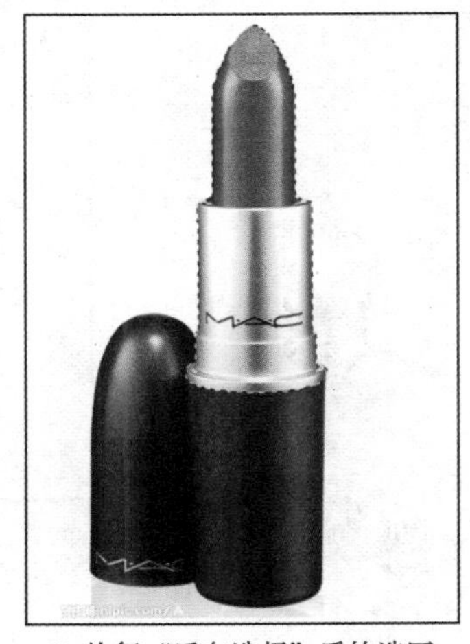

(b) 执行“反向选择”后的选区

图 2-35　对口红进行选区

将选区复制或移动到“美丽点亮生活”文件(后面简称“美”)中。复制的方式是直接用快捷键“Ctrl+C”,然后到“美”文件窗口直接按“Ctrl+V”即可,这时该文件会增加一个图层,即口红的选区图层。移动的方式是直接用工具栏中的“移动工具”将素材窗口的选区直接拖曳到“美”文件窗口,为了拖曳方便,应在素材文件窗口栏单击右键勾选“建立新窗口”,从而使之变成小窗口,可以与“美”文件窗口的内容同时呈现。如图 2-36(a)所示。拖曳到“美”文件窗口(即当前编辑窗口)后,文件也会自动增加一个口红选区的图层(图层 1)。如图 2-36(b)所示。

(a) 口红-素材图文件以小窗口形式便于移动选区

(b) “美”文件窗口增加的图层

图 2-36 将口红选区添加到文件的过程

4. 截取灯泡的下半部分。打开灯泡素材图片,可先直接将素材图整个导入“美”文件中,所采用的方法也是复制或者移动,可用“矩形选区工具”将整张图框选,然后用快捷键“Ctrl+C”和“Ctrl+V”将之复制到“美”文件编辑窗口,或者同样将素材图窗口变成新建的小窗口,用移动工具直接拖曳到“美”文件编辑窗口,并调整好位置。完成后如图 2-37 所示。

(a) 画面效果

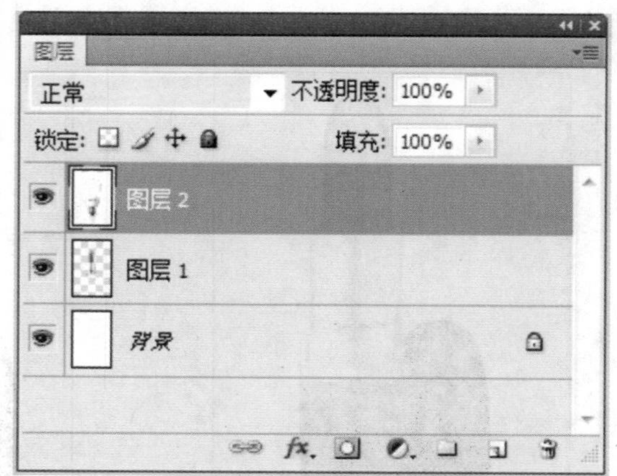

(b) 图层状态

图 2-37 导入灯泡素材和图层摆放

用“橡皮工具”对灯泡的上部进行擦除，可通过工具栏属性对“橡皮工具”的大小进行调整，如图 2-38(a)、(b)所示，我们先将“画笔”(即橡皮作用范围)调为 60 像素，以方便大面积的擦除，在擦除接缝处时，将“画笔”调为 10 像素，在擦除过程中，可用“Ctrl＋＋”对图像进行放大，以便于精细擦除。

擦除过程中，“图层 1”的口红部分展露出来，为避免干扰，可以先将“图层 1”设置成不可视状态，点击眼睛标示即可，完成效果如图 2-38(c)所示。

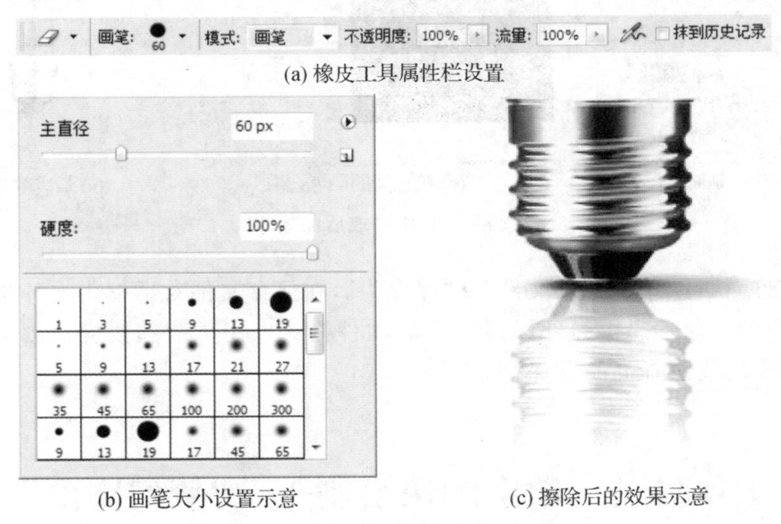

(a) 橡皮工具属性栏设置

(b) 画笔大小设置示意　　(c) 擦除后的效果示意

图 2-38　擦除过程

5. 对口红和灯泡的局部进行接合。先对口红抠像的大小进行调整，将“图层 1”重新设为可视状态，然后点击“图层 1”，使该图层处于编辑状态，到编辑窗口内单击右键勾选“自由变换”，按住“Shift”键，对口红部分进行按比例缩放，使之与灯泡的接口相适应，如图 2-39 所示。调整完毕后在在变换区域内双击鼠标，即可执行自由变换。

图 2-39　调整口红部分的比例

图 2-40　接口处的处理

对结合处进行进一步处理，可用橡皮工具将口红的弧形边缘擦出来，如果有失手及时用“Ctrl＋Z”恢复重做，直至边缘平滑。如图 2-40 所示。

6. 使用文字工具输入文字：beauty lights life，可从“菜单”→“窗口”→“字符”调出字符控制面板，在“字体”下拉框中选择“Segoe Print”，模式为“Regular”，字符间距为 80％，字符大小为 18，如图 2-41(a)所示。在设置颜色时，可使用和素材口红接近的颜色，可使用“吸管工具”去获取颜色，拾色器状态如图 2-41(b)所示。然后在画面右上方输入文字，完成效果如图 2-41(c)所示。

(a) 字符控制面板设置

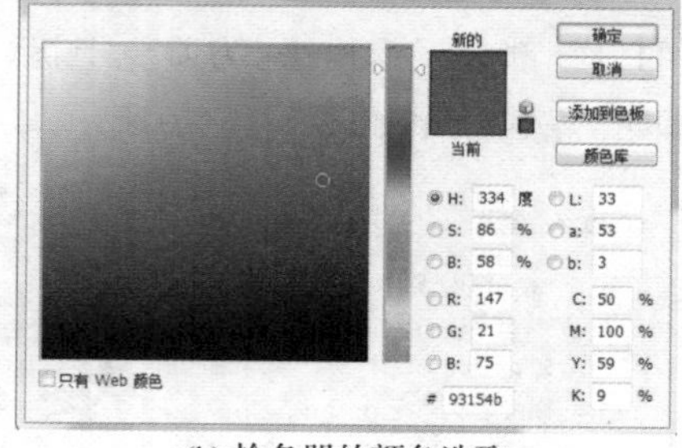

(b) 拾色器的颜色选取

(c) 最终效果图

图 2-41　制作完成后的效果

7. 保存文件，执行“菜单”→“文件”→“保存为”，在保存文件对话框中选择格式“. psd”文件，以保存图像的图层信息。另外保存“. jpeg”文件格式以便压缩和便捷地浏览，. jpeg 文件在无特殊情况下应先选择高品质保存。

子项目三　数字图像绘制——“梦幻圈圈”

要求：绘制“梦幻圈圈”，在黑色画布上绘制大小不一的带有艳丽渐变色彩和朦胧感的圆环。其预期效果如图 2-42 所示。

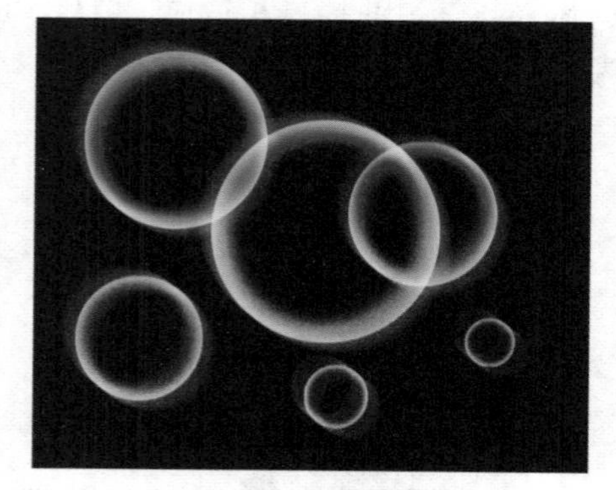

图 2-42　“梦幻圈圈”效果

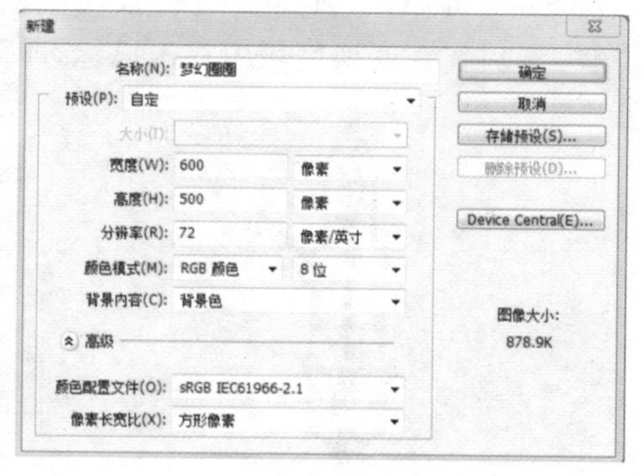

图 2-43　文件属性

具体步骤：

1. 新建一个文件，文件“宽度”和“高度”为 600 和 500 像素，文件名为“梦幻圈圈”，背景为黑色(可在工具栏中将背景色设为黑色，前景色设为白色，在文件属性框“背景内容”中选择“背景色”，其他均为默认值)，如图 2-43 所示。这时面板会出现一个黑色的画布。

如果背景色不是黑色，也可以将画布颜色改为黑色。双击背景图层进行解锁，点击工具栏中的“默认前景色和背景色”标示，迅速使前景色成为系统默认的黑色，用工具栏中的“魔棒工具”点击画布，这时画布全部选中，只要点击工具栏中的“油漆桶工具”再点击画布，画布就被置换为黑色了。此时再点击“置换前景色与背景色工具”，使前景为白色，背景为黑色。

2. 画出白色朦胧感的圈圈，这一步的原理是给出白色圆圈的羽化边缘部分，因而关键在于如何做出这个选区，并将之复制用以提亮。

画出一个白色圆圈，点击工具栏中的“椭圆工具”，在画布中画出一个圆圈，如图 2-44(a)所示，然后栅格化图层，其图层控制面板状况如 2-44(b)所示。

把圆圈定义为选区，在画布上单击右键勾选“载入选区”，或者按住 Ctrl 键点击“形状 1”图层缩略图，这时画布上出现了选区。

留出圆圈的边缘的羽化部分，在画布上单击右键勾选“羽化”，将“羽化半径”设为 15 像素，点击 Delete 键，这时就仅留下了白色圆圈的羽化边缘部分，画面效果如图 2-44(c)所示。

复制形状 1 提亮羽化部分，点击空白处取消选区，然后将“形状 1”图层复制一层，只需在该图层单击右键勾选“复制图层”即可，这时画面会明显提亮，如图 2-44(d)所示。

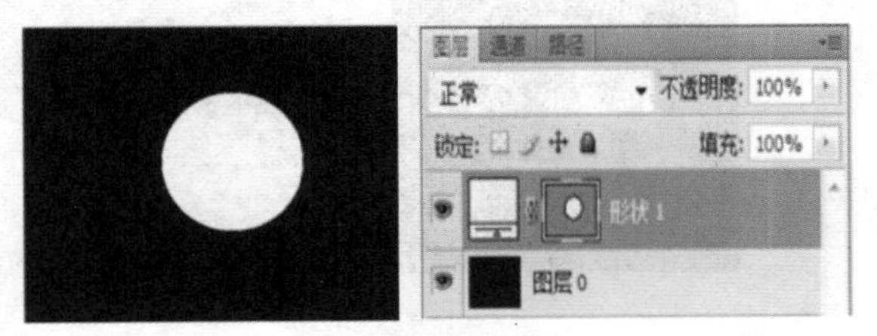

(a) 画出椭圆形状

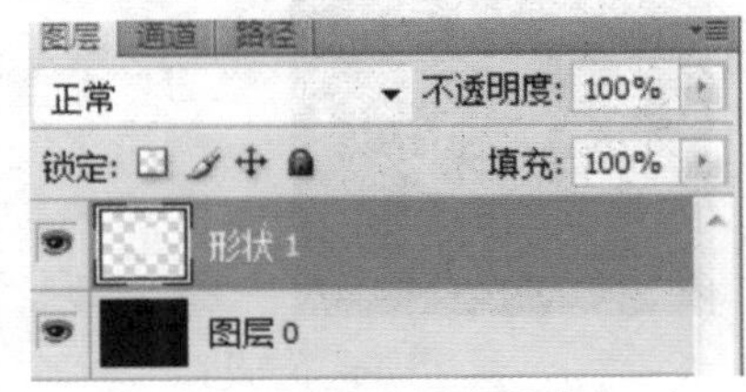

(b) 将形状1图层栅格化

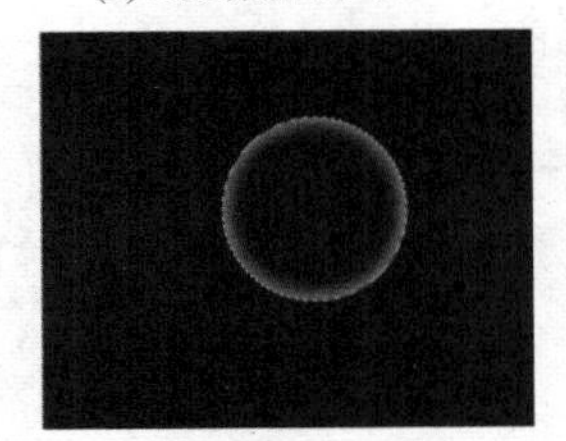
(c) 白色圆圈的羽化 边缘部分显现

(d) 复制“形状1”后的效果

图 2-44　画出白色朦胧感的圈圈

将两个形状图层合并，可在“形状 1 副本”图层单击右键勾选“向下合并”即可。这样图层“形状 1”就是一个白色朦胧感的圈圈了。

3. 制作大小不等的多个圈圈。第二个圈通过复制图层“形状 1”完成，方法同上，运用“自由变换”调整大小，可执行“菜单”→“编辑”→“自由变换”，或者采用快捷键“Ctrl＋T”，注意在缩放过程中要按住 Shift 键，保持缩放比例，双击图标即可执行自由变换。用“移动工具”调整位置。同法也可对第一个形状图层的圆圈的位置和大小进行调整，但必须点击该图层才能操作。完成效果如图 2-45(a)所示。

陆续制作多个圆圈，并调整大小和位置。其过程如图 2-45(b)到图2-45(e)所示。

4. 给绘制的所有形状添加径向模糊滤镜，因滤镜效果会虚化图像，一般要制作一个清晰的图像置于滤镜图层的上方。为方便操作，先应将所有形状图层合并，再进行图层复制，这样就得到两个同样的图层。

合并形状图层可将“图层 0”的可视标示 点击为空，然后在任一图层右键单击，勾选“合并可视图层”出现图层“形状 1 副本 5”。在该图层上单击右键勾选“复制图层”后出现“形状 1 副本 6”图层，点击“图层 0”的可视标示，此时图层控制面板如图 2-46(a)所示。

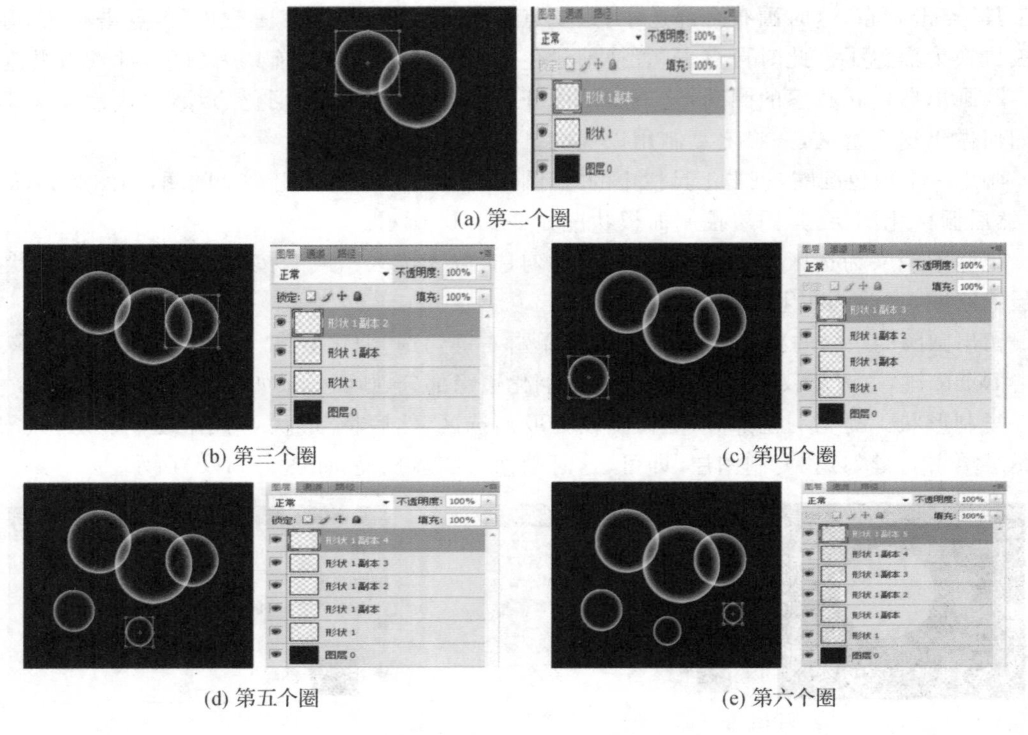

(a) 第二个圈

(b) 第三个圈

(c) 第四个圈

(d) 第五个圈

(e) 第六个圈

图 2-45 绘制多个圆圈的过程

给图层“形状 1 副本 5”添加“径向模糊”。点击图层“形状 1 副本 5”，执行“菜单”→“滤镜”→“模糊”→“径向模糊”，在径向模糊对话框中将“数量”调整为 25 左右，如图 2-46(b)所示。效果如图 2-46(c)所示。

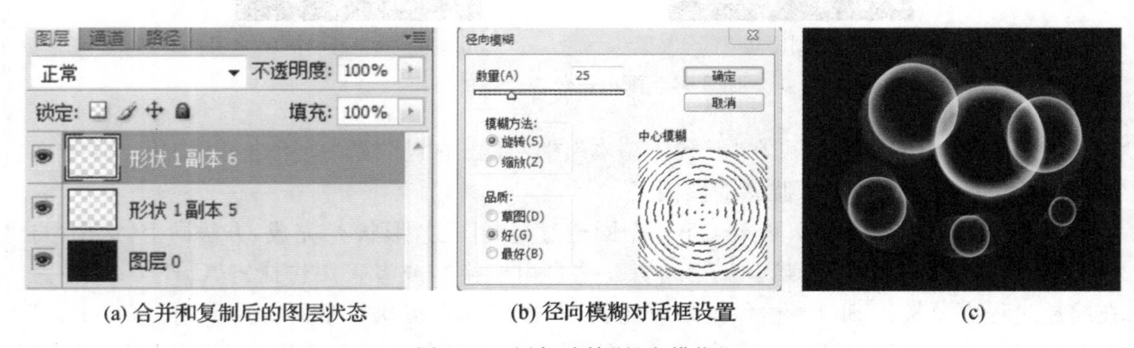

(a) 合并和复制后的图层状态　(b) 径向模糊对话框设置　(c)

图 2-46 添加滤镜“径向模糊”

5. 添加彩色效果。在图层面板顶端填加新的“色谱”渐变图层，可单击图层控制面板底边的添加图层快捷方式 ，增加新图层。

添加渐变，点击工具栏里的“渐变工具” ，在工具栏属性中选择“色谱渐变”和“线性渐变”，不透明度为 100%，如图 2-47(a)所示。在新图层上从上往下拉一条直线，这时画面出现满幅的色谱渐变。

在图层样式中选择“叠加”，在任一图层上单击右键勾选“混合选项”，会弹出“图层样式”对话框，在“样式”中选择“叠加”，画面就出现了彩色圈圈。如图 2-47(b)所示。

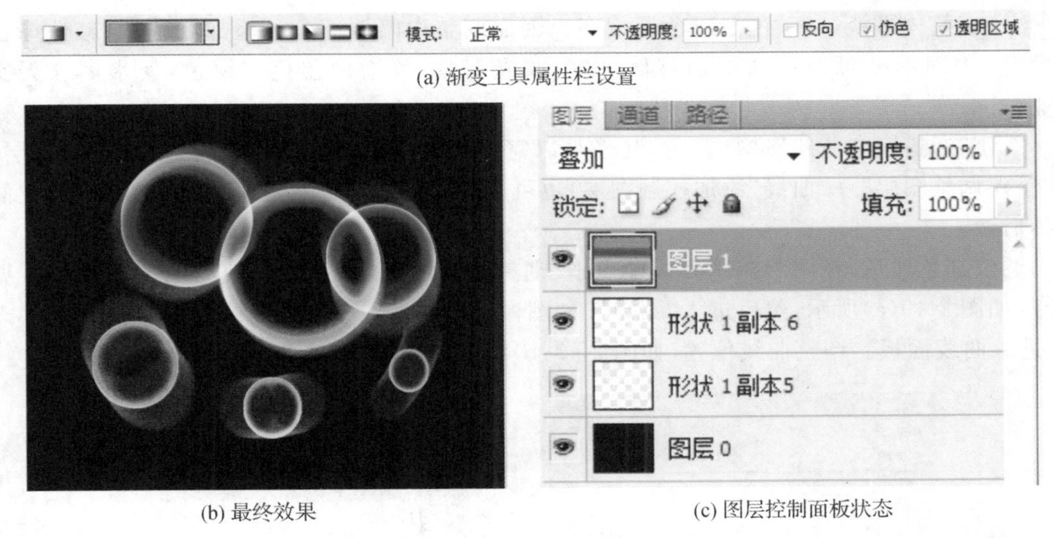

(a) 渐变工具属性栏设置

(b) 最终效果

(c) 图层控制面板状态

图 2-47 添加渐变图层后的"梦幻圈圈"

6. 保存文件，执行"菜单"→"文件"→"保存为"，在文件格式选项中选择". psd"文件格式保存图像的图层信息，文件名为"梦幻圈圈"。另外保存". jpeg"文件格式以便压缩和便捷地浏览，. jpeg 文件在无特殊情况下应先选择高品质保存。

子项目四 数字图像创意——海边跑车

要求：用一张比较普通的跑车照片，把它编辑出不同寻常的视觉效果。可采用两种方式，第一种方法比较简单，直接调色。第二种方法为置换背景，添加视觉效果。原始图像如 2-48 所示。

图 2-48 素材图——跑车

具体步骤

方法一：调色

1. 打开图片，分析图片的颜色。整个图片中间色调相对饱满，暗调和高光部分对比不够鲜明，造成整体平淡，在颜色上青色调偏多。因而调整中暗调部分可增加红色调，减低绿色和蓝色；中间部分可微提高增加整体亮度，高光部分，可增加蓝色和绿色，使水面和天空提亮。

2. 用“通道”和“曲线”进行调色，几乎可以完成任何颜色效果。可执行“菜单”→“图层”→“新建调整图层”→“曲线”添加控制图层，也可就背景图层对色彩通道进行曲线调整，我们选择后者。

调整红色通道，在图层控制面板中点击“通道”，点击红色通道，并使其他图层保存可见状态，如图 2-49(a)所示，然后进入“菜单”→“图像”→“调整”→“曲线”，或使用快捷键“Ctrl+M”进入曲线面板。调整曲线位置，如图 2-49(b)所示，图像效果如 2-49(c)所示。

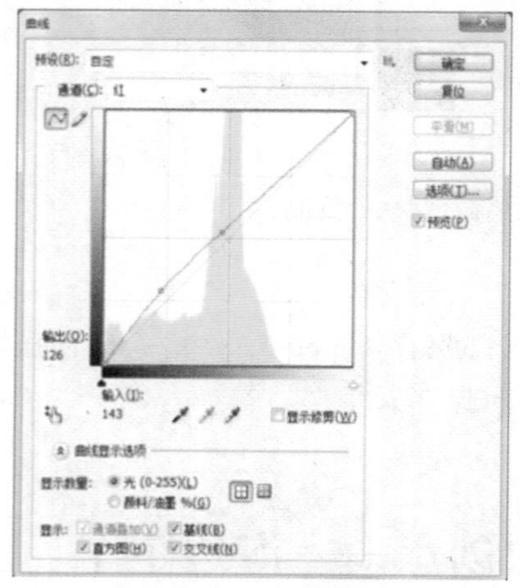

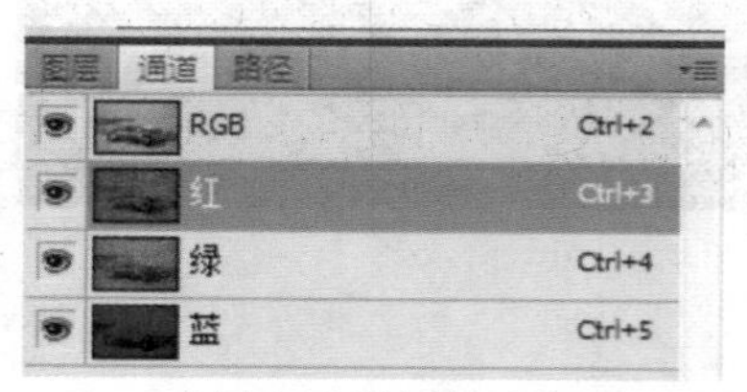

(a) 左图为通道控制面板状态

(b) 红色通道曲线调整状态

(c) 图像效果

图 2-49 红色通道的调整

再使用同样方法对蓝色通道和绿色通道进行调整，如图 2-50 和 2-51。

这样通过色彩通道的曲线修改，比较明显地改变了图像的外观。大家还可以根据自己的审美观用“曲线”工具进行进一步的修改。

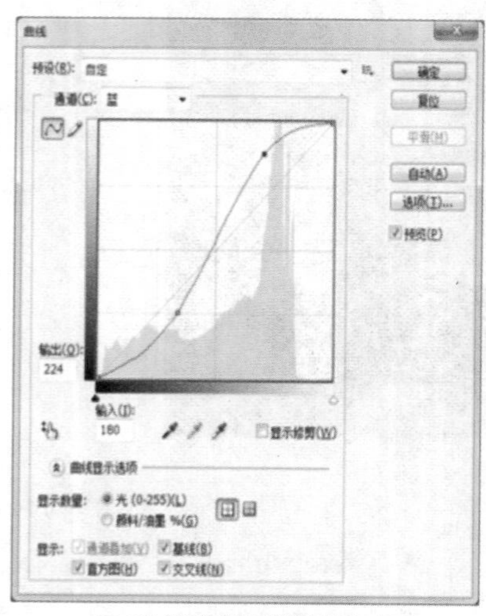

(a) 蓝色通道

(b) 蓝色通道曲线调整状态

(c) 图像效果

图 2-50 蓝色通道的调整

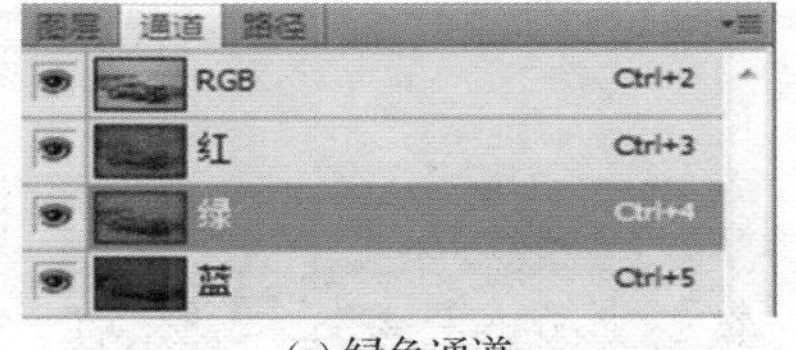

(a) 绿色通道

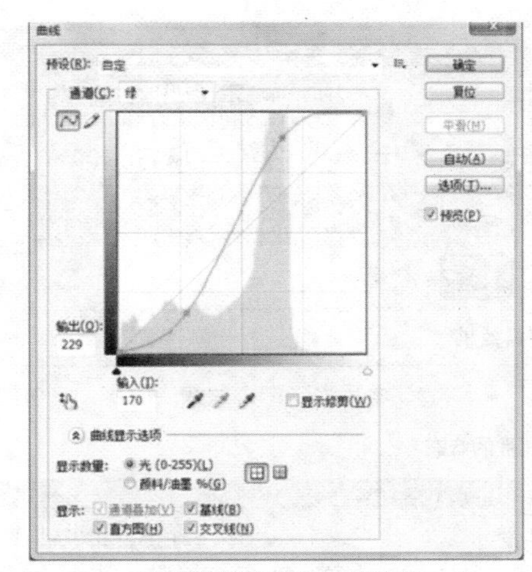

(b) 绿色通道曲线调整状态

(c) 图像效果

图 2-51　绿色通道的调整

3. 保存文件，执行“菜单”→“文件”→“保存为”，在文件格式选项中选择“.psd”文件格式保存图像的图层信息，文件名为“跑车调色”。另外，再保存“.jpeg”文件格式以便压缩和便捷地浏览，.jpeg 文件在无特殊情况下应先选择高品质保存。

方法二：替换背景，添加动感效果

1. 分析图片，确定背景素材。图片中的跑车在堤岸边上行驶，堤岸的直线边界比较明显，这样就可以直接以堤岸为界限来替换，由于是堤坝，背景可以是山沟、河、大海，为了提高视觉的通透感，我们选定大海，素材最好能够在色调上接近原始图像。我们选择的背景素材如图 2-52 所示。

图 2-52　素材：《海滨》

2. 对跑车及堤坝部分进行抠像。打开跑车图片，复制图层，对图像进行局部抠像，由于图像堤坝边界并不清晰，所以使用“快速选择工具”不容易定义，因而可以先用“矩形选框工具”将上半部分选中删除，并使该图层单独可视，图像如图 2-53(a)所示。

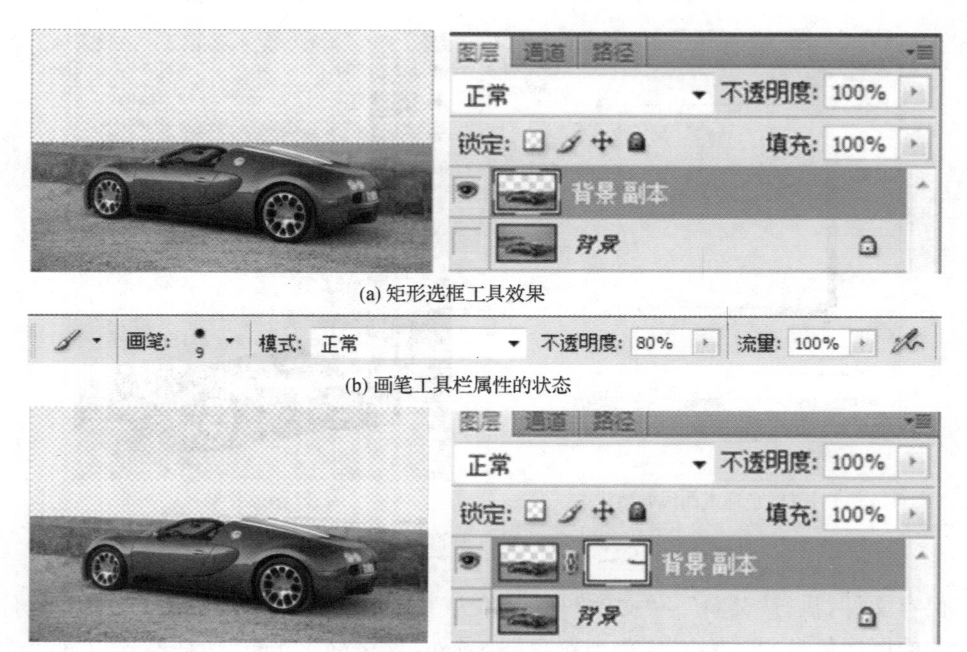

(a) 矩形选框工具效果

(b) 画笔工具栏属性的状态

(c) 用蒙板和画笔留出清晰的局部

图 2-53　对跑车及堤坝部分进行抠像

对边界进行精细显现，通过给该图层增加矢量蒙板，在蒙板上用画笔涂抹的方式除去多余的部分。单击图层控制面板底边的“矢量蒙板”快捷键。然后在工具栏找到“画笔工具”，在其属性栏里选取 9 像素的画笔，不透明度 80%，如图 2-53(b)所示。设置前景色和背景色为黑色和白色。然后在蒙板上仔细地把多出的边缘部分涂掉，还可以用白色画笔进行修改，直到边缘清晰为止，如图 2-53(c)所示。右键单击蒙板勾选“应用矢量蒙板”。

3. 给图层添加大海的背景。将《海滨》素材图打开，用工具栏里的“矩形选框工具”选定整个图像，直接用“Ctrl+C”复制，然后回到跑车所在文件，按“Ctrl+V”复制，并在图层面板中将其位置拖动到“背景”图层之上，如图 2-54(a)所示。

(a) 添加海滨图层

(b) 调整新图层的位置和大小后

图 2-54　给图层添加大海的背景

对“图层 2”的大小和位置进行调整，用快捷键“Ctrl+T”进入“自由变换工具”，对背景大小和位置进行调整。调整后效果如图 2-54(b)所示。

将中间两个图层合并，可按住 Shift 键选定中间两个图层，单击右键勾选“合并图层”。

4. 调整亮度和图像色彩，执行“菜单”→“图像”→“调整”→“亮度和对比度”，将亮度参数改为 20，如图 2-55 所示。

图 2-55　对图层 2 亮度的调整

运用“曲线”调整图像色彩，接下来的步骤和方法一的调色步骤类似，修改的目标在于将整个画面提亮，如晴天午后的色调。点击“通道”控制面板，先对 RGB 通道调整，使用快捷键 Ctrl＋M 进入“曲线”，把中间色调提亮，使画面亮度饱满些。如图 2-56 所示。

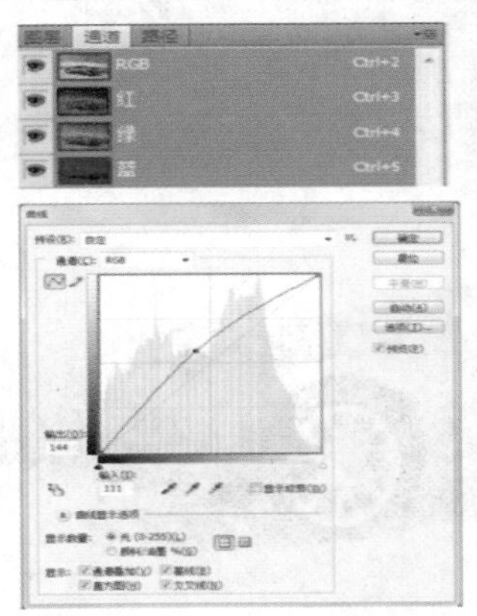

图 2-56　加强 RGB 通道的中间色调

再对蓝色通道进行修改，提亮高光部分，淡化阴暗部分，使整体提亮。如图 2-57 所示。

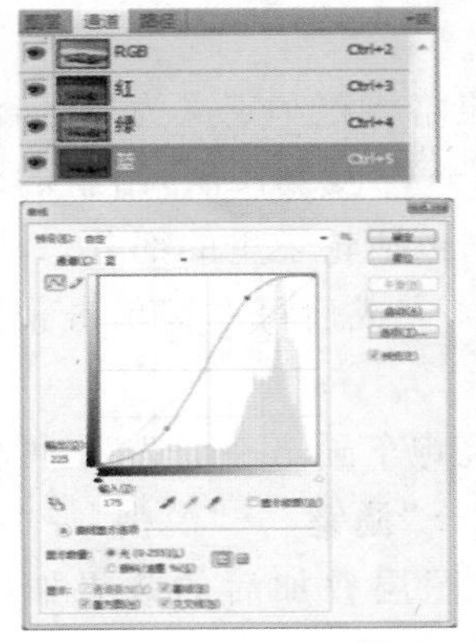

图 2-57　对蓝色通道的高光和阴暗部分进行调整

对绿色通道进行修改，提亮高光部分，淡化阴暗部分，修改幅度略低于蓝色通道曲线，使整体提亮。如图 2-58 所示。

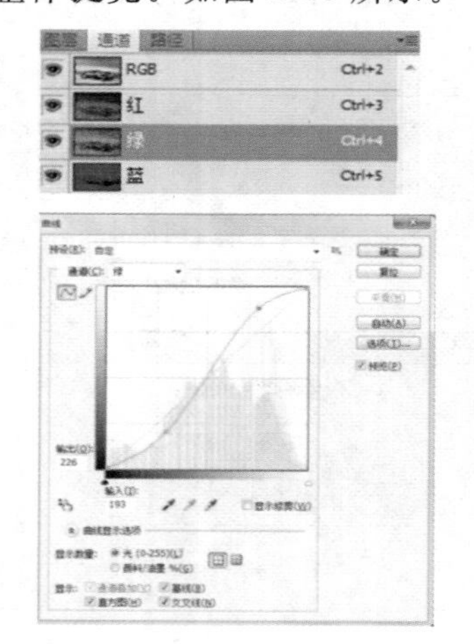

图 2-58 对绿色通道的高光和阴暗部分进行调整

再对红色通道进行修改，阴暗和中间色调部分添加少许红调，如图 2-59 所示。

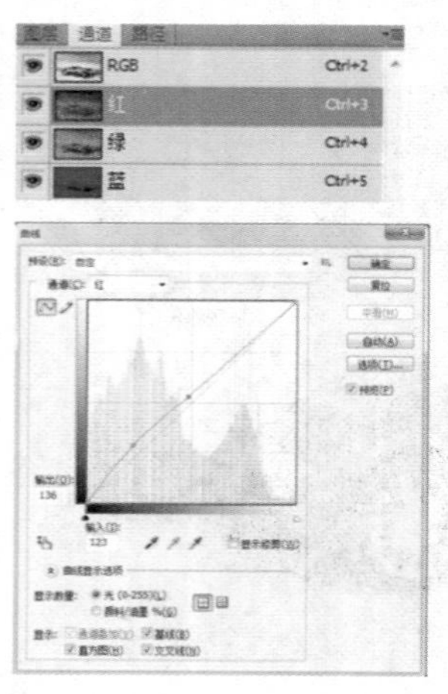

图 2-59 对红色通道的阴暗和中间色调部分进行调整

5. 给汽车增加“动感模糊”滤镜效果，动感模糊会虚化图像，一般要再制作一个清晰的物品图像置于滤镜图层的上方。

对跑车进行抠像，可使用工具栏中的“快速选择工具”先粗略将跑车定义为选区，注意这个过程应该使跑车轮廓只多不少，然后直接使用快捷键“Ctrl＋V”复制图层，给新的图层增加矢量蒙板，在蒙板上用黑色画笔将轮廓中多余的图像抹掉(包括轮子里的部分)。这个步骤和上面的第二个步骤基本一样。图层状态如图 2-60 所示。完成后可右键单击蒙板缩略图勾选“应用矢量蒙板”。

增加“动感模糊”滤镜效果，在图层 2 上用“套索工具”围绕跑车画出一个选区，可根据汽车运动的模糊范围来画，如图 2-61(a)所示，然后执行“菜单”→“滤镜”→“模糊”→“动感模糊”，把角度设为 0，距离设为 40 像素，如图 2-61(b)所示。图层叠加后的效果如图 2-61(c)所示。

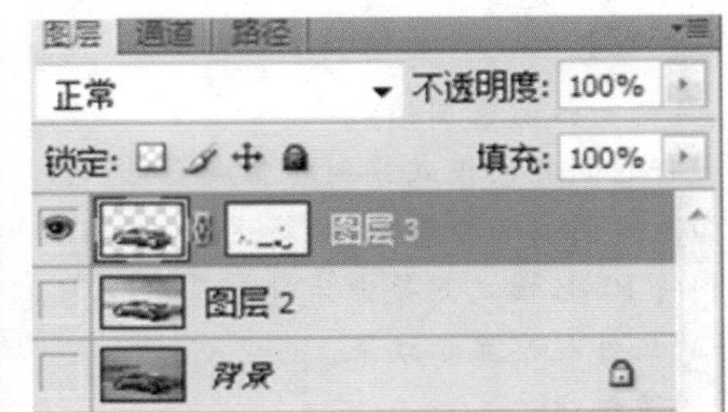

图 2-60　对跑车进行抠像

(a) 在图层2中添加选区

(b) 给图层2选区添加“动感模糊”滤镜

(c) 图层3可视状态下的图像效果

图 2-61　给跑车添加“动感模糊”滤镜

6. 给图像添加“镜头光晕”滤镜，可先将图层 2、图层 3 合并，执行“菜单”→“滤镜”→“渲染”→“镜头光晕”，把光晕中心移到汽车的后视镜位置，数量为 60%，类型为 105 毫米聚焦。效果如图 2-62 所示。

图 2-62　给跑车添加“镜头光晕”滤镜

7. 保存文件，执行“菜单”→“文件”→“保存为”，在文件格式选项中选择“.pdf”文件格式保存图像的图层信息，文件名为“跑车创意”。另外保存“.jpg”文件格式以便压缩和便捷地浏览，.jpeg 文件在无特殊情况下应先选择高品质保存。

【练习题】

1. 自选一张彩色图像：

(1)将它的颜色模式分别转变成 CMYK、灰度图、位图，观察其效果；

(2)改变图像的分辨率，观察图像效果；

(3)将 RGB 模式图导出为“jpeg”格式，按照 0、5、9、12 的压缩品质进行保存，然后重新打开保存的文件观察显示效果。

2. 图像编辑：

(1)自选一张素材图像，将其裁剪为 400×300 像素大小的幅面；

(2)通过多种处理，如使用蒙板、画笔、渐变、填充、文字、色彩调整、滤镜等，使之产生不同的效果，生成不同的“. psd”文件。

3. 自选一个主题，通过图像来表达其内涵，要求作品表意清楚，构图适宜，鼓励具有想象力和视角新颖的原创图像。要求：

(1)用文字简述创意主旨以及创作中的主要编辑环节；

(2)提交素材为. jpeg 格式；

(3)作品输出为 1024×768 像素，提交. jpeg 文件和. psd 文件。

项目三　数字音频的制作

【项目概述】

数字音频是指用1和0二进制数据来保存的声音信号，它通过数字化手段对声音进行录制、回放、编辑、存放和压缩。本项目通过运用计算机音频编辑软件来完成声音的录制、编辑的一系列环节。它涉及到对数字音频特定知识的了解，并能够运用软件 Adobe audition 的基本编辑功能完成一些初级的训练，了解 MIDI 音乐的制作环节。

【项目目的】

通过在 Adobe audition3.0 软件中进行音频编辑训练，让初学者了解数字音频的类别、采样率、位深度、剪辑、降噪、多轨混编、特效、存储的内涵和运用方式，并能够运用 Cubase5 进行简单乐曲的 MIDI 创作，熟悉其功能窗口和基本工具的使用。

【项目要求】

熟悉数字音频的特点和基本功能，在 Adobe audition 软件中独立完成对音频的优化和编辑合成，运用 Cubase5 进行简短的 MIDI 音乐创作。

【项目知识点】

1. 声音的基本属性：频率、振幅和波形

声音是声源（人声、乐器和其它物体）在一种弹性媒介（如空气）中产生的波动，当声源在空气中振动时，一会儿压缩空气，使其变得“稠密”；一会儿空气膨胀，变得“稀疏”，形成一系列疏、密变化的波，将振动能量传送出去。图3-1显示了吉他拨动时的声波。

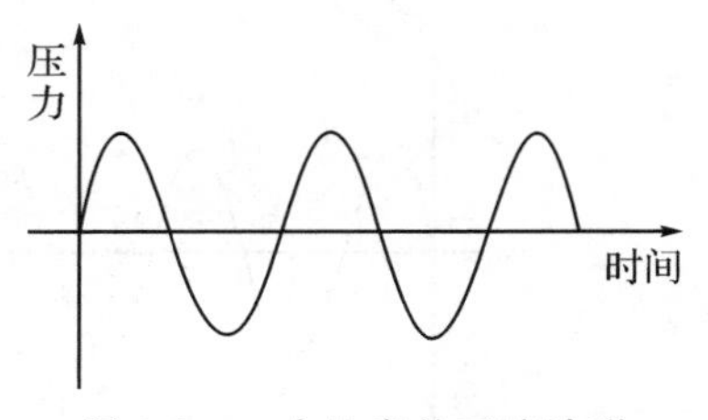

图3-1　一个纯音的正弦波形

声音的频率是指发声物体在振动时，单位时间内的振动次数，通常是1秒钟内，单位为赫兹(Hz)。图3-2给出了两个简单的正弦波形图，图3-2(a)表示在1秒内完成了两个完整来回，因而频率为2Hz，图3-2(b)则完成了四个完整的来回，频率为4Hz。

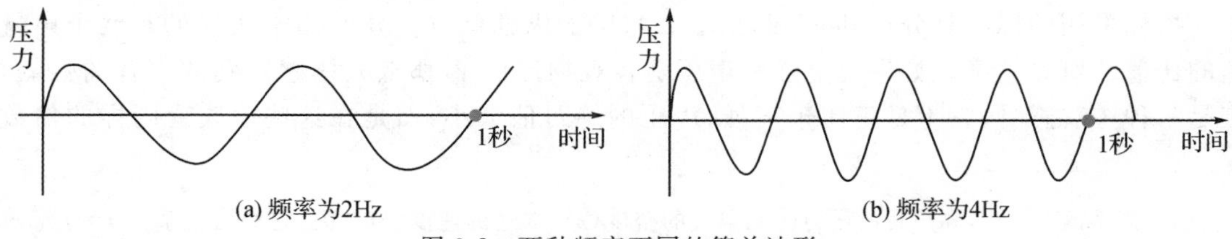

图3-2　两种频率不同的简单波形

有些声音声调尖锐，有些低沉，这些都和声音的频率有直接关系，物体的振动越快，频率越高，音调就越高，反之则越低。这也是声音被称之为“音频”的原因。在一些声音效果中，男声、女生或者童音之间的相互转化，就是利用改变声音的频率做到的。

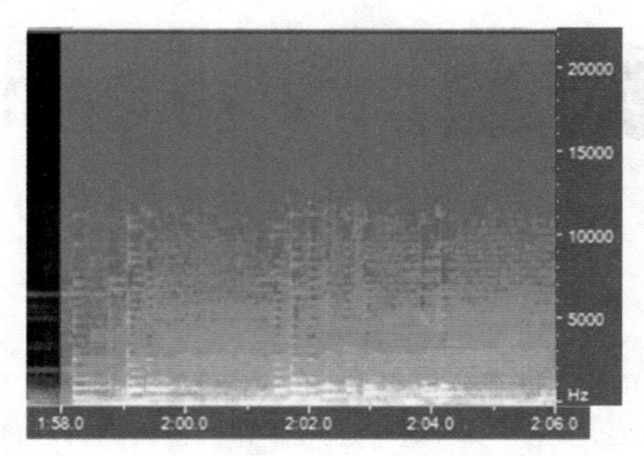

图 3-3 编辑软件中显示的一段音乐的频谱

一般来说，人耳可以感知到的频率范围为 20～20000Hz 之间。频率低于 20Hz 为次声波，高于 20000Hz 为超声波。而人耳最敏感的声音频率是在 2000～5000Hz 之间。图 3-3 显示了一段音乐片段的频谱图，横轴为时间，纵轴为声波的频率值。可以看到这段音乐的主体频率范围在 11000Hz 以内。

在音频制作中，有时需要去除噪音，其方法之一就是通过指定频率范围里的振幅阈值完成的。

振幅是发生物体振动时偏离中心的幅度，在波形图中能够比较直观地体现声音的强弱，即图 3-4(a)中 AB 之间的幅度。振幅的大小体现了声音的压力以及声强大小。声波作为一种能量运动，人耳能感知到声音具有的明显的强弱区别，声音的强度(简称声强)，是指在声传播方向上单位时间内通过单位面积的声能量。声强大小可用来衡量声音的强弱，声强愈大，我们听到的声音也愈响，声强愈小，我们感觉到的声音也愈轻。

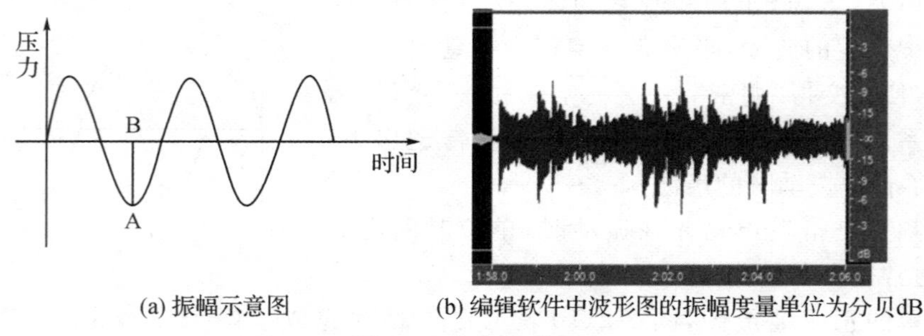

(a) 振幅示意图　　(b) 编辑软件中波形图的振幅度量单位为分贝dB

图 3-4 振幅与分贝

振幅采用的标度是分贝 decibel，见图 3-4(b)的纵轴单位。分贝(dB)表述的是两个声量值的比值的对数关系。如果说声强和声压是客观物理值①，那么人体感知到的声音的强弱，则是一种主观感受，它不是正比于声强、声压的绝对值大小，而是在这些值改变同样的倍数

① 声强的大小(I)和声音的压力(p)、空气的密度(ρ)、空气的速度(c)有关，它们的关系为 $I=p^2/\rho c$。声强的单位为瓦/米^2(W/m^2)，声压的单位为帕斯卡(Pa)。

时，人耳具有相同的感觉，人耳对声信号强弱刺激反应不是线性的，而是与声音的度量值的变化成近乎对数关系。当声音的度量值为声强 I 时，I 和 I_0 是参与比较的两个声强值。

$$分贝量=10\times\lg(I/I_0)$$

当声音的度量值为声压 p 时，p 和 p_0 是参与比较的两个声压值。

$$分贝量=20\times\lg(p/p_0)$$

声音度量值除了声强和声压外，还有声功率、电功率、电压或电流，其中前二者采取与声强一样的分贝计算方式：即比值取常用对数后乘以 10，后二者采取与声压一样的分贝计算方式：即比值取常用对数后乘以 20。

人耳对声音的感知范围为 0～120dB 之间。人耳听到的最小声压为 2×10^{-5} Pa，称为人耳的“听阈”，而当声压达到 20Pa 时，人耳就会产生痛感，称为人耳的“痛阈”，若将最小声压作为 0dB，那么最大声压增加了 100 万倍，通过声压等级的计算公式，取 100 万的对数乘以 20 后，得到的值为 120dB。

当声强加倍时，意味着声强等级增加了 3dB，而声压值加倍时，声压等级增加了 6dB。可以代入等式分别得出结果：

当 $I=2\times I_0$ 时　　分贝值 $=10\times\lg(2\times I_0/I_0)=10\times\lg(2)=10\times0.3=3$

当 $p=2\times p_0$ 时　　分贝值 $=20\times\lg(2\times p_0/p_0)=20\times\lg(2)=20\times0.3=6$

反之，当分贝增加 10dB 时，意味着声强值增加了 10 倍，分贝值增加 20dB 时，声强值增加了 100 倍。

音频软件中的振幅是用分贝来度量的，了解分贝的概念以及它和音频信号的关系在编辑时可以比较准确地预期编辑结果。此外，有必要简单解释一下在图 3-4(b)中，为何从中心点到两端分贝值是从 $-\infty$ 到 0，由于分贝值并非绝对物理值，如果让振幅的范围处于 0 到 $+\infty$，我们提到过人耳“痛阈”是在 120dB，而录音的电平最大值是 70dB，这样就会产生音频的削波现象，即高于 70dB 的值没有办法记录下来，造成数据的缺失。所以就采用了前面的方法来记录振幅。

波形是声波直观的形态，即使在频率和振幅相同的情况下，波形也会有明显的差异，在声音的听觉上则体现为音色的差异。这是由于声音往往是复合波形，在声音的基频(固定频率)里有各种谐音，它们的振幅和衰减程度不同，使每个声音具有独特的音色效果。

2. 音频的数字化：采样率和位深度

连续不断的模拟音频转化成数字音频必须经过采样和量化两个环节。

采样是指对摸拟电信号以某一频率进行离散化的样本采集，单位时间内的采样次数称为采样率。如果采样的频率是 5Hz，那么也就是说一段连续的音频在 1 秒钟内被采样了 5 次如图 3-5(a)所示，取样后假设每个取样点的压力相同，则重建的波形则如图 3-5(b)所示，同理，当采样的频率是 10Hz 时，取样点及其重建的波形则如图 3-5(c)和图 3-5(d)所示，可以看到，由于 5Hz 和 10Hz 的取样点都过低，所以重建的波形与原来的波形差异明显，波形数据损失很多，而 5Hz 和 10Hz 相比而言，后者比前者的准确性要高。也就是说，取样率越高，声波在数字化之后重建的结果越准确。但无论采用的取样率多高，在离散样本点之间的信息肯定会丢失。而采样频率越高，意味着采样的数据量越大。

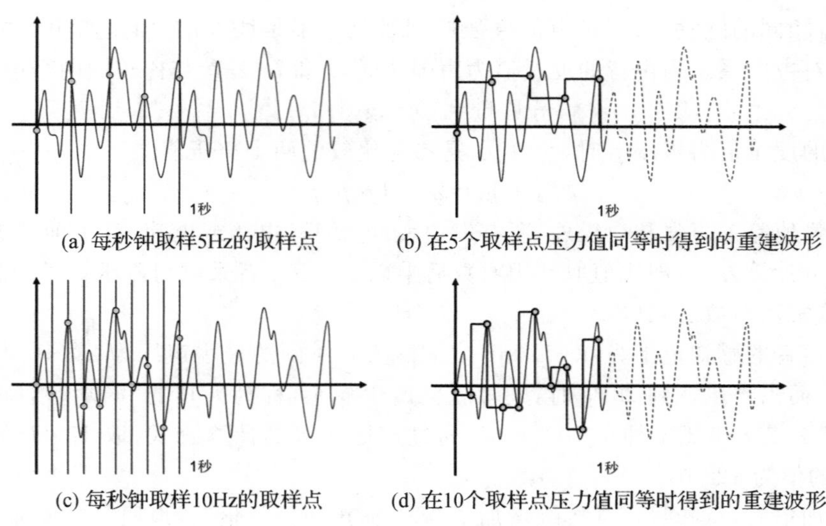

(a) 每秒钟取样5Hz的取样点　(b) 在5个取样点压力值同等时得到的重建波形

(c) 每秒钟取样10Hz的取样点　(d) 在10个取样点压力值同等时得到的重建波形

图 3-5　取样

在数字音频编辑软件中，会提供一些常用的取样率值，见表 3-1。

表 3-1　声音类型、采样率和量化精度

声音类型	信号带宽/Hz	采样率/Hz	量化精度/位	声音质量
电话语音	200～3.4k	8000	8	电话音质
调幅广播	50～7k	11025	8	AM 收音机音质
调频广播	20～15k	22050	16	接近于 FM 收音机音质
CD	10～20k	44100	16	CD 音质
DAT	10～20k	48000	16	数字音频磁带 DAT 音质

值得注意的是，在对模拟声音进行采样的过程中，采样率都高于原有的声音频率范围，虽然两者都采用同样的 Hz 作为单位，但含义是完全不同的。采样率一般在声音频率最高值的 2 倍上下浮动，这个倍数是依据了“奈奎斯特速率”，数字采样频率的大小由声音信号的最高频率决定，要进行无损的数字化转换，采样率至少是声音所含最高频率的 2 倍。

量化是将取样点的振幅值用一组二进制的数字序列来表示，振幅的离散等级用位深度来表示，通常是 2 的整数次方，一个 8 位的音频表示它有 2^8 即 256 个振幅离散等级，CD 音质的数字音频的位深度为 16 位，有 2^{16} 即 65536 个振幅离散等级。图 3-6(a)呈现了一段波形的量化状态，假定它的位深度为 3，即有 8 个离散等级，可以看到这些等级并不能准确表达所有取样点的实际振幅值，如果要用这个位深度来量化的话，至少有 6 个取样点的振幅值要映射到最接近的等级值，在图 3-6(b)中可以看到它们用“✦”标注出来。位深度不足就会产生数据失真，因而当振幅的离散等级越多，位深度越大，则其重建声波时越准确。同采样率一样，无论位深度多高，处于振幅的离散等级之间的数据都会丢失。位深度越高，音频的数据值越大。

音频的位深度决定了它的动态范围，动态范围是指音频振幅的最小值与最大值之间的范围，它的单位是分贝，计算方法可以用振幅等级的最大值和最小值比值的对数乘以 20 得出。这样 8 位的音频振幅等级为 256，动态范围＝20×lg256，即 48dB。而 16 位的音频为 65536 个振幅等级，动态范围＝20×lg65536，即 96dB。

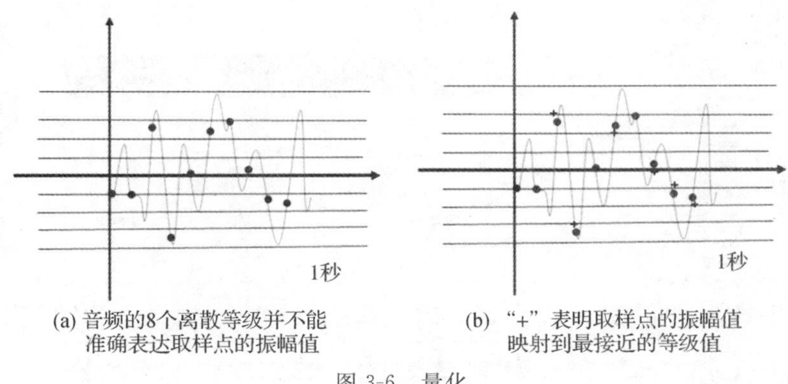

图 3-6 量化

3. 声音文件尺寸的计算方法

音频文件尺寸＝持续时间(秒)×取样率(Hz)×位深度(位)×声道数

根据这个公式，一段一分钟 CD 音质的立体声音频，

文件尺寸＝60×44100×16×2＝84672000(位)

＝10584000(字节)≈10MB

如果需要控制文件尺寸，则可以从计算公式右边的选项进行压缩，降低取样率、位深度或者声道数，但这样容易引发声音的失真，尤其当音频文件为音乐时。此外还可以采用文件压缩，一些文件格类型提供压缩并且音效较好，如 mp3 格式。

4. MIDI

MIDI 是一种"乐器设备数字接口"通讯协议，而非一种具体的设备，它是数字音乐和电子合成乐器的统一国际标准，规定了不同厂家的电子乐器与计算机连接的电缆和硬件及设备间数据传输的协议。MIDI 接口需要指定线路、插口配置和数据格式。

一些安装了波表合成器的电子乐器在接受一个信号后，如键盘的敲击，就能发出声音，合成器里有一个"波表"库，存储了特定乐器的波形样本，不同的合成器播放的声音会有差异。计算机声卡及电子乐器合成器里的"波表"库称为硬波表，通过数据文件存储在计算机里的"波表"则为软波表或软音源。

MIDI 乐器是用于输入音序指令的工具，它在外形上与真正的乐器十分接近，但不同的是它可以直接将演奏的信息转化成可存储的音序指令，MIDI 乐器与计算机连接后，计算机就能及时捕获 MIDI 乐器弹奏的音序指令，形成 MIDI 文件，图 3-7(a)(b)分别显示了同一 MIDI 文件内容在 Cubase 以及 Audition 软件界面上的表现。音频软件如 Nuendo、Cubase 以及 Audition 同时都允许通过电脑鼠标和虚拟键盘直接输入音符，并通过具有相应波表合成器的播放器演奏出来。

MIDI 文件包含了真正的乐器弹奏的"音符信息"——弹奏了何种乐器、何种音符、音符的持续时间、弹奏的力度。MIDI 文件的生成不涉及对模拟声波的捕获和数字化，因而没有采样和量化过程，也就没有采样率和位深度。MIDI 音乐文件记录了所有的音符和乐器信息，并可以便捷地进行编辑和修改。Cubase 和 Audition 的 MIDI 文件界面左上角都有箭头(选区)、画笔和橡皮工具，可以对面板中的所有文件信息进行修改和删减。

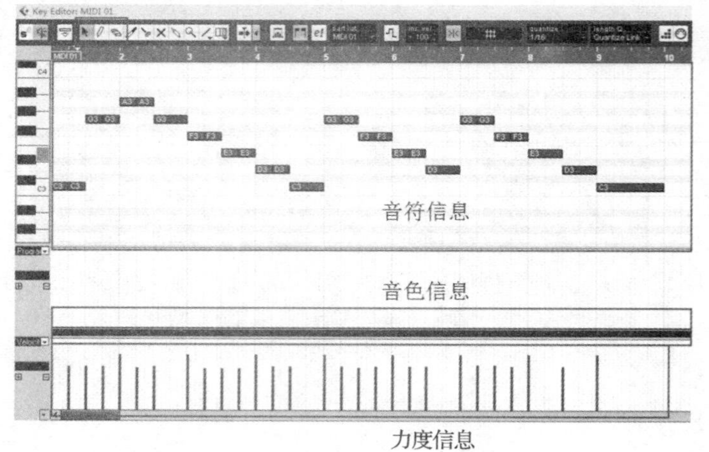

(a) Cubase软件里MIDI文件的显示

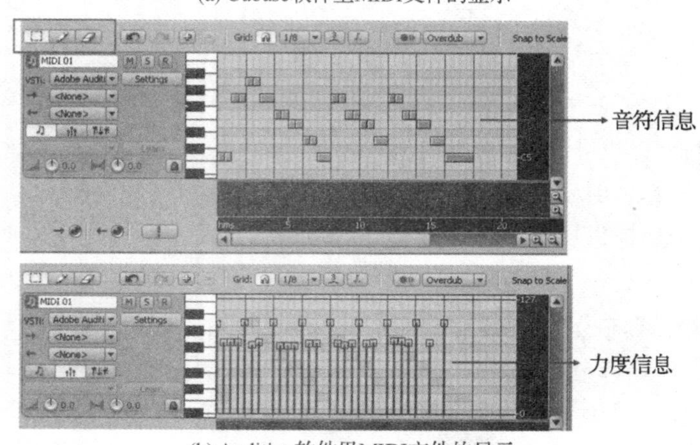

(b) Audition软件里MIDI文件的显示

图 3-7　MIDI 文件

5. 声音文件类型

表 3-2 列举了一些常用的音频文件类型以及它们的使用特征。

表 3-2　常用音频文件类型与使用特征

文件类型	支持平台	文件信息	压缩
WAV	主要支持 Windows 平台及其他系统	支持多种音频位数、采样频率和声道,可达到 CD 音质,存储空间需求大	没有采用压缩算法
mp3 (Moving Picture Experts Group Audio Layer III)	跨平台,多数播放器都支持	高音质、低采样率	高压缩率
wma(Windows Media Audio)	Windows 和 Linux 平台, Windows media player 或 Realplayer 播放器	音质好,压缩率高,可运用 DRM 方案限制复制或播放次数等,有利于防止盗版,支持实时在线播放	高压缩率,可达 1∶18

续表

文件类型	支持平台	文件信息	压缩
CD(*. cda)	CD－ROM 驱动，多数播放器支持	采样率 44.1KHz，16 位，音质几乎无损失。	无压缩
RA(Real Audio)	需要 Real Player 播放器	可实时传输音频，可根据网速选择不同的压缩级别，主要适用于网络上的在线播放。	高压缩率
MOV（Quick Time Movie)	跨平台，需要 Quick Time 播放器	支持视频和音频，支持音轨和 MIDI 音轨，支持多种声音压缩方法，可实时传输音频视频。	高压缩率
AIFF（Audio Interchange File Format)	Macintosh 平台和 Silicom Graphics Computer，目前也支持 Windows	AIFF 是 Apple 苹果电脑上面的标准音频格式，支持 16 位 44.1kHz 立体声。	AIFF 支持 ACE2、ACE8、MAC3 和 MAC6 压缩
Au(Audio)	Unix 操作系统	Unix 操作系统的数字声音文件，也是 WWW 上唯一使用的标准声音文件。	μ-律压缩

子项目一 数字音频的捕获——《偶然》录制

要求：在一台具有声卡的 windows7 操作系统的普通计算机上，用麦克风作为输入，使用 Audition 软件录制一段诗朗诵《偶然》，并将文件另存为“偶然.wav”格式。

具体步骤：

（一）录音前的计算机音频设备的准备

先要确认麦克风作为声音输入设备，并调整好适当音量。有两种方式进入计算机录音设备调节面板，一是从计算机“控制面板”→“硬件与声音”→“更改声音系统”→“录音”，二是通过 Audition 软件的“菜单”→“选项”→“windows 控制录音台”→“录音”，目的为开启“麦克风”，并确认麦克风处于激活状态，如图 3-8(a)所示。

对麦克风音量进行调节。可单击麦克风右键进入“属性”→“级别”，完成音量调整，如图 3-8(b)所示。如果从“属性”→“侦听”，勾选“侦听此设备”，则在计算机系统音量面板出现了麦克风，如图 3-8(c)所示，不仅可直接调节音量，还可通过计算机扬声器或耳机监听麦克风的声音。

录音前音频设备还有可能会出现其它问题，比如一些计算机初次安装 Audition 软件，会出现提示“找不到音频设备”或“音频设备未激活”，这是由于 Audition 软件尚未指定输入输出端口，麦克风声音无法输入。这时在 Audition 软件中进入“菜单”→“编辑”→“音频设备设置”，在“音频硬件设置”面板的最下方分别为“默认输入”、“默认输出”，如图 3-9(a)所示，可点开下拉框，选取你指定的输入和输出设备。如果下拉框是未激活的灰色不可调状态，这时就需要进入“音频硬件设置”的“控制面板”（黑圈的右上方处），打开“DirectSound 全双工设

(a) 计算机声音录制控制面板

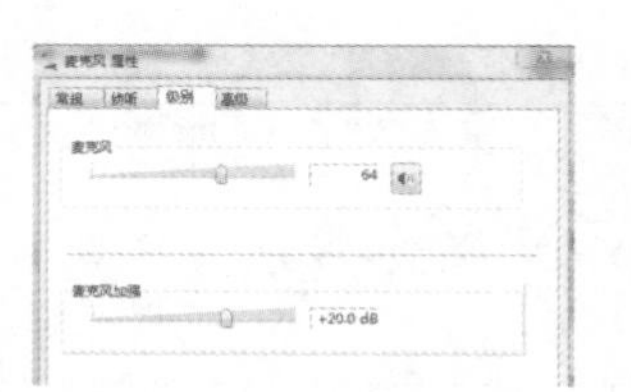

(b) 麦克风属性中的音量调节面板

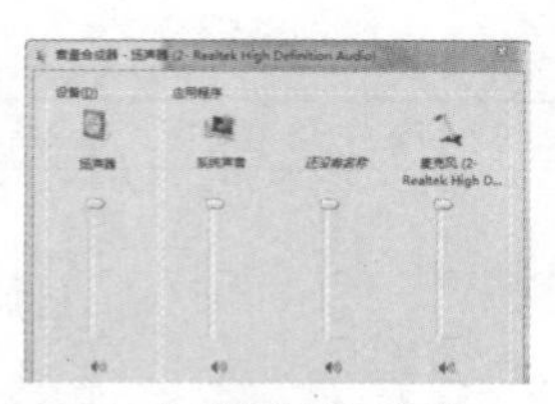

(c) 麦克风侦听后在音量面板出现音量条

图 3-8　将麦克风设定为计算机声音输入设备

备”面板，如图 3-9(b)所示，在“DirectSound 输出端口”和“DirectSound 输入端口”的设备名称前面的小框上都点上“×”，即为选中状态。并在右边的“同步参照”处点中“DirectSound 输入”，在“音频卡选项”勾选“全双工模式”使输入输出可以同时进行。确定后返回“音频硬件设置”面板，这时输入和输出端口已被激活，把“默认输入”选为麦克风。

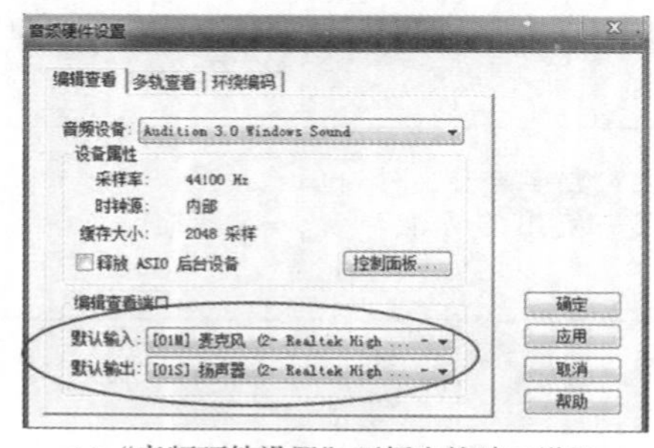

(a) “音频硬件设置” 面板中的端口设置

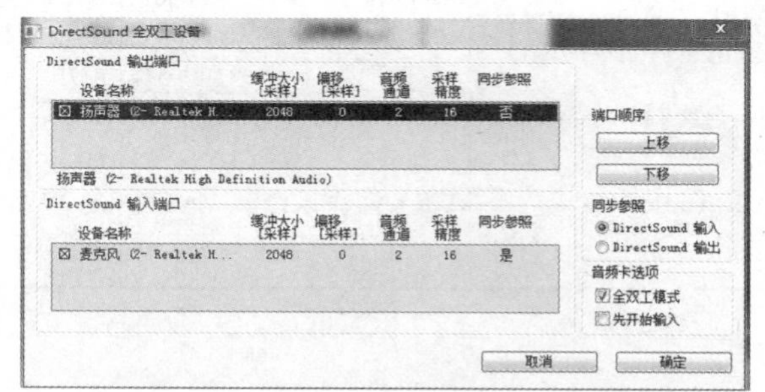

(b) “DirectSound全双工设备” 面板中的设备状况和工作方式

图 3-9　Audition 软件中的输入输出端口设置

(二)建立录制音轨

点击“编辑视图”工具，其图标如图 3-10(a)所示，进入单轨编辑模式，如图 3-10(b)所示，此时文件区和音轨区没有任何内容，必须建立文件后才能产生声道可用音轨。执行“菜单”→“文件”→“新建”，在跳出的“新建波形性”对话框中选择“采样率”为 44100，“通道”为“立体声”，“位深度”为 16 位，如图 3-10(c)所示，确认后面板会出现双声道音轨，文件区出现“未命名”工程文件，如图 3-10(d)所示，此时录制音轨已经准备就绪。

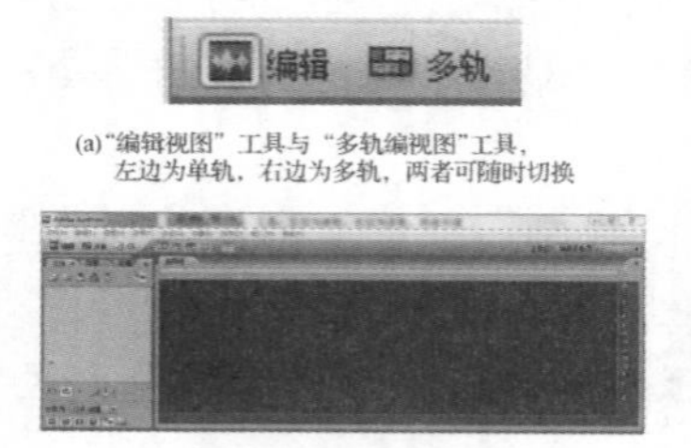

(a)“编辑视图” 工具与 “多轨编辑视图”工具，左边为单轨，右边为多轨，两者可随时切换

(b) 单轨编辑模式的面板状态

(c) 新建波形属性面板

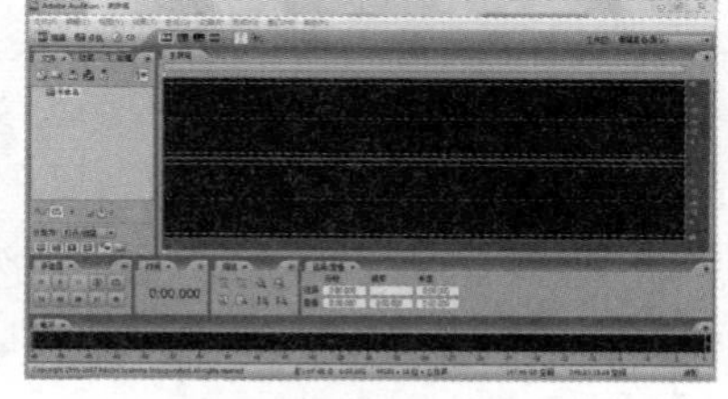

(d) 新建音轨完成后的面板状态

图 3-10　建立录制音轨

(三)录音和回放

诗的原文为“我是天空里的一片云/偶尔投影在你的波心/你不必讶异/更无须欢喜/在转瞬间消灭了踪影/你我相逢在黑夜的海上/你有你的/我有我的/方向/你记得也好/最好你忘掉/在这交会时互放的光亮”。

点击左下方“传送器”面板中的录音键，它与我们常用的播放器控制按钮一样，如图 3-11(a)所示，这时在工作区的音轨上出现了波形文件，意味着录音正常，停止录音时点击停止键即可。录制的文件状态如图 3-11(b)所示。

回放点击播放键即可，如需回放指定位置，可使用工具栏的“时间选择面板工具”点击指定位置或定义区块，如图 3-11(c)所示，点击播放键即可，并且每次点击播放键都是从指定位置开始。还可用“刷选工具”点击指定位置后按住鼠标，即可直接回放。

(a) 传送器面板上为运动控制键

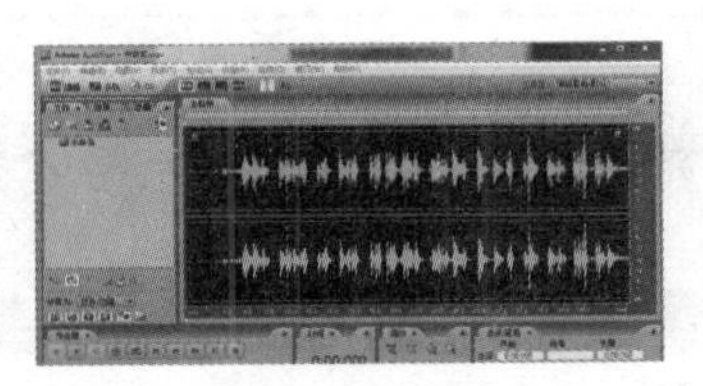

(b) 录制好的波形图

(c) 单轨编辑的两个工具：时间选择面板和刷选工具

图 3-11 录制过程

(四)文件保存

进入“菜单”→“文件”→“另存为”，会跳出一个对话窗口，将文件命名为“杂音偶然”，选取“. wav”格式，如图 3-12 所示，然后点击确认即可。

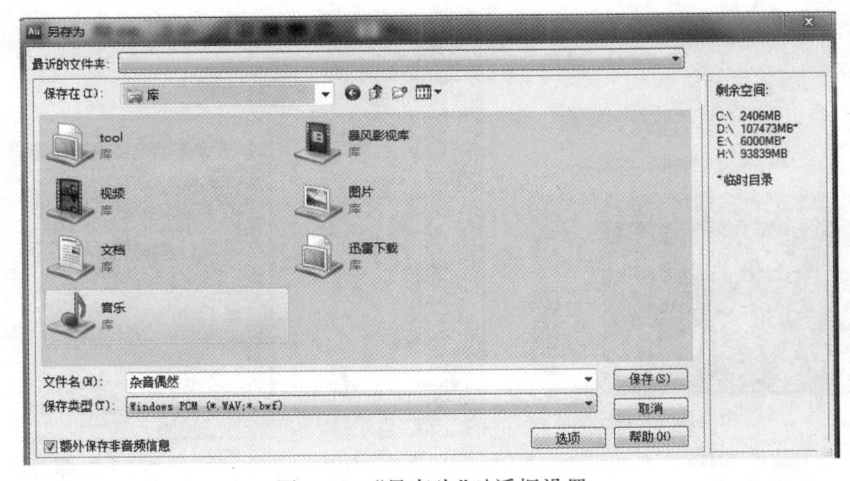

图 3-12 “另存为”对话框设置

子项目二 数字音频的优化——降噪和裁剪

要求：由于上一环节录制好的音频声音较轻、有不少杂音，并有一句诗朗诵得不流畅，所以还要对其进行适当的调整——提高音量、降噪和剪裁，然后输出到多轨编辑状态，给多轨工程文件命名为“偶然”。

具体步骤：

1. 适度调整音量。如录制音量过高或过低，可使用“时间选择面板工具”指定区域，这时会出现下图圈出的音量调节工具，可对选区的波形音量进行适度的调整。如图 3-13 所示。

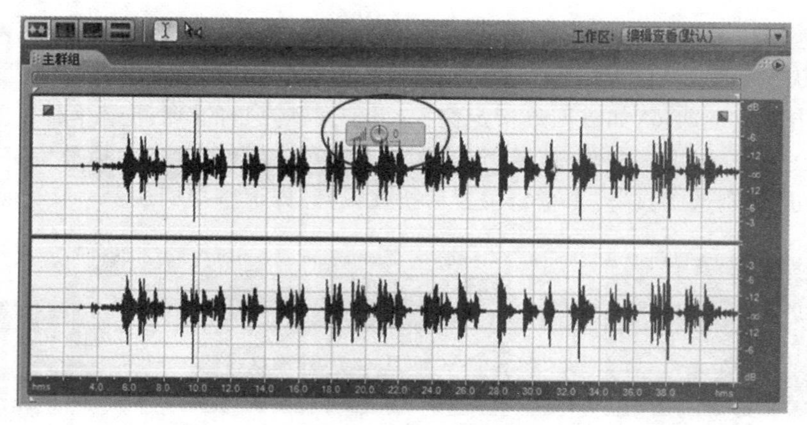

图 3-13 音量调整

2. 降噪。第一步是要在波形图中选定噪音，噪音是指被录制进来的非朗诵音，可以通过监听来判断，噪音样本的长度最好不少于 1 秒。在寻找的过程中我们会发现原来的波形图太小，这时可用上端的绿色滚动条对波形进行缩放和移动。可直接用工具栏中的"时间选择面板"工具，选取一段最明显的噪音，位置在最后的 41 秒左右至结尾处，如图 3-14(a)所示。

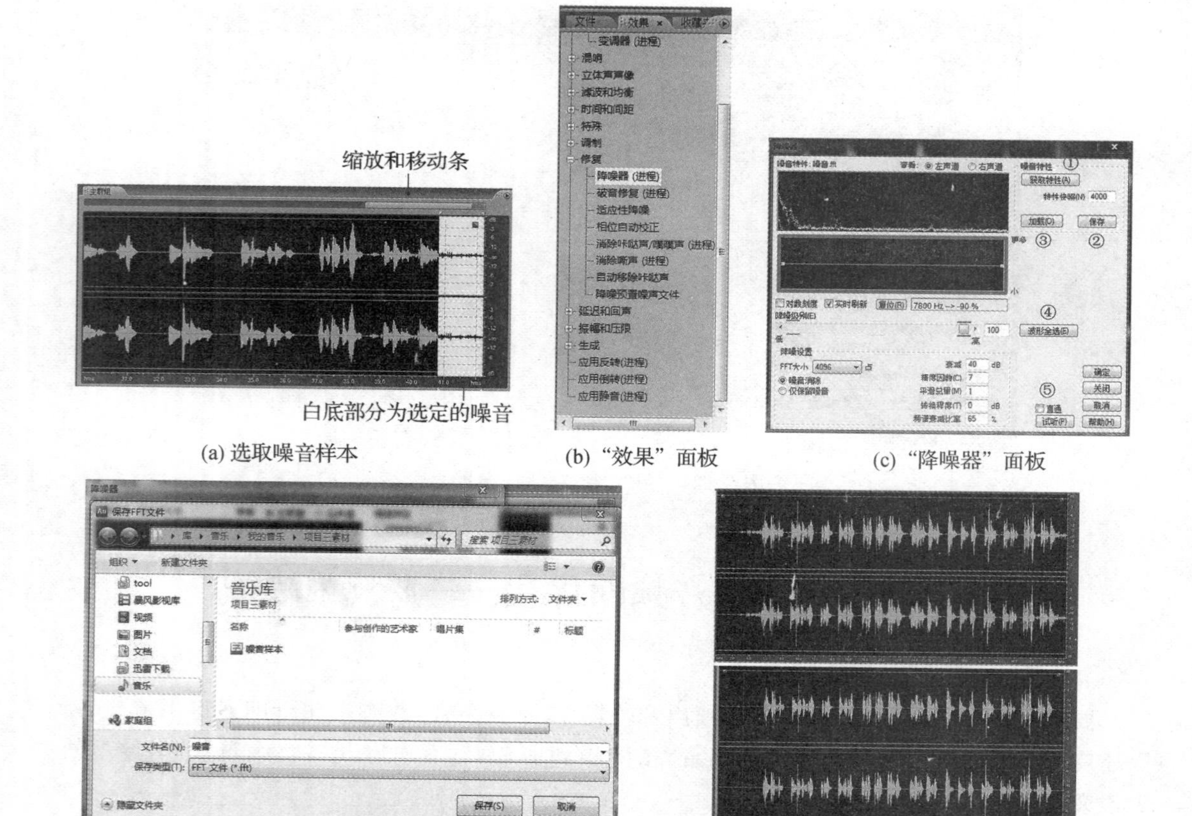

(a) 选取噪音样本　(b) "效果"面板　(c) "降噪器"面板

(d) 保存噪音样本　(e) 降噪前与降噪后的波形对比，首尾处的差别尤其明显

图 3-14 降噪

第二步是将选取的噪音转化为“降噪器”中的噪音样本。打开“效果”面板，如图 3-14(b)所示，找到“修复”→“降噪器(进程)”，出现“降噪器”对话框，如图 3-14(c)所示。在该对话框点击①“获取特性”，使刚才被选中的噪音波形被读入；点击②“保存”则将噪音样本保存为单独的文件，我们将其取名为“噪音”，如图 3-14(d)所示；点击③“加载”，找到刚才保存的“噪音”文件，作为指定的降噪样本。

第三步是降噪。点击④“波形全选”，意味着对全部波形执行降噪，然后点击⑤“试听”，如果想对比原始波形，可勾选“直通”，即可听到原始音频。确定后执行降噪进程，被消除的噪音波形将不可恢复。完成降噪的波形与原始波形有明显差异，尤其是首尾处，如图 3-14(e)所示。

2. 适当裁剪。由于诗朗诵中出现了不流畅的重复之处，需要删除。重复的位置出现在第 17.9 秒至 19.1 秒处，可用“时间选择面板”工具选定，按 Delete 键删除，其删除前后的波形图如图 3-15 所示。

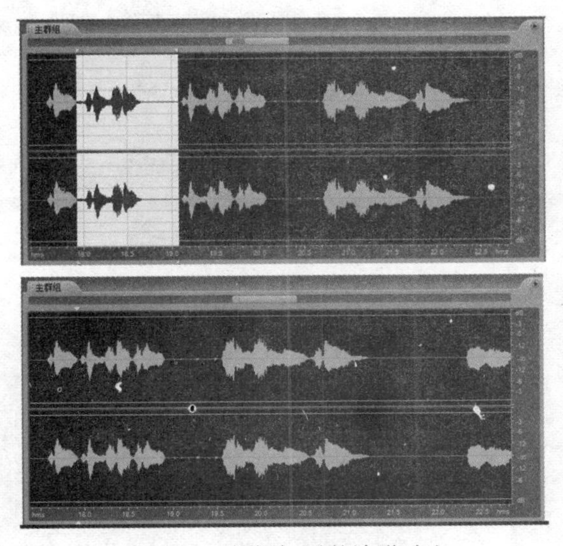

图 3-15　剪裁前、后的波形对比

3. 输出到多轨编辑中去。这个步骤可通过两种方式完成，一是右键单击波形图，勾选“插入到多轨”，然后切换到“多轨视图”即可，二是先点击“多轨视图”工具，然后将文件区的“未命名”文件拖入到音轨中，完成后如图 3-16 所示。

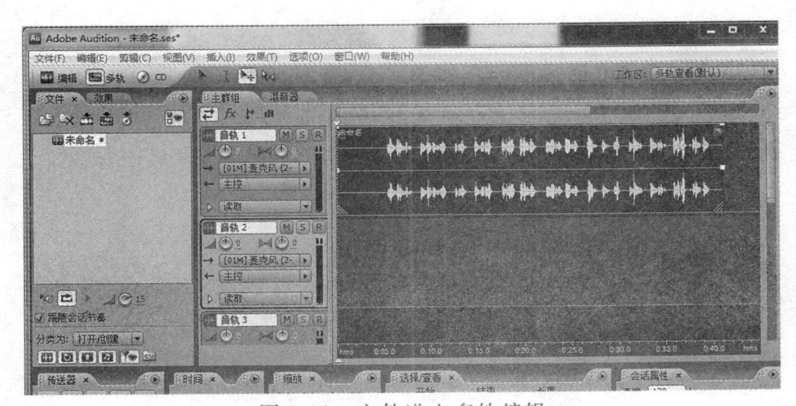

图 3-16　文件进入多轨编辑

4. 给多轨工程文件命名和保存。当前的多轨工程文件以及音轨波形文件名状态均为“未命名”，执行“菜单”→“文件”→“保存会话”，给多轨文件命名为“偶然. ses”格式，如图 3-17(a)所示，确认后会跳出另外一个窗口提示音频文件尚未保存，如图 3-17(b)所示，选择“是”，给音频文件命名为“朗诵. wav”格式，确认后，面板文件信息有了相应变化，如图 3-17(d)所示。

文件名(N)： 偶然
保存类型(T)： 多轨会话 (*.ses)
保存所有关联文件副本
选项
保存(S)
取消
帮助(H)

(a) 多轨工程文件命名和保存

(b) 音频文件保存提示窗

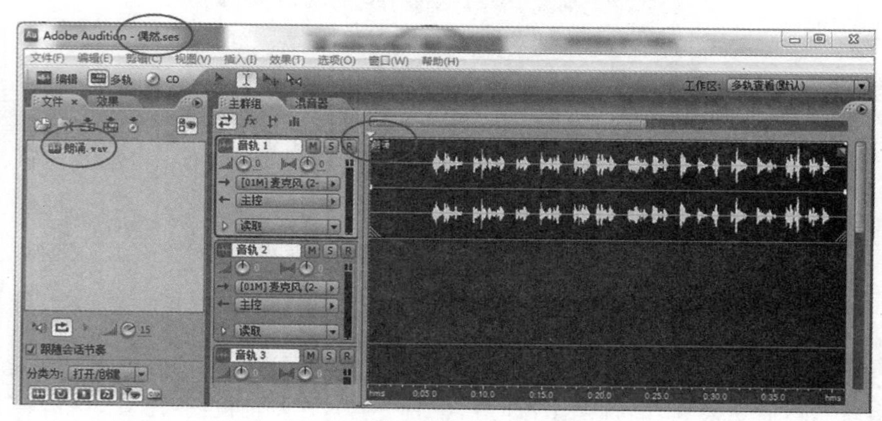

(c) 音频文件命名和保存

文件名(N)： 朗诵
保存类型(T)： Windows PCM (*.wav;*.bwf)
额外保存非音频信息
选项
保存(S)
取消
帮助(H)

(d) 多轨工程文件名在最上方，中间为音轨文件名

图 3-17 文件保存与命名

子项目三　数字音频的混编——诗乐融合与特效

要求：替换《朗诵》文件里读错的一个字，给这段音频再添加一遍男声朗读——由原音频进行变调处理而来，并给诗朗诵添加一段背景音乐和一些海浪音效的素材，最后用wav文件格式导出。

具体步骤：

1. 重录有错字的那句诗。录制环节如前所示，进入"编辑视图"，新建一个采样率44100、立体声、16位的文件，然后点击"传送器"面板的"录音"键。录音开始，朗诵"在转瞬间消灭了踪影"。录制完毕点击停止键。并对文件的音量进行适度调整。完成后如图3-18所示。并从"菜单"→"文件"→"另存为"，将之命名为"补缺.wav"格式。

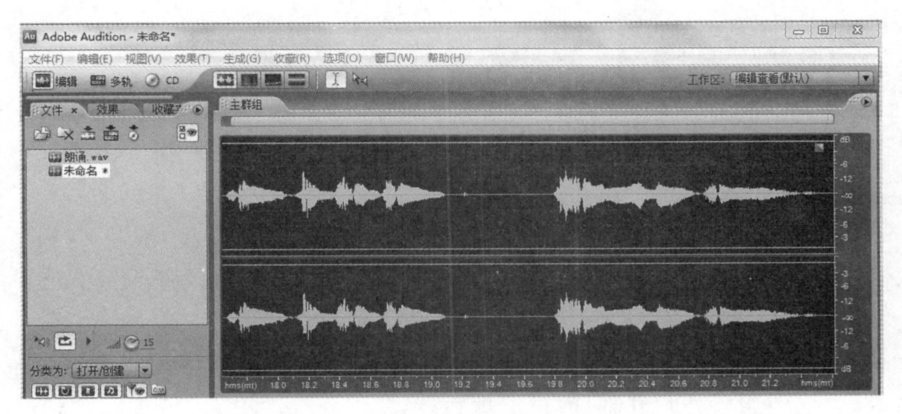

图3-18　录制好的一句诗

2. 替换错字。从新录制的文件中选择并复制好替代部分，选定后按"Ctrl＋C"复制即可，如图3-19(a)所示，点击"朗诵"文件，选出要被替换的部分，如图3-19(b)所示，执行"Ctrl＋V"粘贴，可以看到，原来的波形被替换掉，如图3-19(c)所示。将文件另存为"女声朗诵.wav"格式。

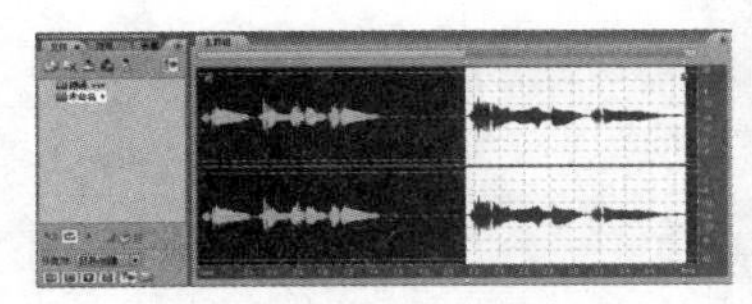

(a) 新文件指定的替代部分

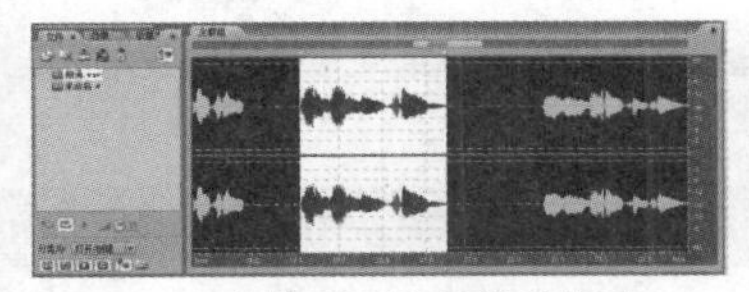

(b) 原文件需要被替换的部分

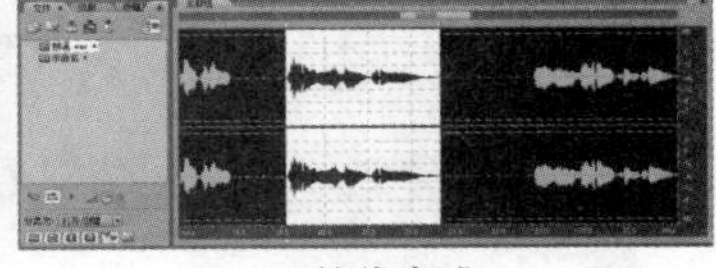

(c) 替代完成

图3-19　替换错字过程

3. 制作男声。在缺乏该项资源的情况下，可使用"变调"来使女声转化成男声。执行"菜单"→"效果"→"变速/变调"→"变调"，如图3-20(a)所示，在弹出的"VST插件－变调"对话框中进行调节，由于男声深沉，频率偏低，所以要降调处理，我们降了3个半音，并用音分微调，使声音不至于走样，并将"叠加频率"和比例降低到5%。具体参数如图3-20(b)所示。调整时可使用左下角的试听键。确认后将文件另存为"男声朗诵.wav"格式。

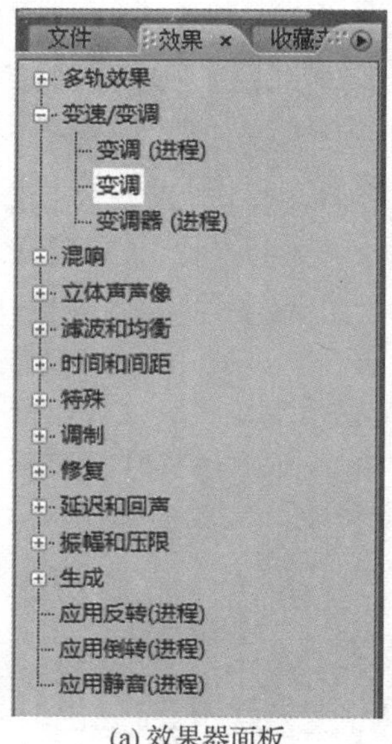

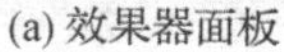
(a) 效果器面板

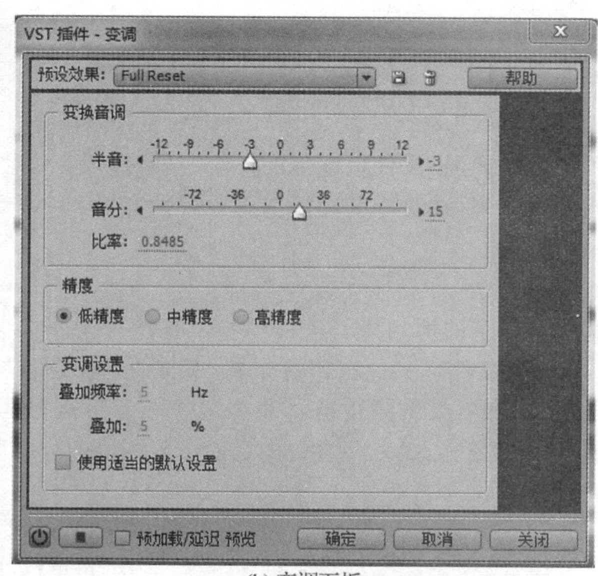

(b) 变调面板

图 3-20 变调运用

4. 在多轨中编辑背景音乐、诗朗诵、音效的位置。

切入到多轨视图，导入《女声朗诵》、背景音乐文件《觞》、音效文件《海鸟》、《海浪》、《海浪2》，只需在文件区双击即可打开文件，或者将文件点住直接拖入文件区。导入后如图 3-21(a)所示。

将文件全部拉入音轨的合适位置。为使视图清楚，我们采取三个音轨分置诗朗诵、背景音乐和音效，主要使用“移动/复制、剪辑工具”。

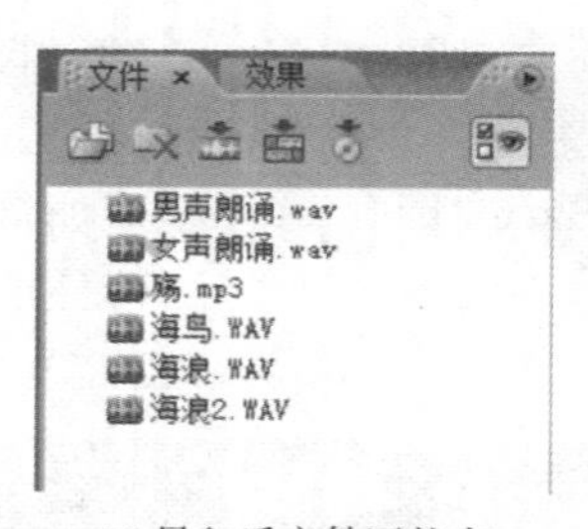

(a) 导入后文件区状态

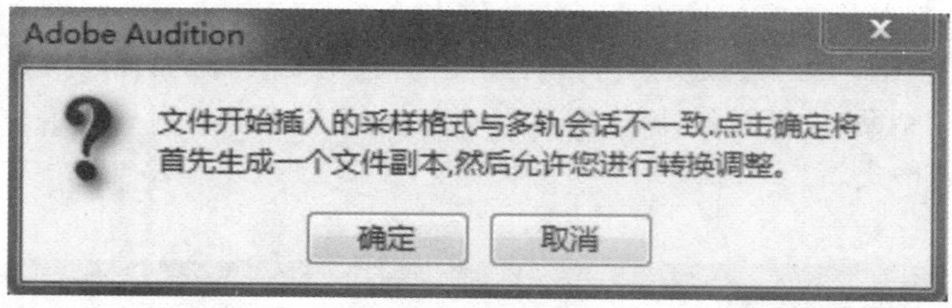

(c) 文件重采样提示框

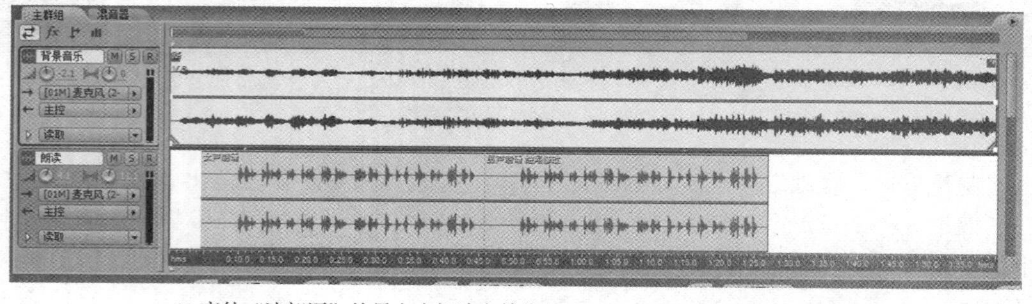

(b) 音轨“诗朗诵”的男女声朗读文件位置，以及“背景音乐”音轨的状态

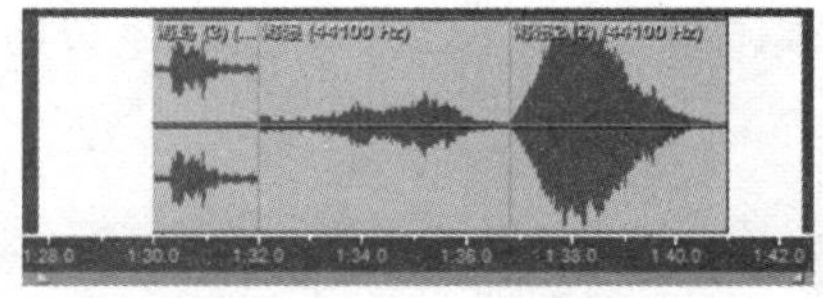

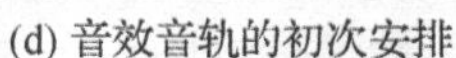
(d) 音效音轨的初次安排

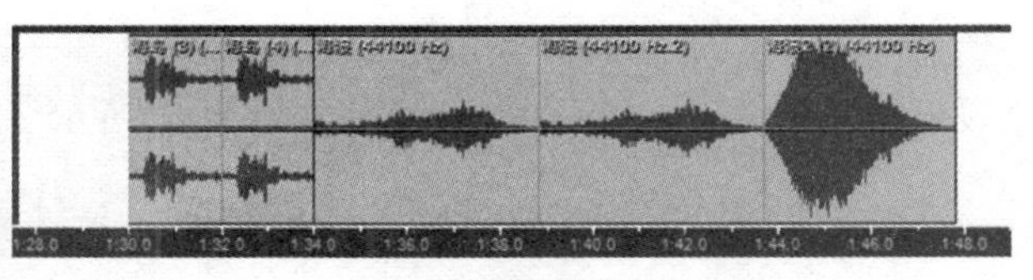

(e) 音效音轨的修改

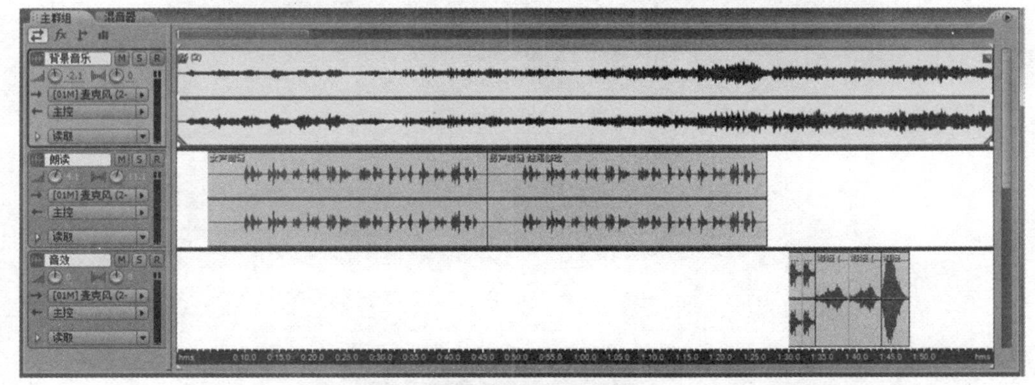

(f) 素材在多轨中的分布情况

图 3-21 多轨中的素材排列

将背景音乐《觞》拉入“音轨 1”，并双击“音轨 1”改名为“背景音乐”。再将《女声朗诵》和《男声朗诵》拉入“音轨 2”，将音轨改为“朗诵”，注意波形的位置是《女声朗诵》在前，两者之间不要交叠，并可以通过播放音轨观察效果，寻找两者间的合适对应位置，如图 3-21(b)所示。

安排音效素材音轨，根据诗歌的表达特点，合适的位置应该是在朗诵结束后、背景音乐高潮略过处，可以运用环境音效增加惆怅的情境。将海鸟叫声(《海鸟》)、低海浪声(《海浪》)与中高海浪声(《海浪 2》)依次拉进“音轨 3”，这时，会出现一个窗口，提示素材需要经过重新采样才能使用，如图 3-21(c)所示，点击确定后会自动完成新的采样文件。素材的初步摆放如图 3-21(d)所示。而一声海鸟和一声低海浪似乎单薄了些，可通过复制音效素材来增加长度，使用“移动/复制、剪辑工具”单击右键复制对象往指定地方拖曳，就复制出了波形，点击“在此复制参照”即可，将其排列好位置，如图 3-21(e)所示。这时，所有的素材都已布局完毕。工作区状态如图 3-21(f)所示。

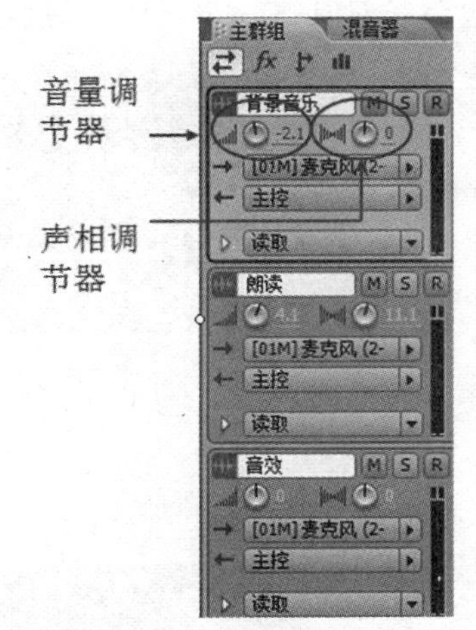

图 3-22 音轨的音量与声相调整

5. 对三个音轨的音量和声相进行调节。点击播放，可以听到背景音乐音量偏大，朗读的声相偏左，(声相是指发声体所在的空间位置)，可在所在音轨进行相应的调节，具体的数据如图 3-22 所示。

6. 给音轨添加音量包络和声相包络，从而带来声音淡入淡出和声音中心点移动的特殊效果。点击波形图，可以看到其变成亮色，同时出现了音量包络线和声相包络线，如图 3-23 所示。它们可任意添加节点，按“Ctrl＋Delete”则可全部取消，上下可自由拉动。音量包络线的数值从上到下为 0dB～－∞。如要把直线状态改为曲线，可进入“菜单”→“剪辑”→“剪辑包络”→“音量”→“使用曲线采样”，重新添加，曲线的特性与直线不同，需要多加一到二个节点。

给背景音乐添加音量的淡入淡出效果。在 0:00—0:10 和 1:50—2:00 处用音量包络线将之设置成淡入淡出。设置完的情况如图 3-23 所示。

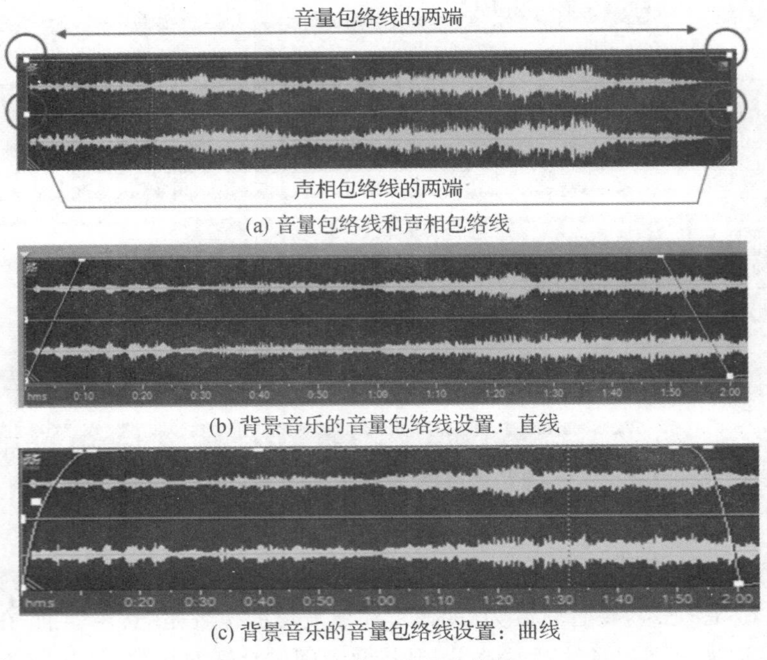

(a) 音量包络线和声相包络线

(b) 背景音乐的音量包络线设置：直线

(c) 背景音乐的音量包络线设置：曲线

图 3-23　使用音量包络线

此外，在试听中会发现背景音乐从 1:10 时振幅增大，诗朗诵听不清楚，因而可以通过音量包络线对其进一步调整，通过边听边调的方式进行。调整完毕后如图 3-24 所示。

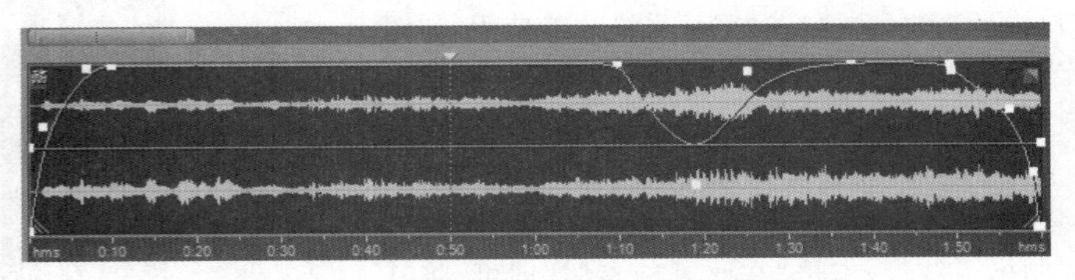

图 3-24　背景音乐的声音包络线调整效果

同理，给音效素材《海浪 2》波形图添加从中间点开始的音量包络线，以避免海浪音量过大。完成后如图 3-25 所示。

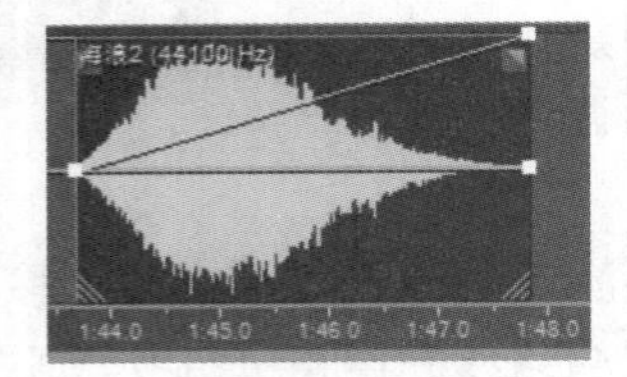

图 3-25　海浪的音量包络

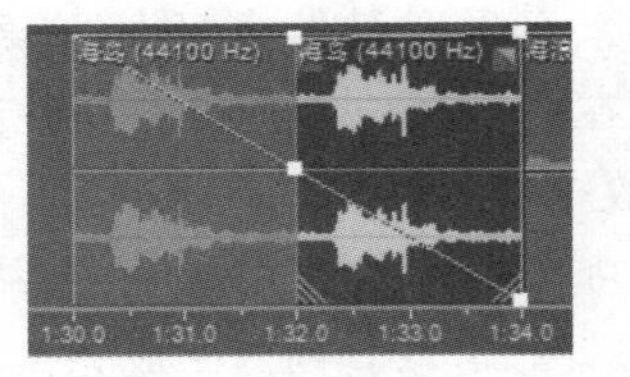

图 3-26　海鸟的声相包络

给《海鸟》添加声相包络，使鸟的叫声从左声道转移到右声道。声相包络线的数据从上到下的数值变化为(－100%，0，＋100%)，即上端为左声道最大值，下端为右声道最大值。完成后如图 3-26 所示。

7. 进一步的微调，删减不必要的部分，导出多轨文件为 wav 格式。

在试听时，会发现男声朗诵的最后一句力度稍欠，可双击进入“编辑视图”，选定区域进行音量放大，如图 3-27 所示，完成后回到“多轨视图”。

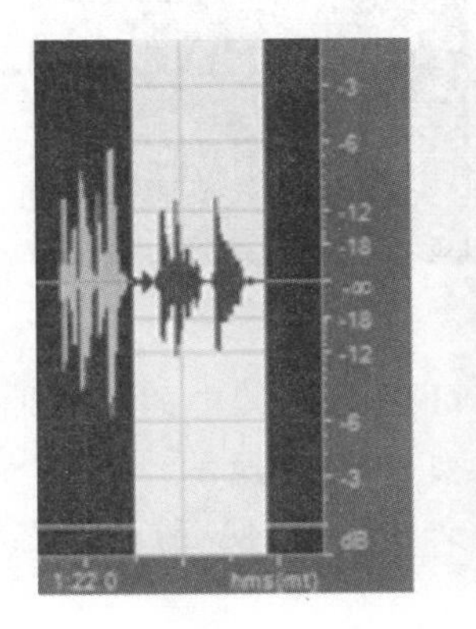
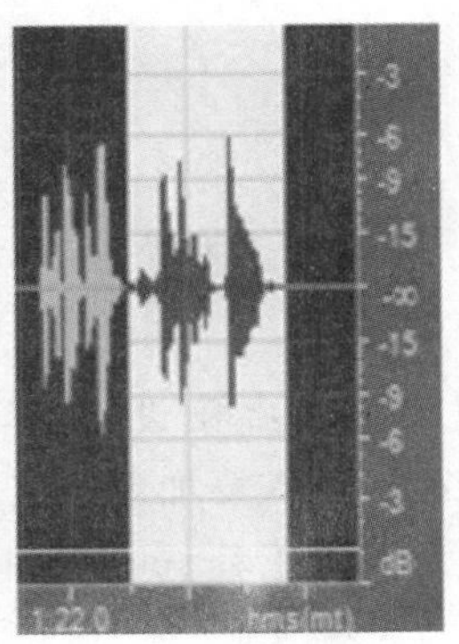

图 3-27　调整前后对比

删掉背景音乐淡出后的部分，完成的多轨波形编辑如图 3-28 所示。

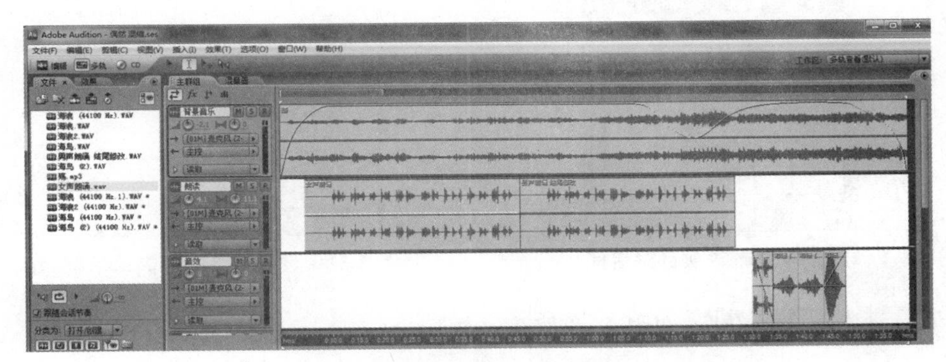

图 3-28　最终完成的多轨编辑

导出文件，从“菜单”→“文件”→“导出”，保存为“偶然混缩. wav”。

子项目四　MIDI 制作——“小星星”片段

要求：用 Cubase5 软件写入工具制作 MIDI 音乐——儿童歌曲《小星星》片段，时间为 20 秒左右。①

具体步骤：

1. 建立工程。运行 Cubase 软件，执行“file”（文件）→“new project”（新建工程）命令，如图 3-29 所示。

① Cubase 软件是德国 Steinberg 公司所开发的全功能数字音乐、音频工作软件。这款软件集合了 MIDI 音序功能、音频编辑处理功能、多轨录音缩混功能、视频配乐以及环绕声处理功能等，在业内使用广泛。通过项目四的练习，读者可以了解如何利用该软件制作一段简单的 MIDI 音乐。

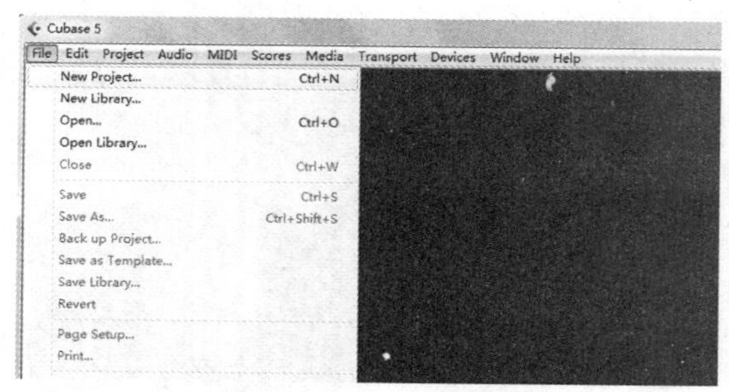

图 3-29 新建工程

新工程对话框中提供了一些预设模板，可以选择其中的模板直接使用，也可以选择“empty”(空白)，以便后面按照需要加入轨道，如图 3-30 所示。

接下来的对话框是为新建工程选择项目文件夹，以便存放工程文件，选好后点确定即可，如图 3-31 所示。

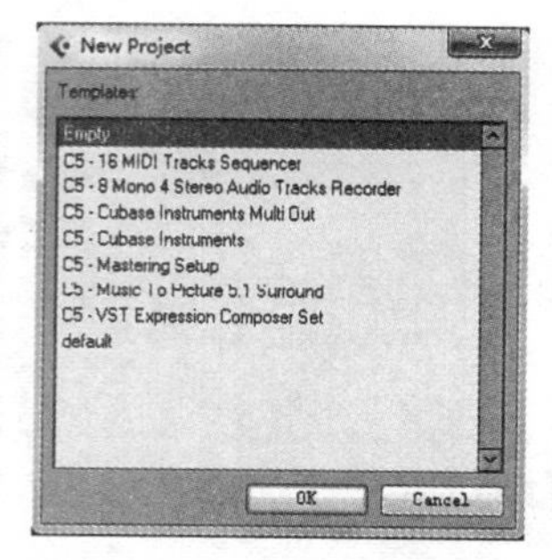

图 3-30 新建项目对话框

图 3-31 设置项目文件夹对话框

完成后进入工作区界面，如图 3-32 所示。

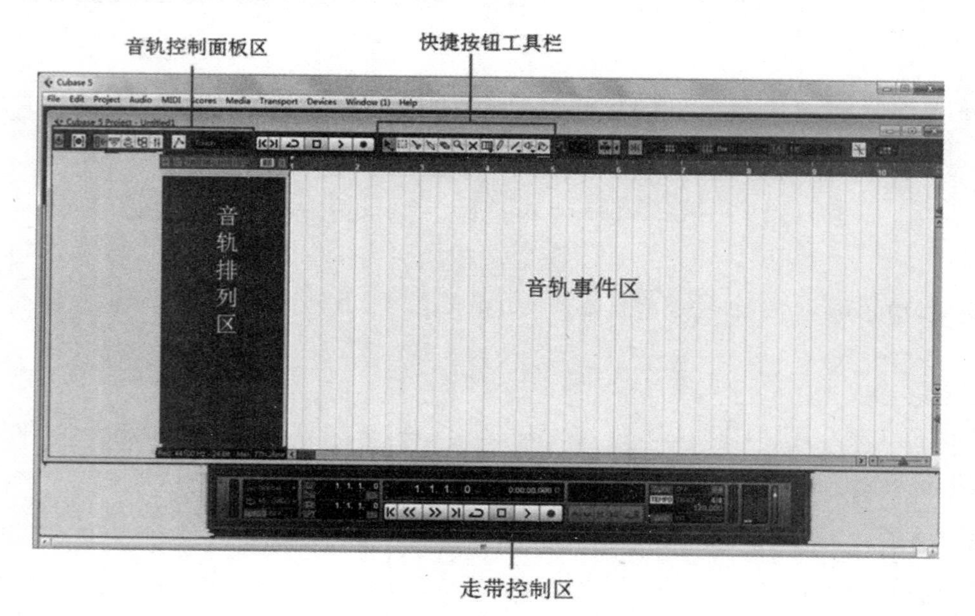

图 3-32 Cubase 工作区界面

2. 建立音轨。工程建好之后，还不能立刻进行 MIDI 制作，需要根据工作建立操作音轨。执行"project"(工程)→"add track"(增加音轨)→"midi"命令，即可在工程中建立或增加一条 MIDI 音轨，如图 3-33 所示。

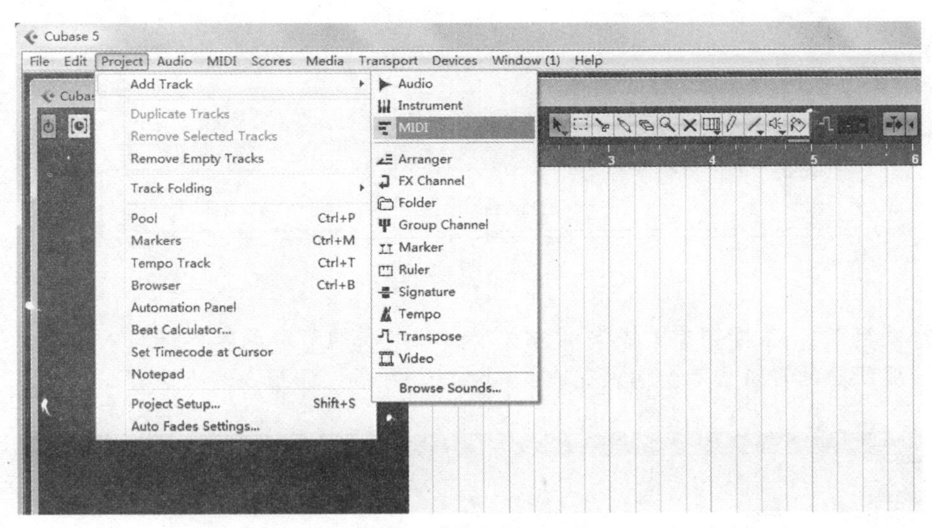

图 3-33 建立音轨过程

3. 用鼠标写入音符。输入 MIDI 信息过程有两种，一种是利用外接 MIDI 键盘，另一种是利用虚拟键盘，用鼠标写入音符。在建立好的 MIDI 音轨上，可以使用工具栏中的画笔工具在标尺下方拖出一段空白的 MIDI 事件块，以便写入音符，如图 3-34 所示。

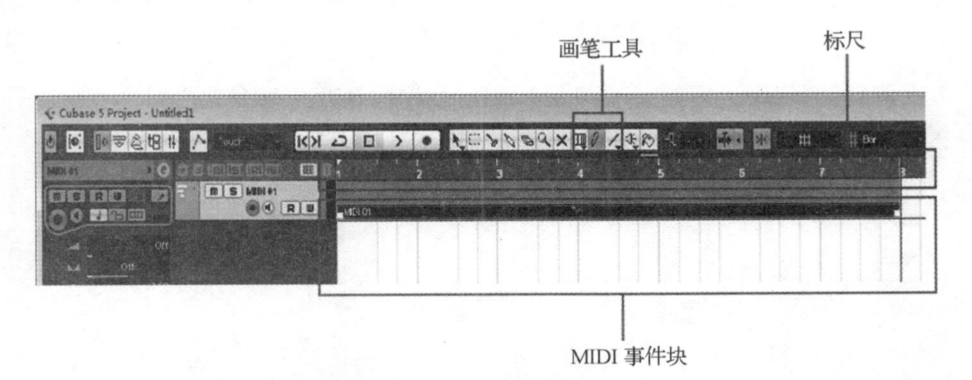

图 3-34 生成 MIDI 事件块

为了保证在写入音符的时候能够发出声音，应该为 MIDI 轨选择一个有效音源，可用鼠标左键单击轨道左侧的"microsoft GS table synth"选项，在下拉菜单中选择"microsoft GS Wavetable synth"(波表软件合成器)，如图 3-35 所示。

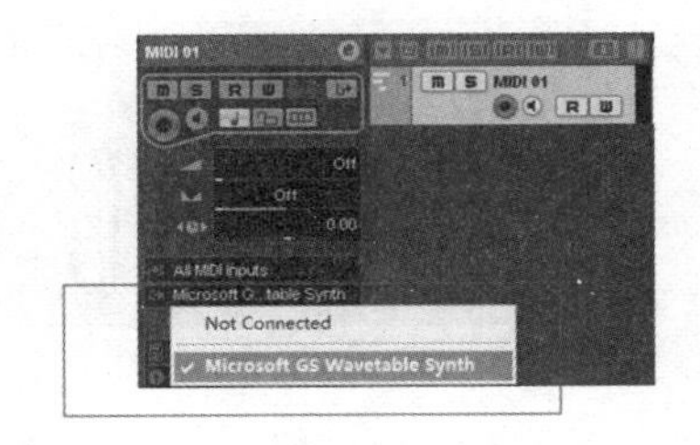

图 3-35 选择音源(波表合成器)

将鼠标换成箭头工具，在 MIDI 事件块上双击，进入"Key Editor"(琴键编辑)窗口，如图 3-36 所示。

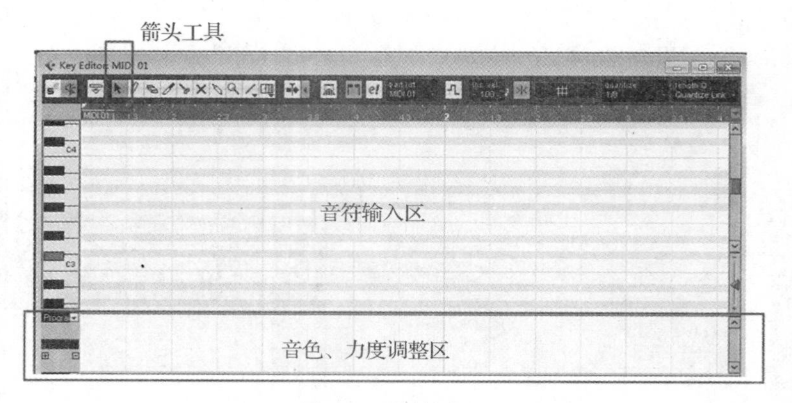

图 3-36 琴键窗口

选择画笔工具，对照窗口中纵向的键盘音高和横向的节奏刻度直接写入音符。通过拖动鼠标形成所需的音符长度。输入完成的《小星星》片段。如图 3-37 所示。

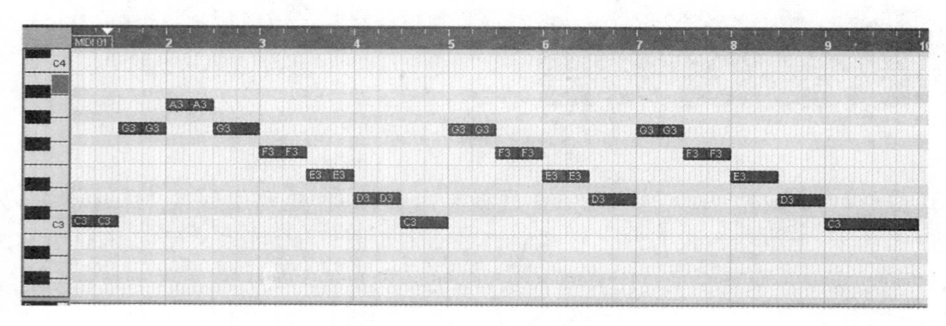

图 3-37 《小星星》音符输入

4. 力度调整。在“Key Editor”窗口中控制信息栏内选择力度信息“velocity”选项，然后通过写入箭头调整对应音符位置的力度值大小，形成强弱节奏。如图 3-38 所示。

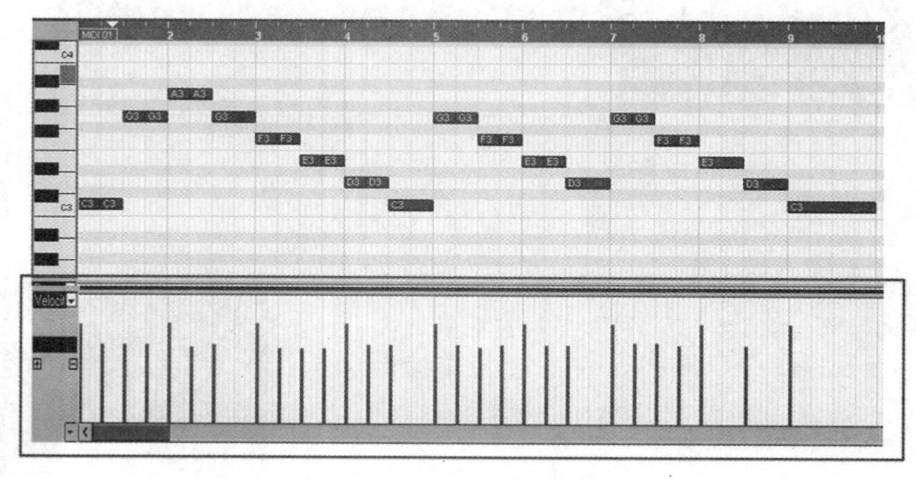

图 3-38 力度调整

5. 音色变换。在“Key Editor”窗口的力度、音色调整区中点击“+”号，增加一个控制信息栏，而后选择“program change”选项，通过箭头工具进行相应的音色调整，将 0 号钢琴改为 10 号八音盒。① 如图 3-39 所示。

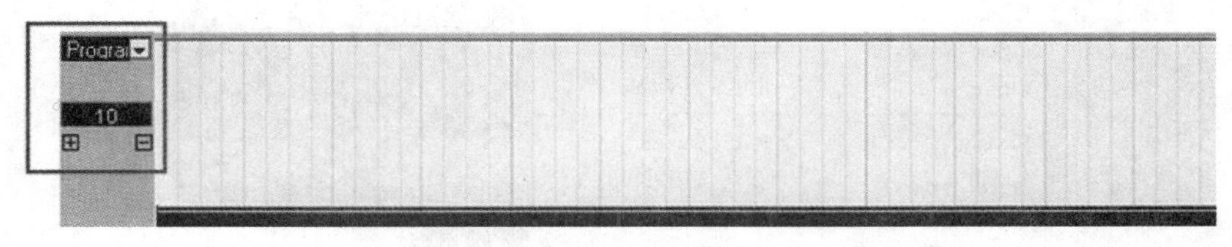

图 3-39 音色变换

6. 速度调整。速度和节拍是音乐里的重要内容，在工作区的下端走带控制器上点击“TRACK”，激活速度调整模式，“TRACK”变化为“FIXED”，而后右键点击速度值显示，使其变为蓝色背景显示，输入新的速度值即可完成速度调整。此曲选择 120 拍每分钟。如图 3-40 所示。

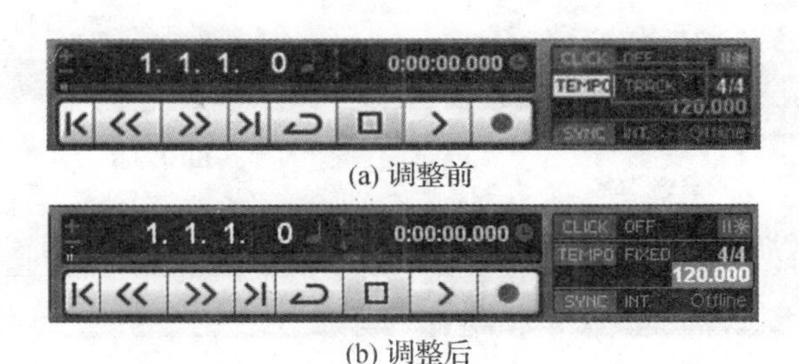

(a) 调整前

(b) 调整后

图 3-40 速度调整

7. 导出音频文件。在已有的工程界面中，通过点击左键并拉动所出现的两个三角标志来确认需要进行导出的工作区域范围。如图 3-41 所示。

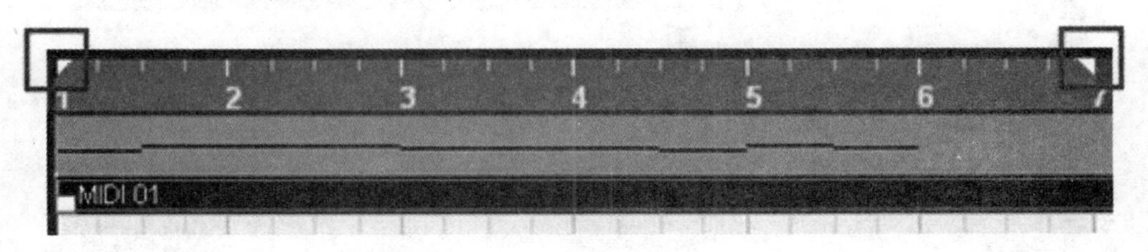

图 3-41 指定导出区域

导出的不同文件格式在操作上略有差别，如要导出 wav 或 mp3 格式，执行“file”（文件）→“export”（导出）→“audio mixdown”（音频混合）命令，如图 3-42 所示。

这时会弹出音频混合导出对话框，在文件定位“file location”中写入文件名前缀“prefix”、路径“path”、文件格式“file format”、采样率“sample rate”和位深度“bit depth”，设置完后单击“export”导出音频，如图 3-43 所示。

---

① 音色的序号是按照 GM 音色表排列的。

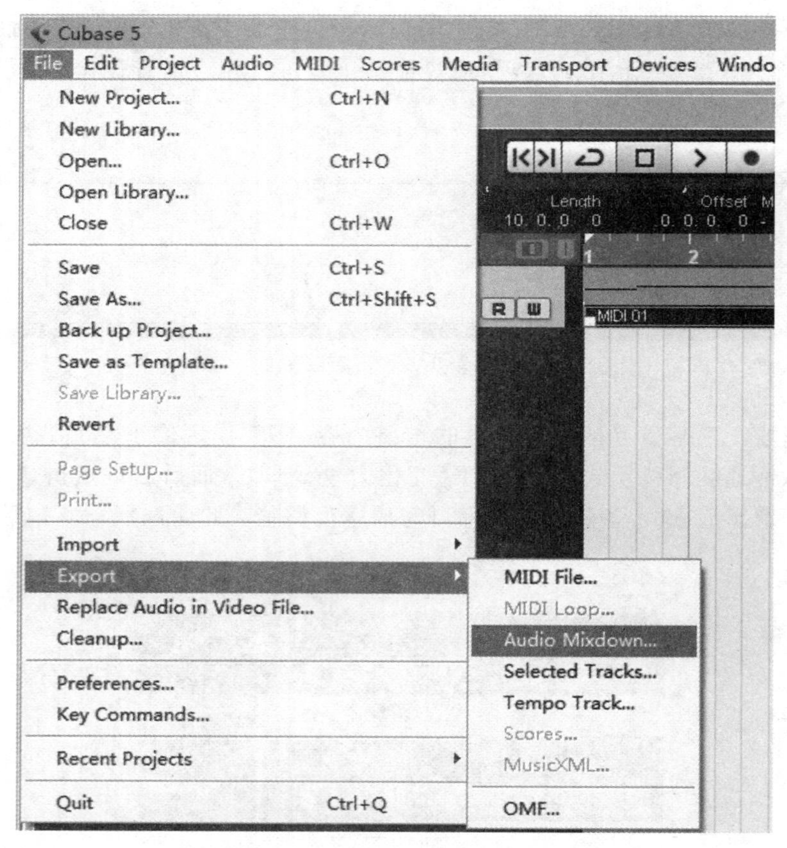

图 3-42　导出 wav 或 mp3 格式

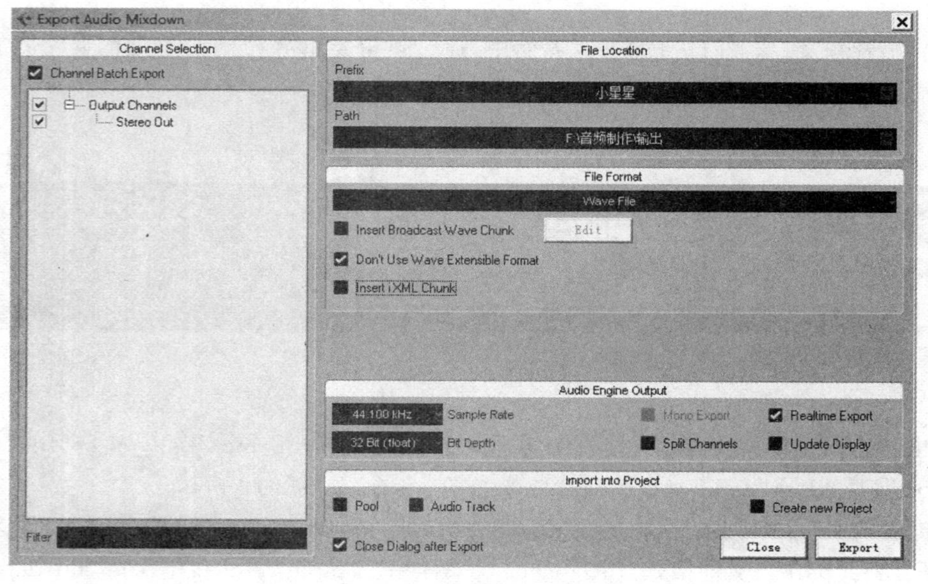

图 3-43　音频混合导出对话框

如果导出 MIDI 文件，在输出的子菜单中选择则应选择“MIDI File”，如图 3-44 所示。而后在导出文件对话框中设置相关信息（和图 3-43 操作基本一致）。

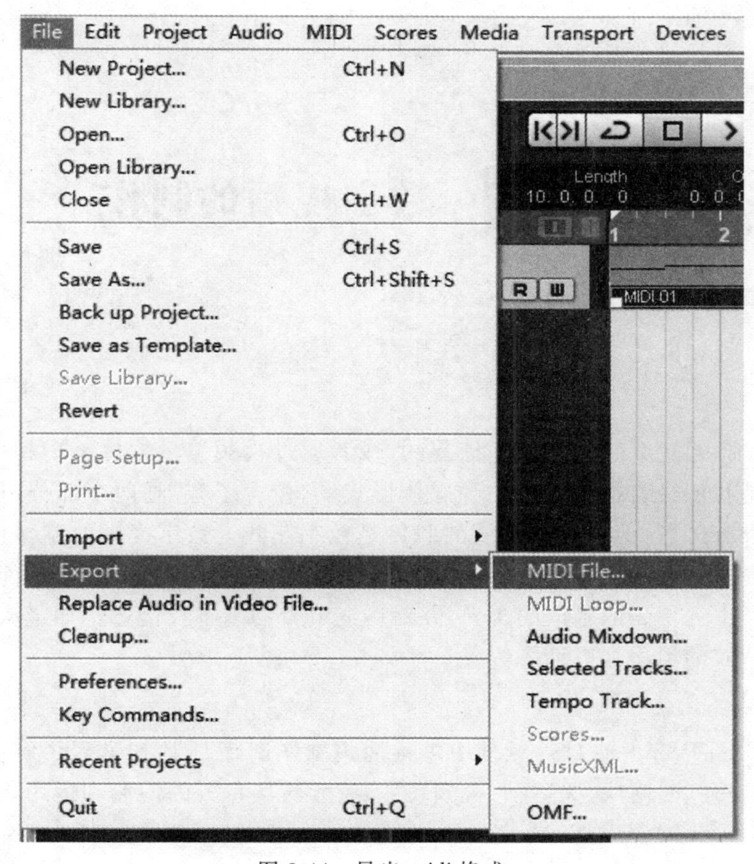

图 3-44 导出 midi 格式

【练习题】

1. 录制练习：可以是一首诗、一首歌，录制完毕后进行降噪、删减使声音干净流畅。

2. 多轨编辑练习：可以给练习 1 录制的声音素材添加适当的配乐，调整好各条音轨的音量，并制作淡入淡出效果，最后输出 wav 或者 mp3 格式。

3. 音乐串烧制作：从你最喜欢的三首歌曲里截取其中最有特色的一句歌，每句歌都添加淡入淡出效果，把它们串在一起，时间不超过 15 秒，最后输出 wav 或者 mp3 格式。

4. 音频特效练习：找一首比较纯净的歌曲，给歌曲的部分段落添加回声、合唱等特效。

5. MIDI 制作练习：用虚拟键盘和画笔工具制作 10 秒钟左右的音乐，对音色和力度也进行相应的的调整，然后输出 MIDI 文件。

6. 主题声音制作：运用各种音频素材对某一特定的情节场景进行表现。可从下列主题中任选：a. 清晨的校园；b. 萧瑟的秋夜；c. 迷你广播剧。

项目四 数字视频的制作

【项目概述】

数字视频是指通过数码拍摄技术捕捉的,或者通过视频编辑软件编辑和生成的运动画面。数字视频是我们最常接触到的一种媒体形式,它包含了音、画两个部分,在外观上和传统的电影电视没有区别,但记录和播放的载体是数字制式。数字视频的制作包括了前期拍摄和后期编辑,本项目侧重于对已有的视频素材进行后期编辑的基础知识技能的介绍,让读者了解数字视频中运用到的术语的含义,并对后期编辑的基本技能——如镜头剪辑、字幕添加和一些视频特效的运用加以训练。

【项目目的】

通过在 Adobe Premiere CS3 软件中进行视频制作训练①,让初学者了解数字视频的类型构成、场、帧、序列、时间线、关键帧、视频特效、视频转场特效的内涵和运用方式,并熟悉其功能窗口和基本工具的使用。

【项目要求】

熟悉数字视频的特点和基本功能,在 Adobe Premiere CS3 软件中能够运用镜头剪辑、字幕添加、音频添加和一些视频特效来完成对视频的后期编辑。

【项目知识点】

1. 数字视频的构成单位:帧

数字视频中的运动画面实际上是由一张张的静态画面构成的,每张画面就是一帧(frame)。

特定时间内捕捉或者播放画面的数量叫做帧速度(frame rate),它通常是以一秒钟做为时间计量,所以单位为每秒帧数(frame per second,fps)。不同视频格式标准会有不同的帧速度,比如常见的帧速度有:24 fps(电影运动画面)、25 fps(PAL 制式)和 29.97 fps(NTSC 制式),知识点 3 会具体介绍 PAL 和 NTSC 的含义。

视频画面的大小就是帧尺寸(也叫分辨率),即帧的宽×高,计量单位为像素。不同视频格式标准的帧尺寸不同,标清格式中常见的帧尺寸有 720×576 像素(PAL 制式),720×480

---

① Adobe Premiere 软件目前已经有 CS5 版本,本书选择 CS3,是因为后者属于比较成熟、运行稳定的版本,对普通 PC 机的要求不高,用户较多。Adobe Premiere CS4 在输出时需要 encoder(Adobe 的一款软件)作为桥接,CS4 本身不带输出功能,颇显麻烦,所以使用的广泛性略逊。而 CS5 对电脑硬件要求很高,必须在 Windows 64 位系统下安装、运行,因而我们采用 Adobe Premiere CS3 作为项目执行软件。

像素(NTSC制式),高清格式中常见的帧尺寸有1280×720像素和1440×1080像素。

在视频画面中可视宽度和高度之比叫做帧宽高比,在同样的帧尺寸下,一些视频制式有两种帧宽高比,分别为4∶3(标准)和16∶9(宽银幕)模式。如图4-1所示。

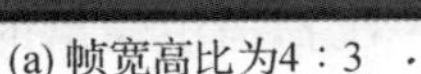

(a) 帧宽高比为4∶3

(b) 帧宽高比为16∶9

图4-1　帧宽高比

决定同一帧尺寸下的画面宽高比差异的关键点在于像素宽高比的变化,也就是说同一帧尺寸,其宽和高的像素值不变,但单个像素并非一个固定的正方体,它的宽高比可以发生变化。比如帧尺寸都为720×576像素的画面,帧宽高比为4∶3的格式中像素宽高比为1.067,而16∶9的格式中像素宽高比则为1.422。通过计算可以发现帧尺寸、帧宽高比和像素宽高比之间的对应关系:

当像素宽高比=1.067时,宽∶高=720×1.067∶576≈768∶576=4∶3

当像素宽高比=1.422时,宽∶高=720×1.422∶576≈1024∶576=16∶9

表4-1列举了一些视频格式的帧尺寸、帧宽高比和像素宽高比的数值。

表4-1　像素宽高比的常见值

帧尺寸	帧宽高比	像素宽高比
720×480	4∶3	0.9
720×480	16∶9	1.2
720×576	4∶3	1.067
720×576	16∶9	1.422
1280×720	16∶9	1.0
1280×1080	16∶9	1.500
1440×1080	16∶9	1.333

值得注意的是,像素宽高比带来的视觉比例要在正常范围内显现,必须要有合适的显示方式,否则画面就会变形。比如像素宽高比为0.9的画面在像素宽高比为1.0或者1.2的显示模式中就会被压扁,反之,像素宽高比为1.2的画面在1.0或者0.9的显示模式中会被拉长。

2. 视频的播放制式

在例举帧速度的时候,我们提到了不同的电视制式,这些电视制式使用于模拟信号时期,其属性沿用到数字视频标准中。

模拟电视的制式共有三种:NTSC、PAL、SECAM。NTSC简称N制,是(美国)国家电视标准委员会(National Television Standards Committee, NTSC)负责开发的美国电视视频传送标准,创造于1953年,该制式在美国、日本、中国台湾、加勒比和南美部分地区使用。PAL简称P制,是Phase Alteration Line的缩写,意思是“逐行倒相”,由德国1962年研制,在西欧、中国及亚洲大多数国家、澳大利亚和新西兰等地使用。SECAM是法文Sequentiel Couleur A Memoire缩写,意为“按顺序传送与存储彩色”,该制式在俄罗斯、法国、前南联盟、东欧及一些亚非有过殖民历史的国家使用。

电视和计算机中的图像是由多条水平线依次显现构成,这些线是从左到右从上到下排列的。NTSC每帧有525线,其中有效线为480线,每秒30帧,PAL和SECAM每帧有625线,有效线576线,每秒25帧。

数字电视制式中,NTSC制式的视频标准的帧尺寸为720×480像素,帧数为29.97 fps,PAL制式的帧尺寸为720×576像素,帧数为25fps。

3. 数字视频的输出显示:隔行与逐行扫描

模拟电视显示画面时需要对一个画面进行两次扫描,同一次扫描中输出的扫描线集合合称为场,偶数行的扫描线集合被称之为偶数场,也称偶场或下场,奇数行的扫描线集合被称之为奇数场,也称为奇场或上场。NTSC在扫描中首先输出的是偶数场的扫描线,依次扫描2、4、6……行。然后输出奇数场的扫描线,依次扫描1、3、5……行,这样一种交替输出场的显示方式被称之为隔行扫描(interlaced scan)。PAL的隔行扫描顺序与NTSC相反,是奇数场在前,偶数场在后。隔行扫描的显示图像过程如图4-2所示。

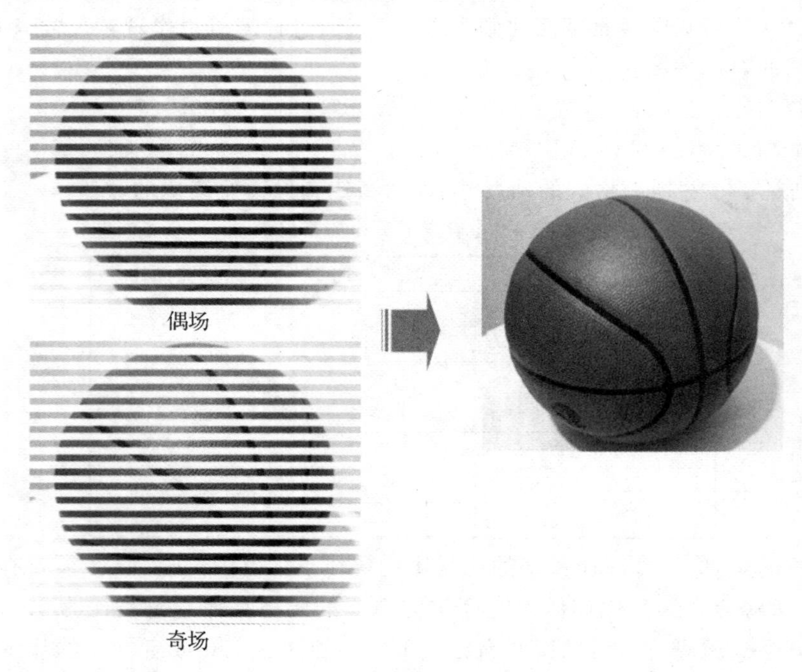

图4-2 隔行扫描显示

每秒钟扫描的场数称之为场频,隔行扫描一帧包含两个场,因而场频是帧频的2倍。NTSC每秒30帧,场频为60Hz,PAL每秒25帧,场频为50Hz,这样NTSC和PAL每秒钟的扫描频率就和交流电的频率60Hz(美国)或50Hz(中国)保持一致,可以使画面稳定无闪烁。

计算机显示器在一次扫描中输出所有扫描线的方法称为逐行扫描(progressive scan)。

逐行扫描不会产生由于奇偶场交错带来的不平滑问题。

在数字视频中依然保持了上述两种显示扫描方式，它们在视频属性表述上为 i 和 p，依次为隔行扫描和逐行扫描的英文首个字母。例如标准 PAL 576i 和标准 NTSC 480i，显示它们的扫描模式为隔行扫描；HDV 1080p 25 则说明该视频属性是高清视频，帧高度为 1080 像素，逐行扫描，每秒 25 帧，而 HDV 1080 60i 与前一个例子的不同之处在于它是隔行扫描，场频为 60，每秒 30 帧。

传统的模拟视频系统全部采用隔行扫描方式，而目前大多数的数字视频播放器可以兼容不同的扫描格式和帧速度。

4. 数字视频的计时：时间码

视频中的基本单位是帧，一秒有几十帧，这样采用常规的计时单位——小时/分钟/秒就难以做到高效精确，而视频编辑则往往需要精确到帧，因而，就需要一种适用于精确定位每一帧的计时方式，时间码就是给视频计时的特定方式，SMPTE（电影与电视工程师协会）视频时间码是最常用的数字视频时间码，它使用“小时/分钟/秒/帧”来计时，如 00：12：34：09 表示第 12 分钟第 34 秒第 9 帧。

时间码有两种类型：非失落帧与失落帧。在表示 2 分钟 34 秒第 10 帧时，它们的表达如下：

非失落帧时间码：00：02：34：10

失落帧时间码：00；02；34；10

图 4-3 显现了 Adobe premiere CS3 编辑中两种时间码的实例。

00:02:34:05　00:02:34:10　00:02:34:15　00;02;34;04　00;02;34;09　00;02;34;14

图 4-3　非失落帧和失落帧的时间码实例

两者在使用外观上的差别体现在前者用的是冒号后者用的是分号，由此可以区分时间码的类型。PAL 制式一般采用非失落帧时间码，而 NTSC 制式一般采用失落帧时间码。

失落帧的编码能够比较精确地表现以 29.97fps 作为时间基准的视频长度，会自动对每十分钟的前九分钟的头两帧加以编号，比如 1 分钟 NTSC 制式视频实际上有 60×29.97＝1798.2 帧，1799 帧的失落帧为 00;00;59;29（非失落帧为 00:00:59:29），1800 帧的失落帧为 00;01;00;02（非失落帧为 00:01:00:00），直接跳过了 00;01;00;00 和 00;01;00;01，而又没有丢失任何帧。这样在到第 9 分钟的时候，系统已经自动编码了 18 帧，10 分钟视频实际共有 17982 帧，也就是说 17981 的失落帧为 00;09;59;29（非失落帧为 00:09:59:11），17982 的失落帧为 00;10;00;00（非失落帧为 00:09:59:12），即第 10 分钟的头 1 帧不再重新编码。这样，在失落帧时间码里，有些帧如 00;01;00;00 和 00;01;00;01 被忽略，但实际上并没有丢弃任何帧，同时又精确地计量了视频的长度。如图 4-4 展示了实例中失落帧的特殊时间计量方式。

图 4-4　第 1 分钟和第 10 分钟的失落帧记录方式

每 1 分钟 0.18 帧[即(30－29.97)×60]的时间虽然很短，但如果被忽略不计，那么随着视频帧数的增加，差别就会日益明显，尤其是当视频需要和其他音频匹配时，就会由于长度的实际差异造成不同步现象。

5. 数字视频标准：标清与高清

对数字视频的标清（SD，standard definition）与高清（HD，high definition）的区分不是基于文件格式上的差异，而是基于尺寸上的差别。垂直分辨率低于720线的为标清视频，而高于此标准的为高清视频。标清视频中分辨率最高的是PAL制式，帧尺寸为720×576像素，垂直分辨率576线。常用的高清视频规格如720p或1080i，帧尺寸分别为1280×720像素或1920×1080像素，帧宽高比为16∶9（宽银幕），音频采用了环绕声技术，有5.1个声道。可以看到，高清视频的音画质量比标清视频有了明显的提高。图4-5呈现了标清视频与高清视频的帧大小关系。

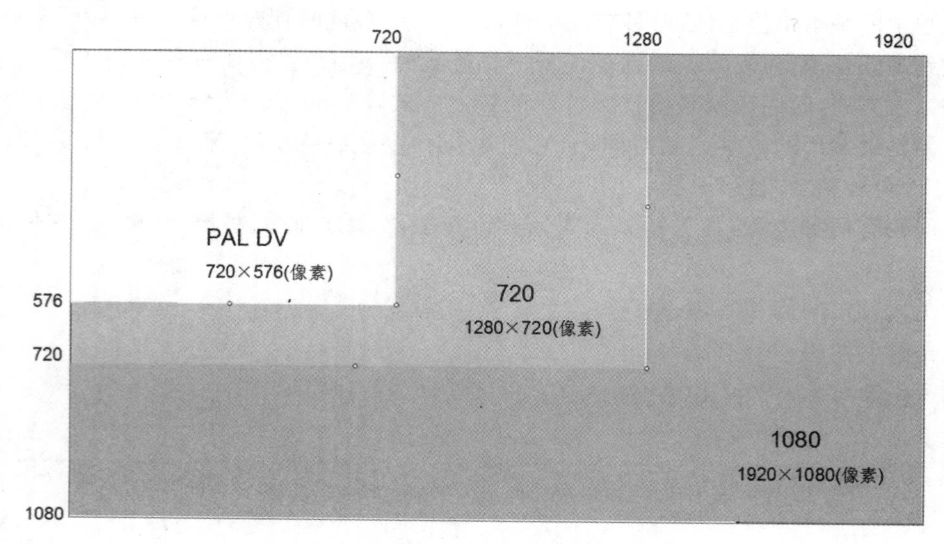

图4-5 标清与高清视频的帧尺寸对比

高清也有多种格式，具有不同的帧尺寸、帧速率和扫描方式。其中分辨率为1280×720像素的均为逐行扫描，即720p，具体格式有720/25p、720/30p、720/50p和720/60p。而分辨率为1920×1080像素或者1440×1080像素的在比较高的帧速率时一般不支持逐行扫描等。

6. 数字视频的颜色模式

我们在数字图像部分曾经介绍像RGB、CMYK等静态图片的颜色模式，数字视频所采用的颜色模式不同于它们，它使用的是亮度和色度模型，如YUV或YIQ，这些颜色模式将颜色分解为一个亮度分量（Y）和两个色度分量（U V或者I Q），U和V分别表示红色和蓝色部分与亮度之间的差异，与Photoshop中的Lab模式很相似。黑白电视只有亮度信号Y，而彩色电视则同时使用亮度和色度信号，YUV模式可以兼容彩色和黑白电视。YUV可以和RGB之间进行换算。

YUV是PAL制式模拟电视信号的颜色模式，在数字视频中，不需特别指定颜色模式是YUV或YIQ，对于RGB模式的素材，编辑软件将自动把它们的颜色模式进行适当转换。

7. 数字视频编辑软件的基本工作区

数字视频编辑软件的基本工作区一般都包含了一些共同的功能区块，我们以Adobe

premiere CS3 为例，介绍一下视频编辑软件的一般构成。如图 4-6 所示。

(1)素材列表，主要管理视频工程导入的源素材，如果将已经编辑到的素材移除，系统就会提示重新定位这个素材文件。

(2)特效窗口，含视频与音频特效，每一个特效都可以在菜单项找到。特效是软件中预先设置好的计算模式，比较常见的视频特效有剪裁、模糊、锐化等，此外还有音频和视频的转场特效，如叠化、线性擦除等。

(3)时间线，用于安排素材的序列。

(4)节目预览窗口，用于查看和编辑素材。

(5)素材监视窗口，用于查看素材。此处还有“效果控制”和“调音台”。

图 4-6 Adobe premiere CS3 的界面

8. 数字视频的动画设置：关键帧

关键帧是设置视频的动态效果时所使用的一种特殊的定位帧，它界定了在某个时间点上编辑对象的状态，并和上下关键帧之间建立平滑的过渡关系，从而形成动画效果。

关键帧使用在时间线上，可以直接在视频轨道和音频轨道进行设置，用于音量控制或者透明度控制，如图 4-7(a)所示，菱形的小白点就是关键帧，一共四个关键帧界定了淡入和淡出的透明度变化效果。此外，关键帧还可用于“效果控制面板”中各项参数的动态设置，如图 4-7(b)所示。

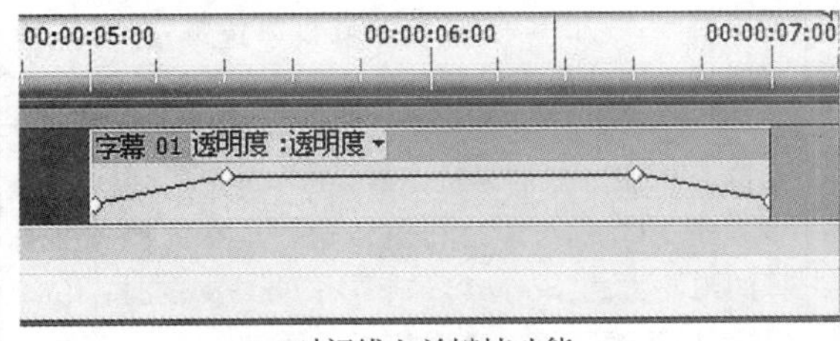

(a) 时间线上关键帧功能

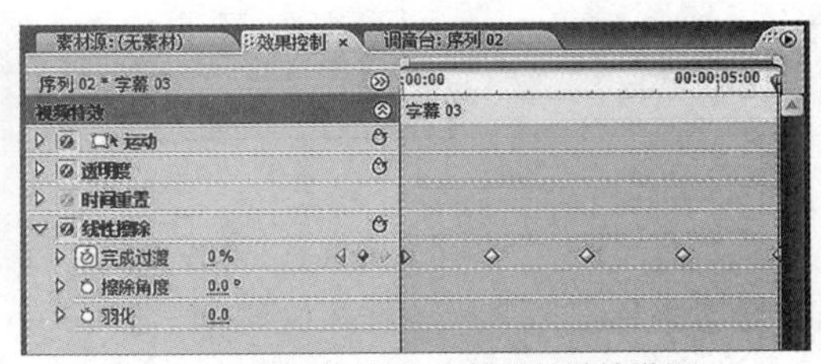

(b) 效果控制面板中参数的关键帧设置

图 4-7 关键帧的运用

9. 数字视频的文件大小和数据速率

数字视频文件的大小包含了视频和音频两个部分的文件尺寸。视频部分单张图片尺寸的计算方式和我们在项目二中介绍的方法相同,只需要将图像总像素×颜色位深度,再进行最终单位(bit,Byte 等)的转换即可算出单张图片在未压缩情况下的大小,而视频包含了大量的帧(画面),因而它的计算公式是:帧尺寸(像素总量×颜色位深度)×帧速度×持续时间。

如果帧尺寸为 1280×720 像素,24 位颜色,30fps,时间 1 秒钟,立体声,48 000Hz 取样率,16 位,那么它的视频部分大小为:

(1280×720 像素)×24 位/像素×30fps×1s=663 552 000(位)=82 944 000(字节)≈79.1MB

音频部分同我们在项目三中提到的计算方法一致:采样率×位深度×声道数×音频长度。

那么刚才的视频文件的音频部分尺寸为:

48 000Hz×16 位×2×1s=1 536 000(位)=192 000(字节)=187.5KB

然后两者相加得出的就是该视频的文件尺寸。如果要降低视频文件的尺寸,降低帧尺寸、帧速度和颜色深度可以使文件尺寸明显降低,但也会影响画面质量。音频部分的尺寸与视频部分相比所占的比重是很小的。此外,还可以通过压缩的方式降低文件尺寸。

数据速率则是指"视频文件总量/持续时间"的数据值,时间一般以秒计。如果一个文件尺寸大,时间短,那么它的速率值就大。以上面计算的文件为例,它的数据速率是 79MB/s,而一个 48 倍速的 CD-ROM 的数据速率是 7MB/s,不能负载该视频的播放,这样就会出现播放停滞的现象。因而数据速率是影响视频播放质量的一个主要因素,它和文件尺寸有直接的关系。

10. 数字视频的文件类型

表 4-2 常用视频文件类型与使用特征

文件类型	支持平台	文件信息
.avi(Audio Video Interleave)	Windows 平台及 Apple 的 QuickTime 播放器。	通用性强,常用编码:微软 RLE, Intel Indeo Video 和 Cinepak。
.mov(Quick Time Movie)	需要 Apple Quick Time 播放器, Windows 平台及 Mac 都支持。	支持视频和音频,支持 MIDI 音轨,可实时传输音频视频。常用编码:Animation, Sorenson Video, H.264, PlanarRGB 和 Cinepak。
.mpg 或.mpeg(MPEG 运动图片专家组)	跨平台。	对于 DVD 视频,可以将文件输出为 DVD MPEG-2。
.rm(Real Video)	跨平台,需要 Real 播放器。	高压缩率,可用 Real 服务器进行流传输,可根据网速选择不同的压缩级别。
.flv(Flash video)	跨平台,需要 Flash Player 来播放 SWF 文件。	支持 web 服务器的累进下载,在 Adobe Flash Media 服务器支持下,可以进行流传输。具有三种可供选择的编码方式:Sorenson Spark; Onzvp6(支持 alpha 通道,即视频可以有透明控制);H.264。

子项目一 镜头剪切与转场①

要求：对几个镜头素材进行剪接，并将之组接成一段连续的视频。本项目训练的是对拍摄素材最初步的处理，在组接过程中从无技巧转场到添加适当的特效转场——叠化来实现相邻镜头之间的平滑过渡，完成后输出影片“子项目一.avi”。

具体步骤：

(一)镜头剪接

1.新建项目。打开 Premiere Pro CS3 的图标，启动软件，打开界面，如图 4-8 所示。

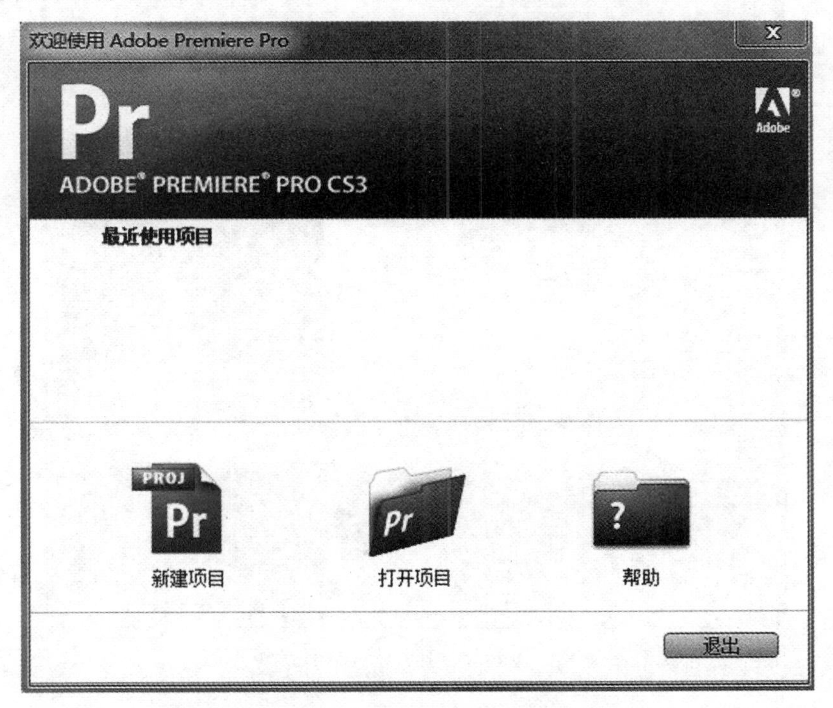

图 4-8 Premiere Pro CS3 初始引导界面

单击“新建项目”，跳出“新建项目”对话框，用于选择视频文件的预置类型，在选择时需要考虑素材类型和文件的预期播放形式。我们选用的素材是“720×576 像素”的画面，这是我国电视采用的 PAL 制式的标准大小，而考虑到现在的大量显示器是宽屏界面，所以我们选择“DVCPRO50 PAL 宽银幕”，并给项目选择存放位置和名称，具体设置如图 4-9 所示。

单击“确定”按钮后，进入软件编辑界面，如图 4-10 所示。

2.导入素材。执行“菜单”→“文件”→“导入”，将素材“0.mpg”、“1.mpg”、“2.mpg”、“3.mpg”陆续导入，其过程如图 4-11(a)所示，也可用鼠标直接将素材拖曳到素材库，导入完成后项目窗口如图 4-11(b)所示。

---

① 项目四的案例及视频素材均由浙江财经大学 08 数字媒体艺术专业赵国强同学提供。

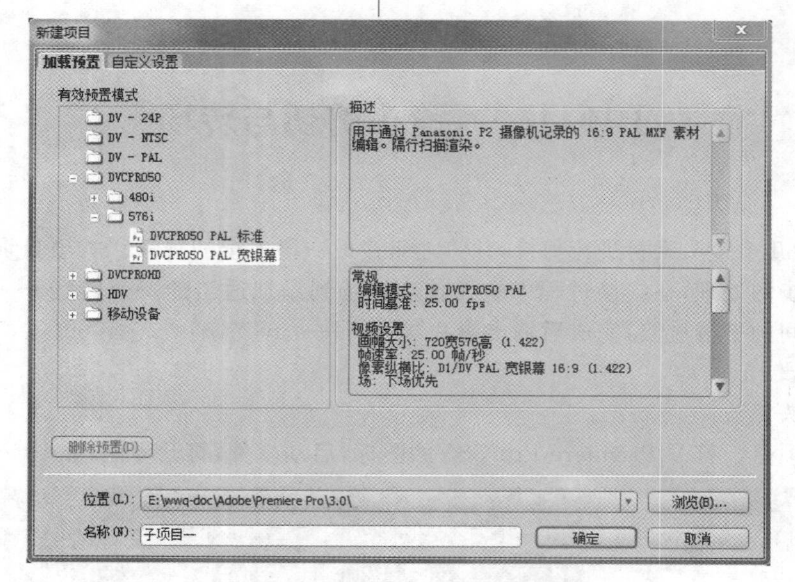

图 4-9 “新建项目”对话框设置

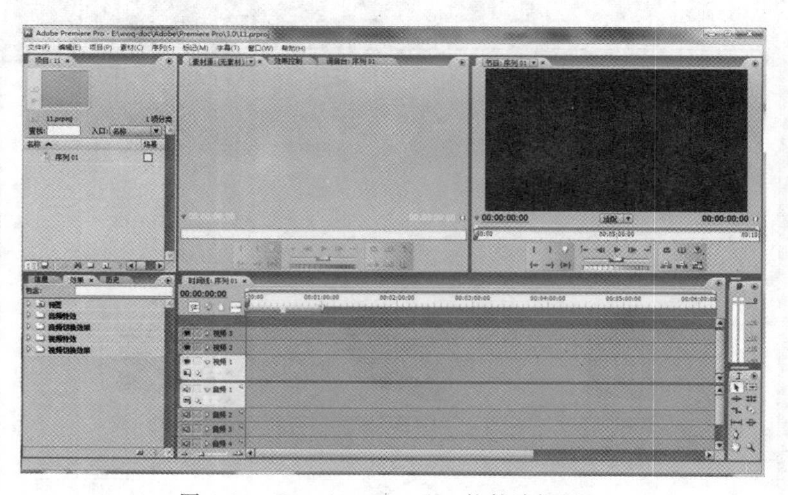

图 4-10 Premiere Pro CS3 软件编辑界面

(a) 文件导入素材库过程示意图

(b) 导入完成后素材框状态

图 4-11 导入素材

3. 对素材“0. mpg”进行剪辑编辑，去除首尾的部分，留取 5 秒的长度。

用鼠标将“0. mpg”从项目窗口拖放到时间线“视频 1”轨道上，并按键盘上的“＋”号键放大时间线（此时需将输入法切换到英文状态），也可通过时间线标尺上方的两个端点来调节大小，如图 4-12 所示。

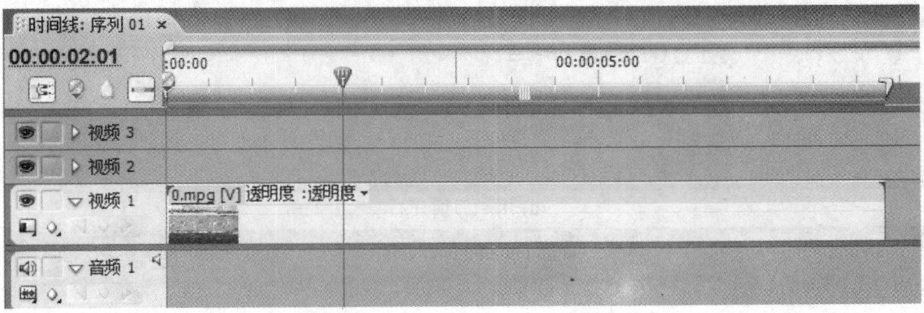

图 4-12　“0. mpg”在时间线“视频 1”轨道上

将时间线上的时间轴移动到 00：00：02：00 处，在工具栏上单击剃刀工具，贴着时间轴处将素材切开，这时素材一分为二。如图 4-13 所示。

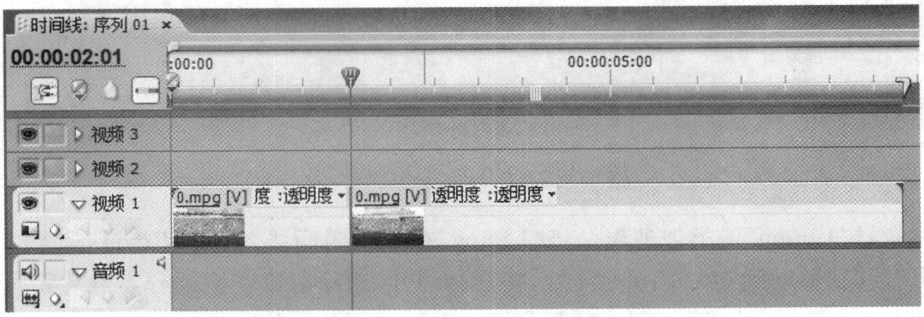

图 4-13　使用剃刀工具后一个素材分为两段

在左侧画面上单击右键，选择“波纹删除”，这时右边的片段自动跳到起始帧，整个视频片段的长度从 8 秒多缩减到 6 秒多。如图 4-14 所示。

图 4-14　删除左边波形后视频片段缩短了

接下来剪掉尾巴的部分，将时间线上的时间轴移动到 00：00：05：00 处，用剃刀工具，将素材切开，并删除切口右侧的部分。如图 4-15 所示。

(a) 用剃刀切开后

(b) 删除右侧片段后

图 4-15 “0. mpg”的尾端剪、删

4. 对素材“1. mpg”的类似剪辑。将“1. mpg”拖放到时间线“视频 1”轨道，紧靠“0. mpg”摆放。将时间轴移动到 00:00:06:00 处，将素材切开，删除切口左侧部分。然后将时间轴移动到 00:00:07:00 处，将素材切开，并删除切口右侧的部分。如图 4-16 所示。

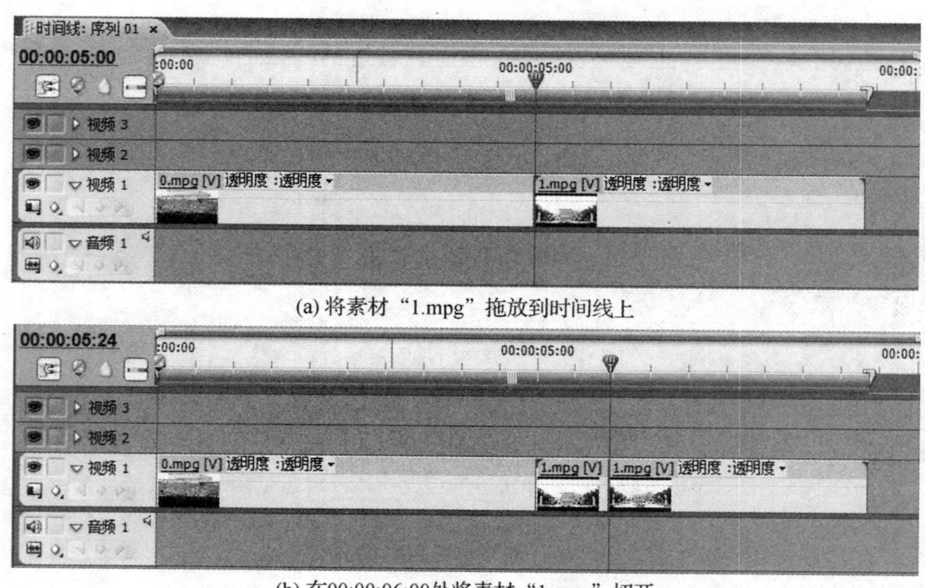

(a) 将素材“1.mpg”拖放到时间线上

(b) 在00:00:06:00处将素材“1.mpg”切开

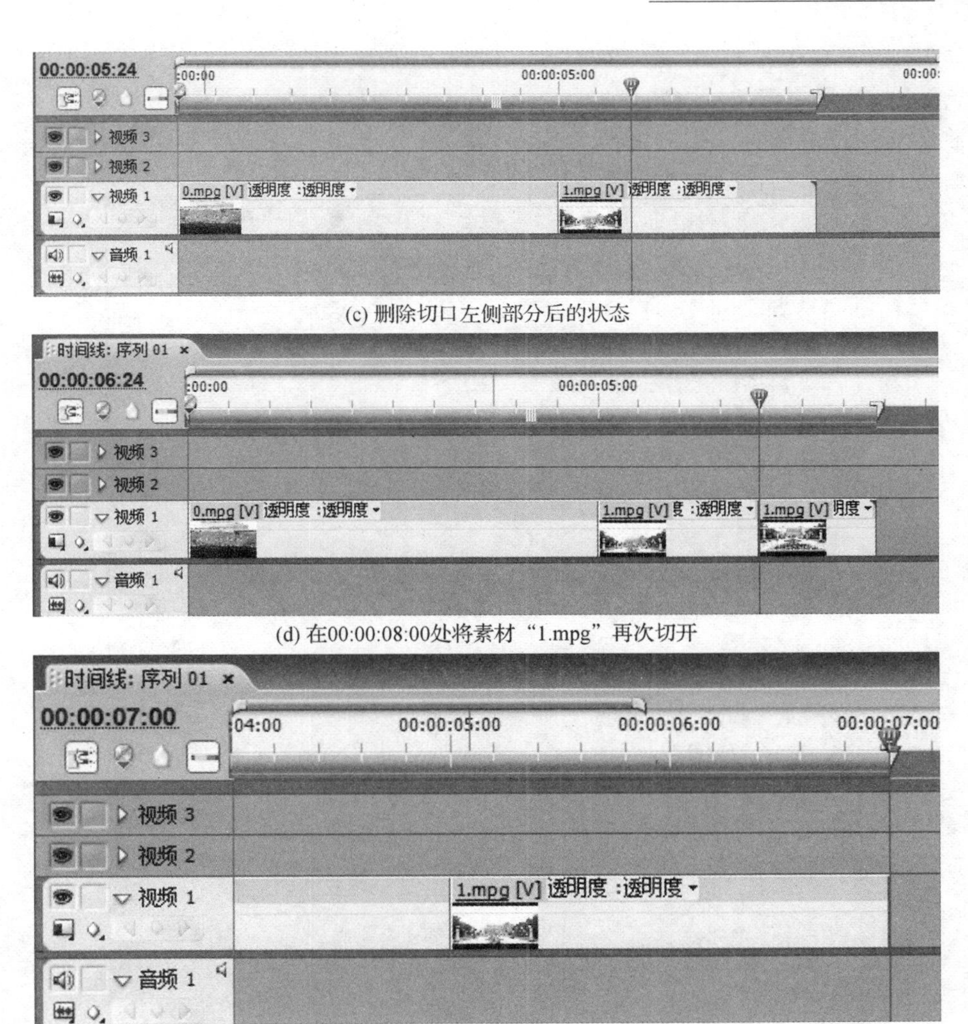

(c) 删除切口左侧部分后的状态

(d) 在00:00:08:00处将素材“1.mpg”再次切开

(e) 删除切口右侧部分后的状态

图 4-16　“1. mpg”剪辑

5. 按照上述操作，依次将素材 2 和素材 3 拖放到时间线上，并对其进行剪接，“2. mpg”剪去头 2 秒，取中间 4 秒，“3. mpg”剪去头 0. 5 秒，取中间 4 秒，视频长度共 15 秒，完成后时间线状态如 4-17 所示。

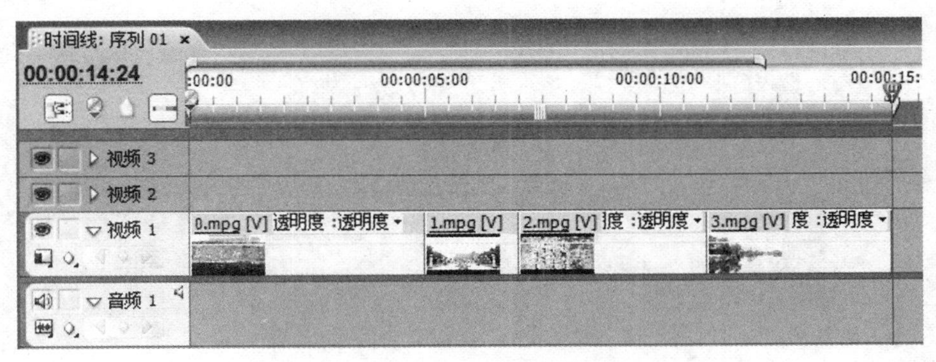

图 4-17　剪辑完成后的时间轴状态

(二)添加转场效果

1. 给素材片段之间添加"叠化"转场效果。点击"项目窗口"左下端中间的"效果"选项，展开"视频切换特效"选项，找到"叠化"项目下的"叠化"效果，如图 4-18 所示。

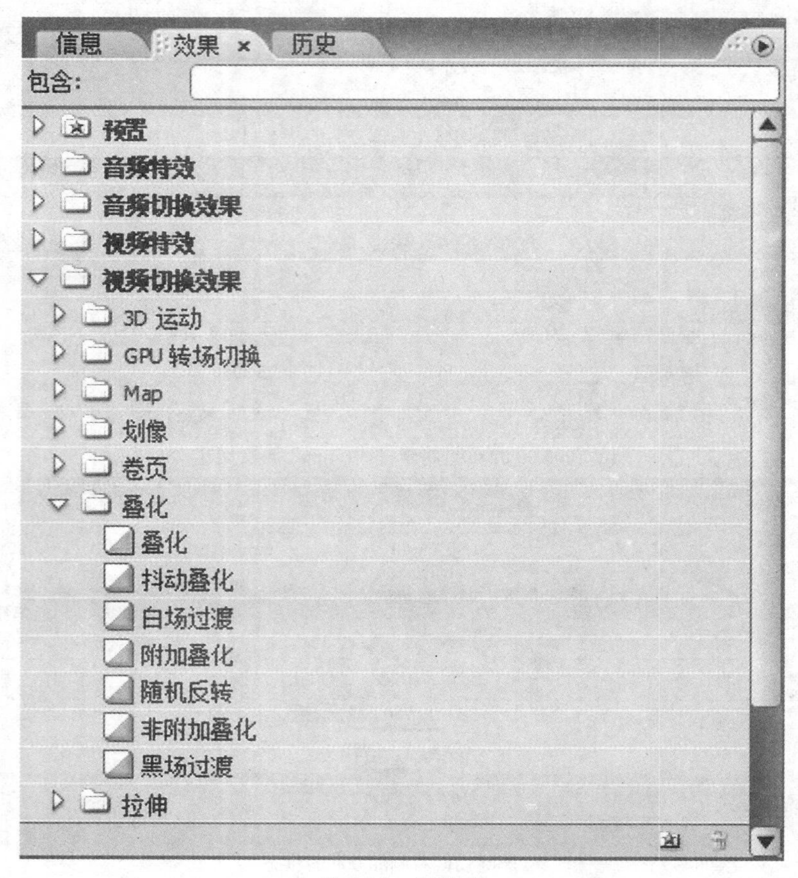

图 4-18　效果栏

用鼠标拖曳叠化前的暗色标示至素材"0. mpg"和"1. mpg"的接口处，会看到有暗色的效果范围，放开鼠标，叠化完成，有叠化标示出现，这样就为这两个素材添加了转场效果。如图 4-19 所示。

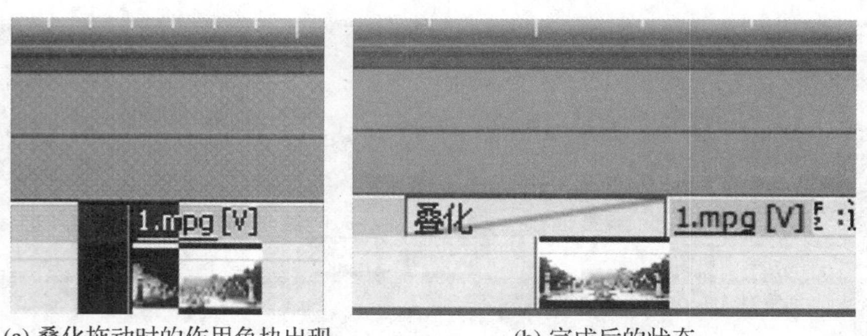

(a) 叠化拖动时的作用色块出现　　(b) 完成后的状态

图 4-19　叠化操作

同法，为素材 1 和素材 2 之间、素材 2 和素材 3 之间添加转场效果(可任意添加其他的转场效果)，完成后如图 4-20 所示。

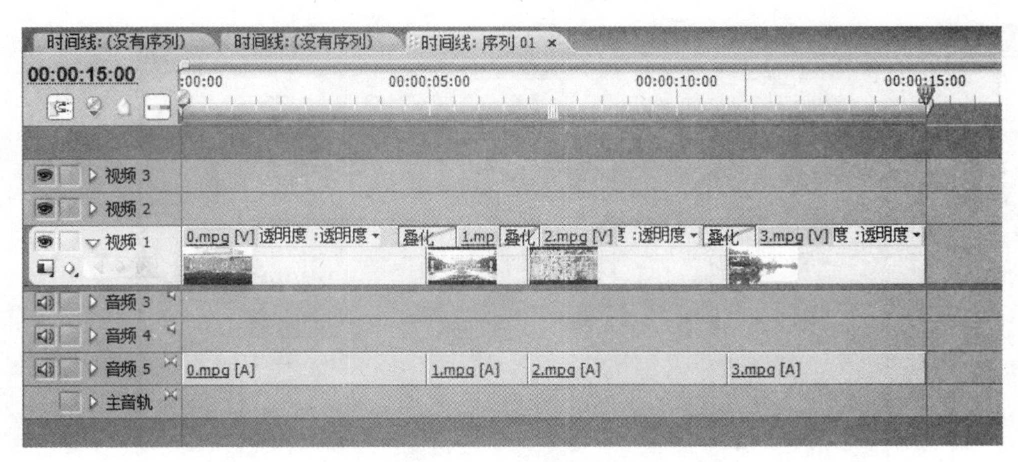

图 4-20　叠化完成后的时间线状态

处理好视频以后，大家还会看到“音频 5”轨道中有素材声音，这些多属杂音，所以可以加以删除。

2. 删除整条音轨的声音，有两个方法。第一个是比较快捷的方式，按住“Alt”键，用鼠标界定音轨上的所有素材，直接按“Delete”键删除。第二种方法是右键单击音轨素材，勾选“解除视音频链接”，然后再点击相应的音频素材，用“Delete”键删除。用这个方法操作只能一次对一个段落有效，面前时间线上有四个段落，要反复四次才能完成，比较繁琐。完成后的时间线如图 4-21 所示。

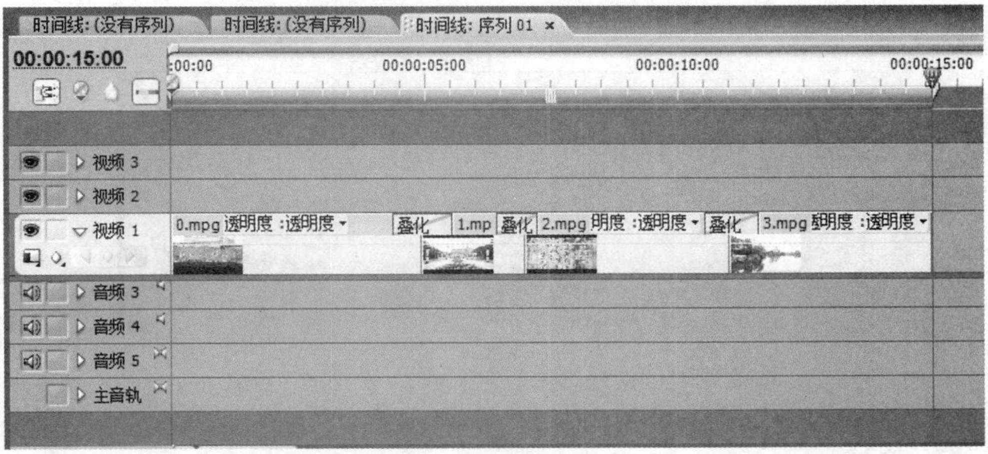

图 4-21　删除音频后的时间轴状态

3. 影片预览与导出。可直接在节目窗口点击播放键预览影片效果，为了流畅输出可以先进行渲染，按回车键就可直接进行。渲染完成后可以看到时间线标尺处工作区域条由红色变成绿色。

然后导出影片，必须先单击时间线使“导出”激活，而后执行“菜单”→“文件”→“导出”→“影片”命令，跳出影片导出设置对话框，设置导出影片的保存位置和文件名，如图 4-22 所示。

图 4-22 导出影片对话框

点击“设置”键查看影片文件具体的参数设置，其设置一共有四个主要方面。

第一项是“常规”设置，它包含文件类型、输出的范围和嵌入选项，如图 4-23 所示。

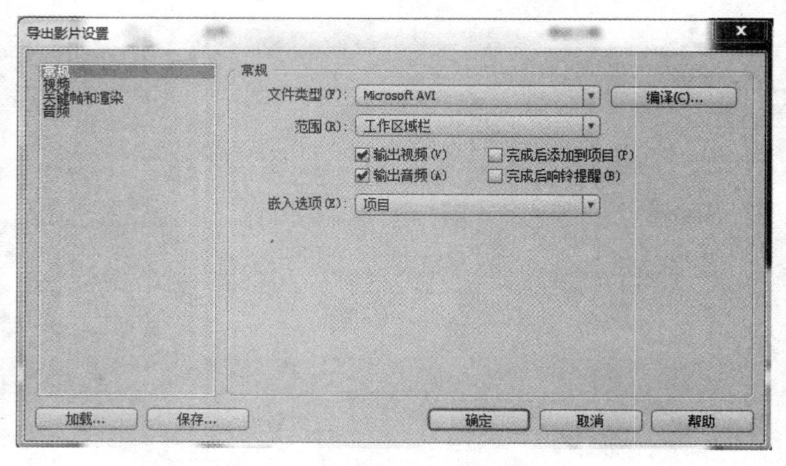

图 4-23 导出影片的“常规”设置

在"文件类型"下拉框里,包括了多种不同的文件格式——用于序列输出以便在 Photoshop 进行逐帧编辑的胶片带"Filmstrip"、动画文件"动画GIF"、基于 Mac OS 操作平台的数字电影"QuickTime"、基于 Windows 操作平台的数字电影"Microsoft AVI"、DV 格式的数字视频"Microsoft DV AVI"、影片声音文件"Microsoft Waveform",此外"TIFF"、"Targa"、"Windows Bitmap"、"GIF"格式可以输出序列编号的图片组。如图4-24 所示。

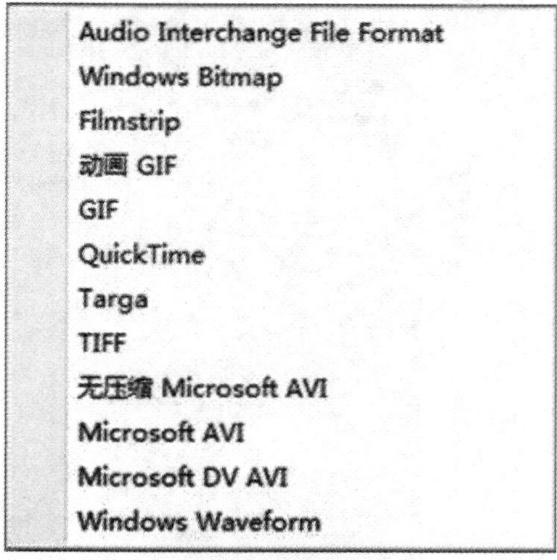

图 4-24 文件类型下拉框

"输出范围"有两种选项:一种是"工作区域栏",指的是在时间线上当前序列中指定的导出区域,可用"工作区域条"的起始点和结束点设定来指定导出区域,如图 4-25 所示。还有一种是"全部序列"。在勾选框中必须要选的是"输出视频",也可以单选"输出音频",还可以指定输出影片"完成后添加到项目",使影片输出结束后自动添加到项目面板。

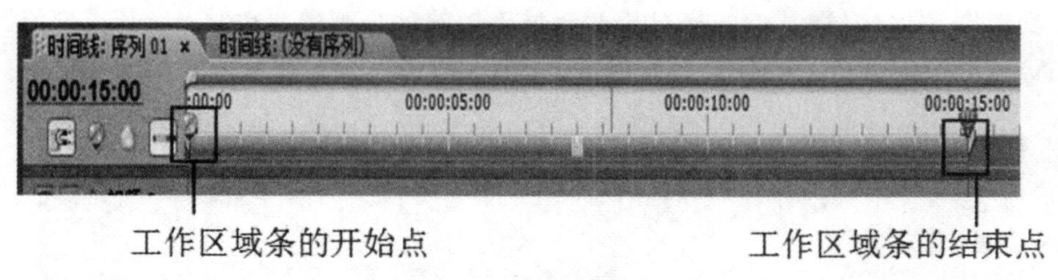

图 4-25 工作区域条设置

"嵌入选项"中的设置"项目"指的是给输出影片建立一个项目链接,这样在另一个Premiere项目或者支持编辑原始素材命令的其他应用程序中就可以打开和编辑原来的项目。设置完成后点击"确定"即可。

第二项是"视频"设置,包括了视频压缩解码器类型、色彩深度、画幅大小、帧速度、像素纵横比、图像品质、码率等设置。如图 4-26 所示。这里的设置以和视频项目预设置保持一致为佳,还要考虑文件的大小,尽可能在文件数据不大的情况下获得较好的图形品质。

压缩可选用 DV PAL 宽银幕的常规设置。如果采取无压缩"none",导出的文件不会流失任何细节,但导出的文件较大,通常需要采用格式工厂等转化格式的软件来压缩文件。我们此处选择了 avi 编码中常用的品质较好的"intel indeo video 5.10"编码器。"画幅大小"、"帧速度"和"像素纵横比"会根据项目预设默认形成。"品质"指设置画面质量,质量越高,文件尺寸越大。还可为输出影片设置播放时的"码率限制"的上限,并可勾选"再压缩",确保输出影片低于设置的码率。设置完成后点击"确定"即可。

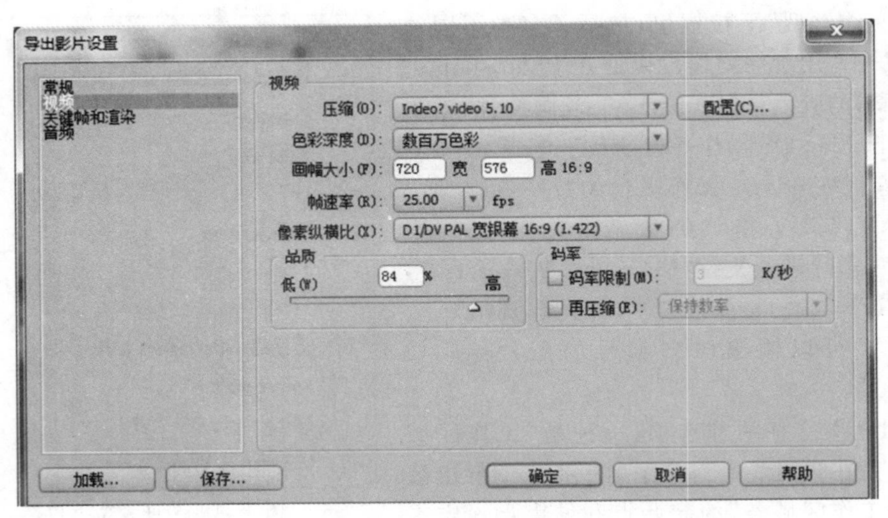

图 4-26 导出影片的“视频”设置

第三项是“关键帧和渲染”设置，包括了“渲染选项”中“位数深度”和“场”设置。“场”设定是逐行扫描还是隔行扫描，当输出制式是 PAL 制式时，应该选择“上场优先”或“下场优先”。当编辑内容中存在交错视频(即每一帧都含两个场)而要输出非交错视频时，可勾选“视频反交错”。“优化静帧”指的是对长度超过 1 帧的静止帧的自动优化，以减少资源占用。具体设置如图 4-27 所示。设置完成后点击“确定”即可。

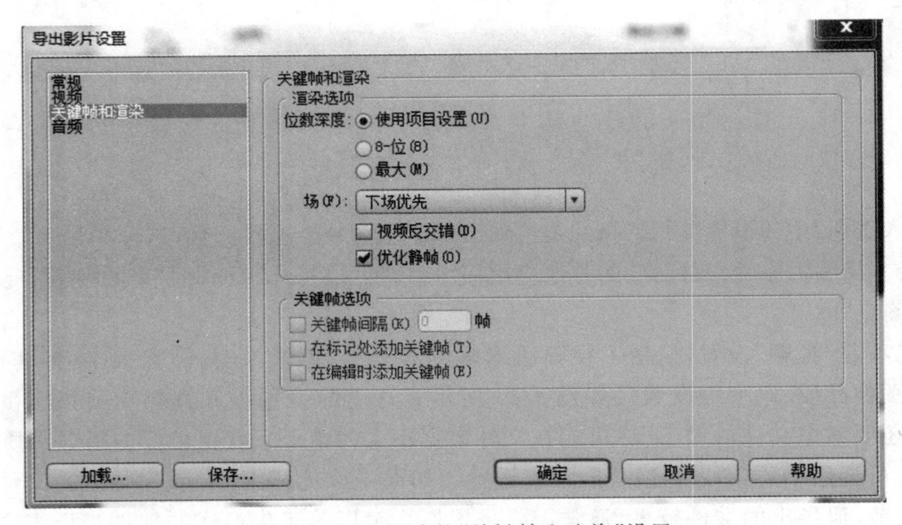

图 4-27 导出影片的“关键帧和渲染”设置

第四项是“音频”设置，通过数字音频的学习，我们可以理解大部分参数，其中“交错”指的是音频数据插入视频帧的频率，数值越高，播放时读取音频数据的频率越高，占用的内存越多。如图 4-28 所示。

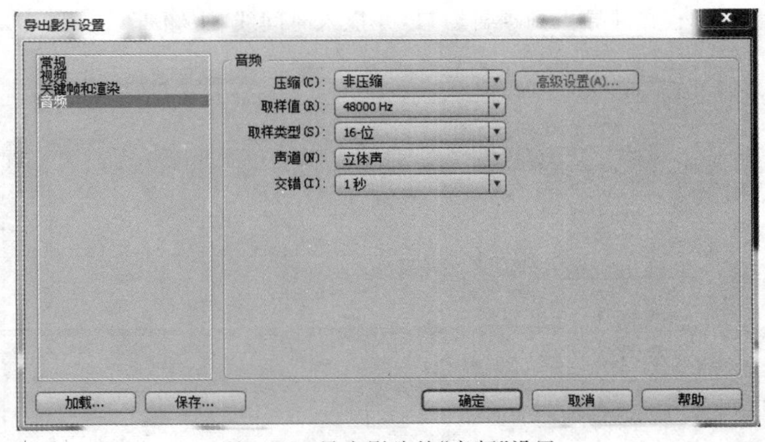

图 4-28 导出影片的“音频”设置

在完成这些设置后，回到导出影片的对话框，将文件名设为“子项目一.avi”，单击“保存”即可完成影片的输出。

子项目二 字幕添加

要求：在“子项目一.avi”中添加两处字幕，一处为静态字幕，长度为2秒，有淡入淡出效果，一处为滚动字幕，长度为4秒，从底端移动到中间位置。完成后输出影片“子项目二.avi”。

具体步骤：

（一）静态字幕的制作

1.新建工程“子项目二”，执行“菜单”→“文件”→“新建”→“项目”命令，在对话框里采用“DVCPRO50 PAL 宽银幕”预置模式，并输入文件名。如图4-29所示。

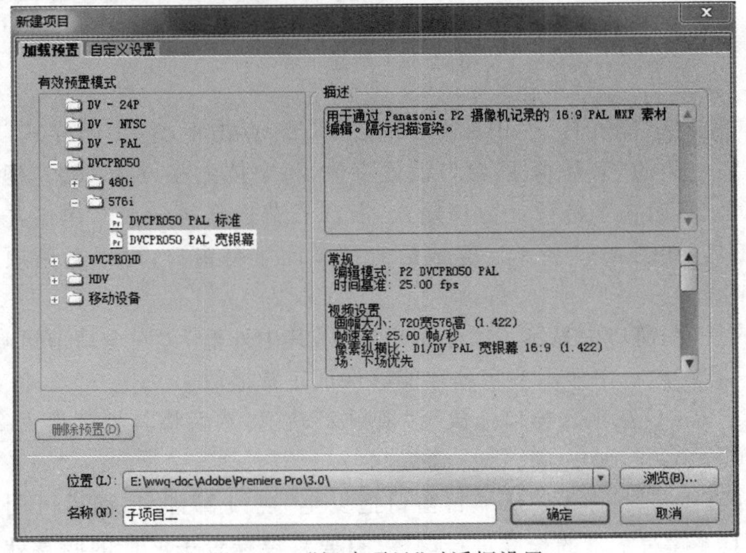

图 4-29 “新建项目”对话框设置

将“子项目一.avi”文件导入到项目窗口，并拖入时间线“视频 1”。如图 4-30 所示。

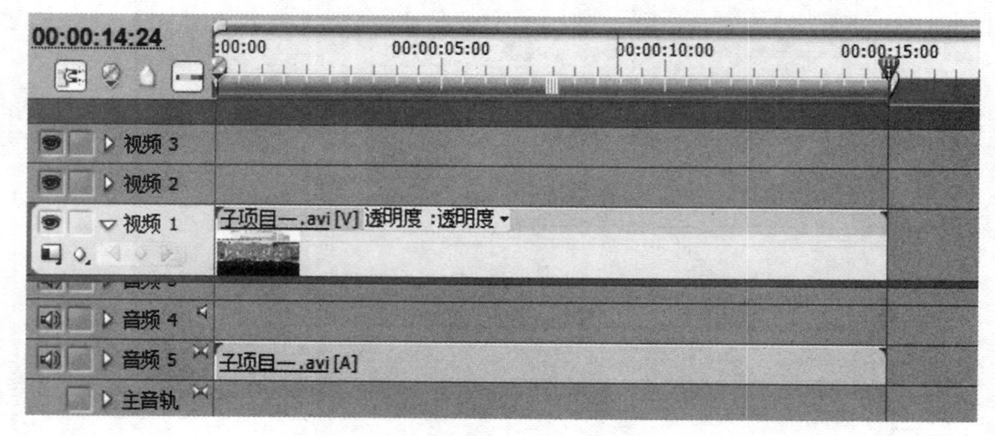

图 4-30　导入素材后的时间线状态

2.制作静态字幕“浙江省普通高等学校”。执行“菜单”→“字幕”→“新建字幕”→“默认静态字幕”命令，在跳出的新建字幕对话框中输入“字幕 01”，单击“确定”，就弹出了字幕设计窗口，如图 4-31 所示。

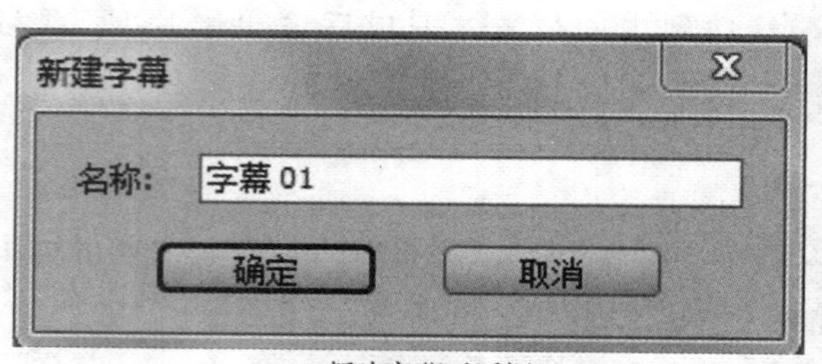

(a) 新建字幕对话框

(b) 字幕设计窗口

图 4-31　新建字幕

设置字体，单击“字幕工具”栏中的“文字工具”**T**，点击下端“字体样式”中第一个样式“黑体”，也可以在右侧的“字幕属性”窗口设置字体，将字体大小设为 60%，把右下端的填充色彩设为“黑色”。然后在字幕设计窗口输入“浙江省普通高等学校”，单击左下方方框提示的“居中”对齐工具，如图 4-32 所示。完成后直接关闭字幕窗口，可以看到项目窗口里已经保存了“字幕 01”。

值得注意的是，在窗口中显示了大小两个方框，其中外框为“安全情节区域”，内框为“安全标题区域”，只有在内框中显示的字幕才能够保证正常播放。

3.将素材“字幕 01”从项目窗口拖放至“视频 2”轨道，然后将其长度设为 2 秒，精确置于 00:00:05:00～00:00:07:00 之间。

只需用鼠标直接将“字幕 01”从项目窗口拖曳至“视频 2”即可，而后可用“选择工具”或者“波纹编辑工具”对字幕的长度进行调整，只要将鼠标置于波形的两端就会出现一个红

图 4-32　字幕输入工具及完成效果

色括号加黑色箭头的标识，直接拖动就可调整所在波形的长度到指定位置。也可在该素材上单击右键勾选“速度/持续时间”，在对话框中将持续时间改为“00:00:02:00”(2 秒)，然后在时间线上拖动其到指定位置。如图 4-33 所示。

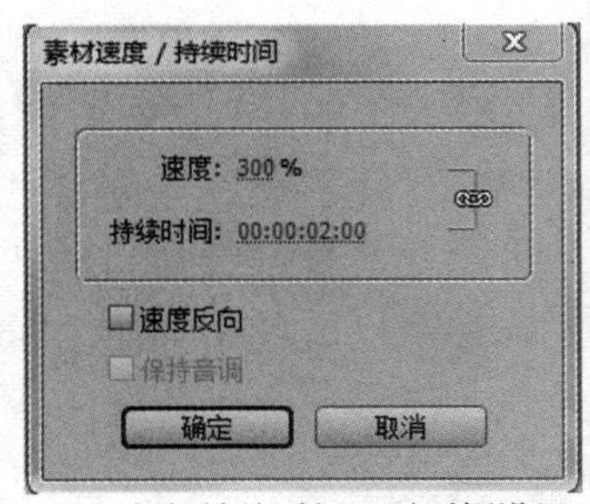

(a) “速度/持续时间” 对话框设置

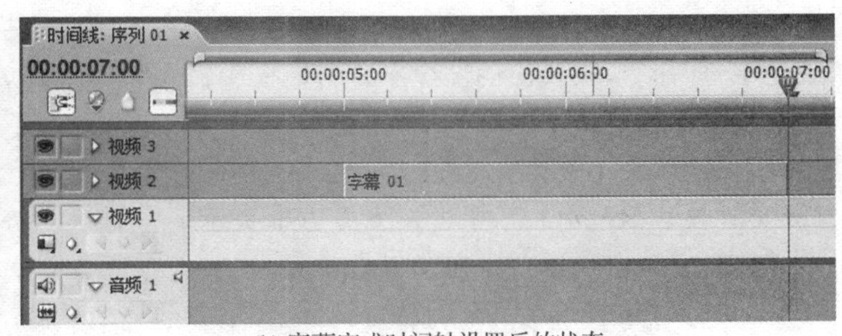

(b) 字幕完成时间轴设置后的状态

图 4-33　字幕 01 在时间轴的设置过程

4. 给“字幕 01”添加“淡入淡出”效果。这需要设置关键帧才能完成，首先要显示视频轨道的编辑工具，点击轨道“视频 2”前面的箭头▷，使其变为向下箭头▽，可以看到视频波形出现了透明度等信息，波形中间有一条黄线(透明度指示线)。

添加关键帧的方法有两个，一是激活轨道关键帧，可以看到图示中左边方框中类似菱形的按钮，只需将时间线指针移到指定位置，点击这个关键帧按钮就可以设置一个关键帧(再点一次即可删除关键帧)。如图 4-34 所示。二是使用钢笔工具，按住“Ctrl”键，将鼠标移动到编辑对象的透明度指示线上，这时鼠标变成带有加号的笔头，直接在黄线上点击就可添加关键帧。

图 4-34　显示视频 2 轨道的编辑工具

设置淡入淡出的 4 个关键帧，分别在第 00：00：05：00、00：00：05：10、00：00：06：15、00：00：07：00四个时间点设置关键帧，然后用“选择工具”拖动第 1 个和第 4 个关键帧到波形底端，形成两条斜线，如图如图 4-35 所示。

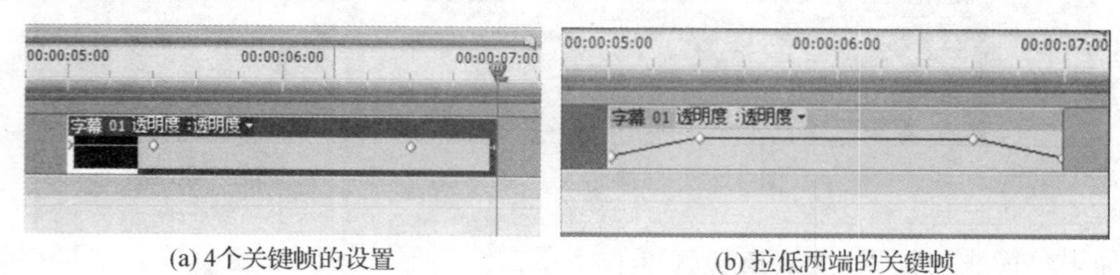

(a) 4个关键帧的设置　　(b) 拉低两端的关键帧

图 4-35　淡入淡出效果的关键帧设置过程

（二）动态字幕的制作

1. 制作动态字幕“省级实验教学示范中心”。执行“菜单”→“字幕”→“新建字幕”→“默认滚动字幕”命令，在跳出的新建字幕对话框中输入“字幕 02”，“确定”后弹出字幕设计窗口。

输入字体，单击“字幕工具”栏中的“文字工具”T，点击下端“字体样式”中第一个样式“黑体”，将字体大小设为 60%，右下端的填充色彩设为“黑色”。然后在字幕设计窗口输入“省级实验教学示范中心”，单击左下方方框提示的“居中”对齐工具。完成后效果如图 4-36 所示。关闭字幕窗口后项目窗口里自动保存“字幕 02”。

图 4-36　字幕 02

设置“字幕 02”的滚动效果，使字幕从屏幕之外的下端往中间移动。单击字幕设计窗口的“滚动、游动选项”，在跳出的对话窗口中设置参数，如图 4-37 所示。需要解释一下“预卷、缓入、缓出和后卷”的意思，“预卷”是指滚动前停止的帧数，“缓入”指用以加速的帧数时长，“缓出”指用以减速的帧数时长，“后卷”指滚动后停留的帧数时长。我们希望该字幕在中心位置停留 2 秒钟，所以“后卷”设置了 50 帧(25 帧/秒)。

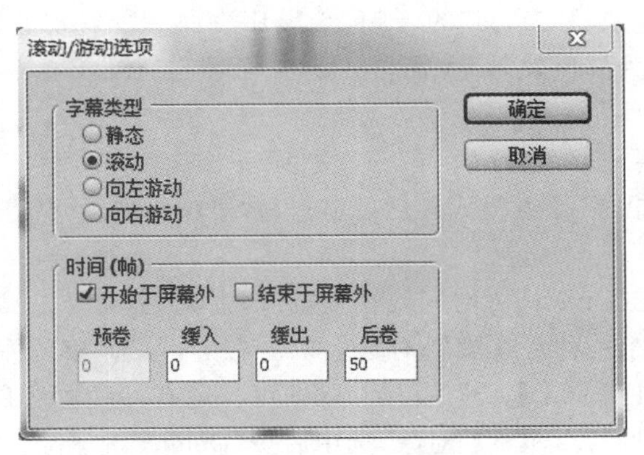

图 4-37　滚动/游动选项设置

确定后关闭字幕设计窗口，将“字幕 02”拖放至视频“轨道 2”上并调节其精确位置于 00:00:11:00～00:00:15:00 之间，可采用“字幕 01”的设置方法完成。完成后如图 4-38 所示。

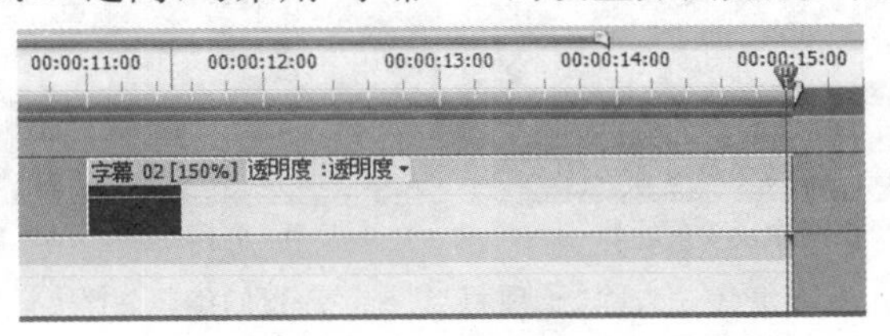

图 4-38　字幕 02 在时间线上的设置状态

至此，时间线的总体设置完成，如图 4-39 所示。

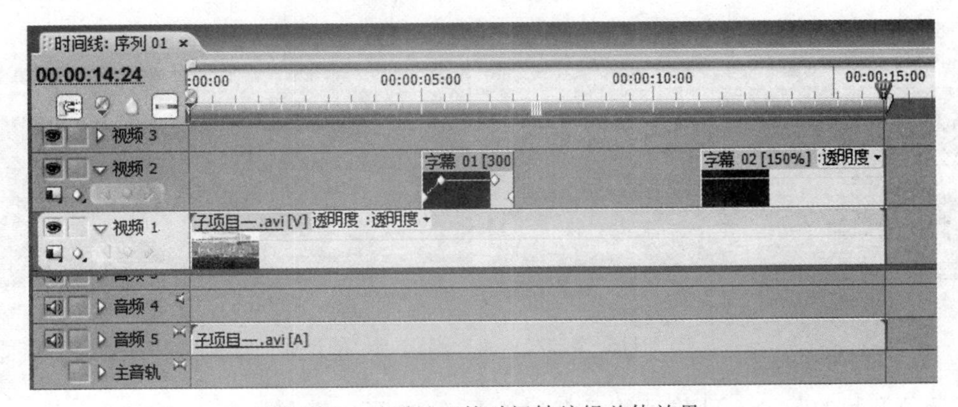

图 4-39　子项目二的时间轴编辑总体效果

2. 渲染和输出。按回车键进行渲染，渲染完成后执行“菜单”→“文件”→“导出”→“影片”命令，选择保存位置，输入文件“子项目二. avi”，导出影片的参数设置同“子项目一”一致，此处不再赘言，单击“保存”即可。

子项目三　音频的添加与调整

要求：去掉原来"子项目二. avi"的音频，给影片添加一段需要剪辑的新的音乐，并整体调低音量，最后2秒钟为淡出效果，然后输出影片"子项目三. avi"。

具体步骤：

1. 新建工程"子项目三"，执行"菜单"→"文件"→"新建"→"项目"命令，在对话框里采用"DVCPRO50 PAL 宽银幕"预置模式。然后将素材"子项目二. avi"和音乐素材"音频. wma"导入到项目窗口里。

2. 将素材"子项目二. avi"拖入时间线视频轨道，去除"子项目二. avi"的原有音频。后者有两种方法可以使用，第一种是在编辑对象上单击右键，勾选"解除视音频链接"，这时到音频5轨道上找到"子项目二. avi【A】"，直接删除即可。还有一种方法是按住"Alt"键，同时单击音频5轨道的"子项目二. avi【A】"对象，选中后按"Delete"键删除。如图4-40所示。

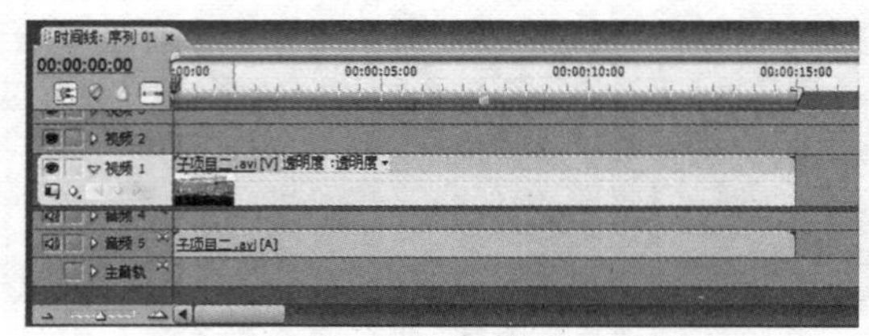

(a) "子项目二.avi" 音频删除音频前的状态

(b) "子项目二.avi" 删除音频后的状态

图 4-40　去除"子项目二. avi"音频的编辑过程

3. 将素材"音频. wav"直接拖至轨道"音频5"，并对音频进行剪辑，将时间轴移动到00:00:15:00处，使用剃刀工具将其切开，删除切口右侧部分。如图4-41所示。

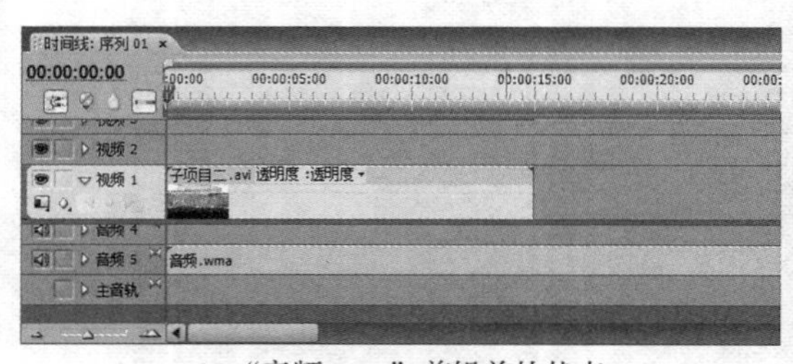

(a) "音频.wma" 剪辑前的状态

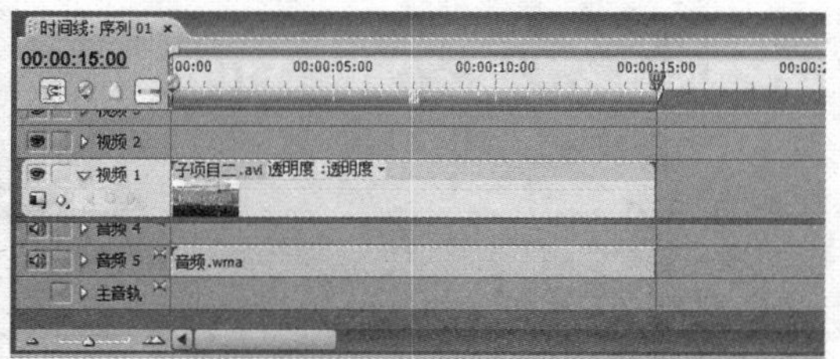

(b) "音频.wma" 剪辑后的状态

图 4-41　添加和剪辑"音频. wav"的过程

4. 调节音频的音量。目前虽然只有一条音轨，但了解音量调节的方法是十分必要的。在 Premiere 里实现音量调节的方法十分多样，能够满足不同的需求。"音频. wav"作为背景音乐可以适当的调低音量。达到这个目的有两种常见的方法。

第一种是使用时间线音频轨道上的淡化器调节，淡化器的显示外观和视频轨道的透明度指示线一样，都是一条直线。只要打开“音频 5”轨道左边的卷展部分(点击小三角形)，在显示的轨道内容上就可看到黄色的音量指示线。如图 4-42 所示。

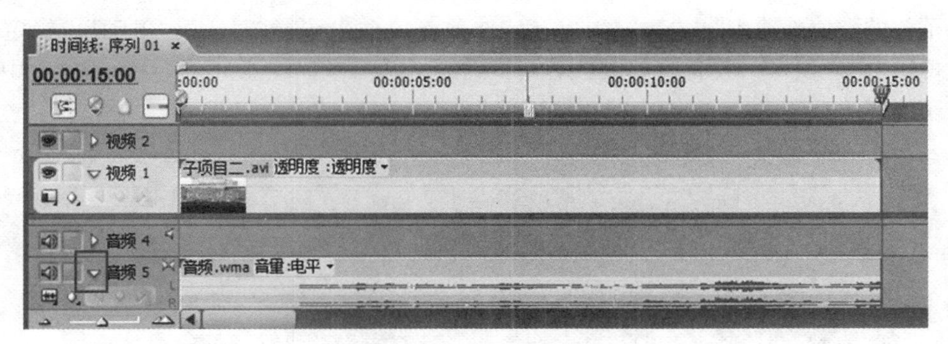

图 4-42　显示轨道编辑工具过程

只要用工具面板中的钢笔工具或者选择工具直接拖动黄线，就能够调整音频的整体音量。我们通过下拉直线使音量为－10.23dB，如图 4-43 所示。这种方法很便捷，但缺点是调节的跨度太大，很难做细部的调整。

图 4-43　通过下拉直线达到的减低音量示意

第二种方法是通过调音台来调整音量。在工作区内找到调音台窗口(与素材监视器同一位置)，如图 4-44 所示。调音台可以对每一个音频轨道的音量、声相进行实时的控制。

图 4-44　调音台窗口

我们可以在既有的－10.23dB音量基础上再做调节，降低2.5dB。对应于“音频.wav”在时间线上的“音频5”轨道，我们在调音台“音频5”上进行调整，可以通过推子往下推，也可以直接在推子下方的数值处输入“－2.5”，在“只读”选项下拉框中选择“写入”(“触动”、“锁定”也均可)，就可以对“音频5”音量值进行修改，如图4-45所示。应该注意的是，在播放过程中，不要挪动推子或修改数值，每一次修改都会被记录并在回放中体现。

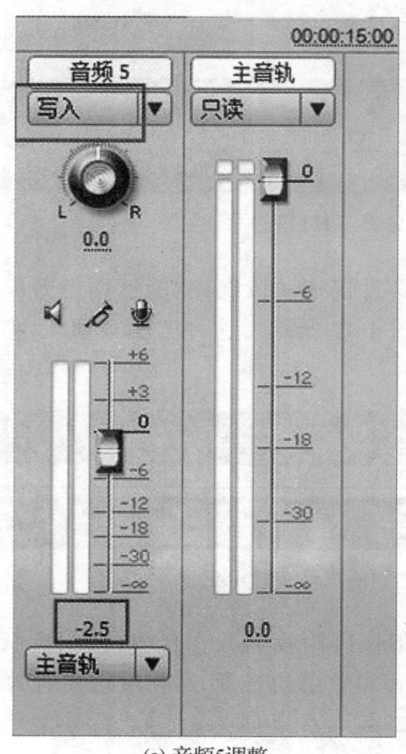

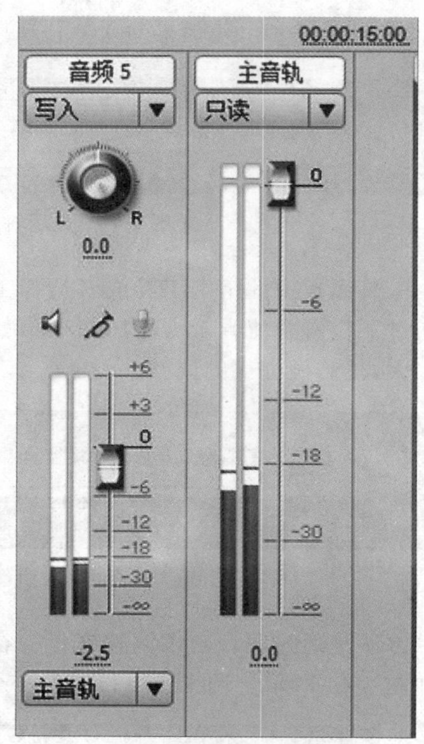

(a) 音频5调整　　(b) 播放状态中的音轨活动状态

图 4-45

5. 给“音频.wav”尾部2秒制作淡出效果。由于音乐戛然而止不太自然，所以可以在音频结尾处做一个淡出效果。这个编辑任务可使用关键帧，也可以通过调音台手动调节完成。

使用关键帧也有两种方式，同制作字幕的淡入淡出效果类似，第一种方式通过在编辑轨道上用时间指示线和关键帧按钮完成，第二种方式是按住“Ctrl”键，用钢笔工具在黄线上点击设置关键帧。

由于音轨的波形视图颜色比较模糊不利于看清细节，所以我们点击“音频5”轨道编辑栏中“显示展示风格”键，在弹出框中选择“仅显示名称”，这样时间线就看起来比较清楚了。如图4-46(a)所示。

可用上述两种方法在00:00:13:00和00:00:15:00处添加两个关键帧，再用选择工具将后面的关键帧拖动到底部，出现了一条斜线。淡出效果设置完成。

还可以用调音台手动设置淡出效果，这必须要在播放过程中进行。把“音频5”设置成“写入”状态，当时间线播放到00:00:13:00时，向下推动推子，在00:00:15:00时推到到最底部，就像从旗杆上降旗一样，保持匀速为佳。完成后在时间线“音频5”上不会有任何视觉上的体现。

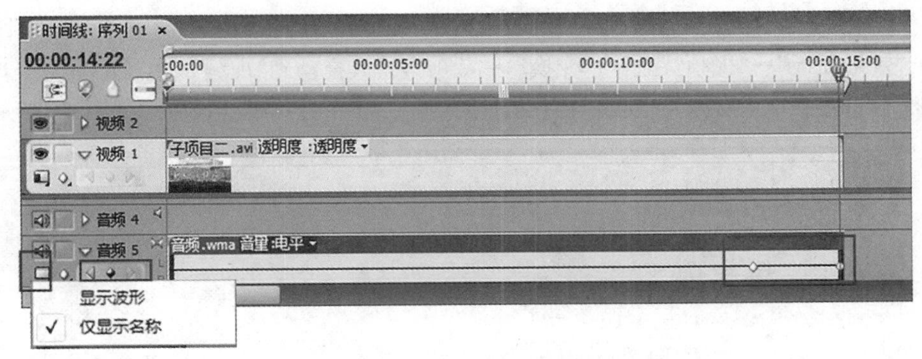

(a) 为“音频.wma”设置两个关键帧

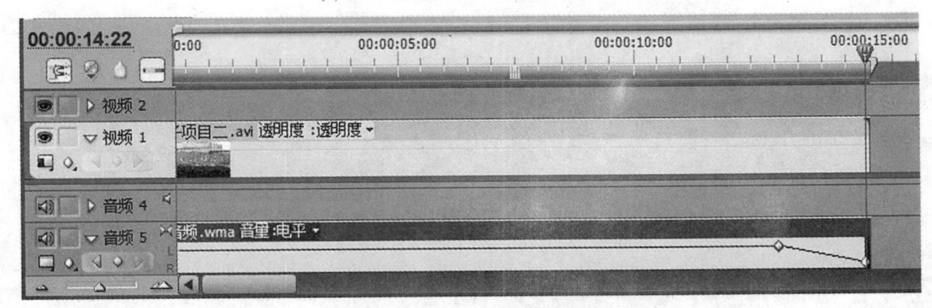

(b) 淡出效果示意图

图 4-46　用关键帧设置淡出效果过程

6. 渲染和输出影片。按回车键进行渲染，完成后时间轴工作区出现绿线。然后执行“菜单”→“文件”→“导出”→“影片”命令，导出影片设置与“子项目一”一致，输入文件名“子项目三”，单击“保存”即可。

子项目四　特殊效果——打马赛克

要求：给素材“马赛克.avi”中前景女生的脸上打上马赛克，以达到遮掩脸部的目的。

具体步骤：

1. 编辑思路：打“马赛克”并非直接在素材层上添加特效，而是另外制作一个复制层专门用于添加特效，置于素材层的上方，形成遮挡效果。特效层还需要经过裁剪，只保留脸部大小。

2. 新建工程“子项目四”，执行“菜单”→“文件”→“新建”→“项目”命令，在对话框里采用“DVCPRO50 PAL 宽银幕”预置模式。

3. 将素材“马赛克.mpg”导入到项目窗口，并拖放至视频“轨道 1”，再从素材框中拖动其到视频“轨道 2”上，使两段素材完全对齐。如图 4-47 所示。

4. 给“视频 2”轨道上的编辑对象添加“马赛克”效果。找到“效果面板”→“视频特效”→“风格化”→“马赛克”，将其拖动到“视频 2”轨道的素材上，然后打开“效果控制”面板中的“马赛克”特效，对参数进行设置，主要是水平方向和垂直方向的方块数量设置。如图 4-48 所示。

5. 使用“裁剪”特效对复制层的马赛克画面进行裁剪，保留能够遮住指定对象的一块即可。

找到“效果面板”→“视频特效”→“变换”→“裁剪”，将其拖动到“视频 2”轨道的素材上，然后打开“效果控制”面板中的“裁剪”特效，对上下左右的切割面积百分比进行设置。如图 4-49 所示。

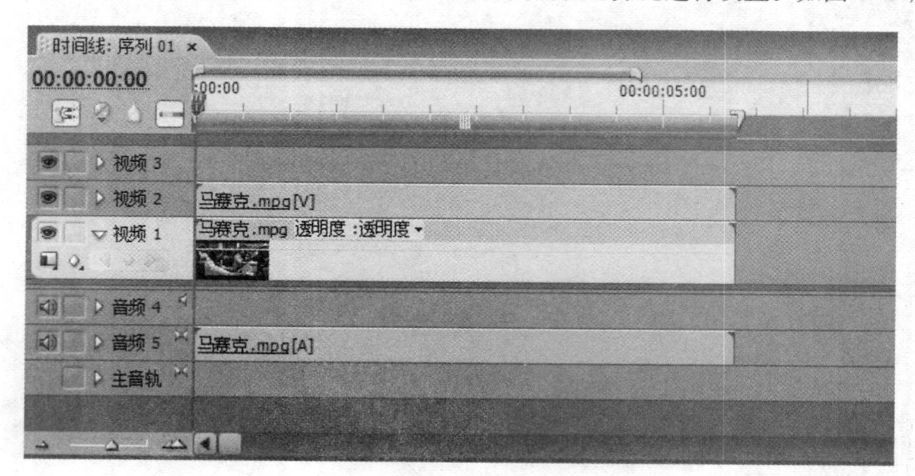

图 4-47 时间线状态

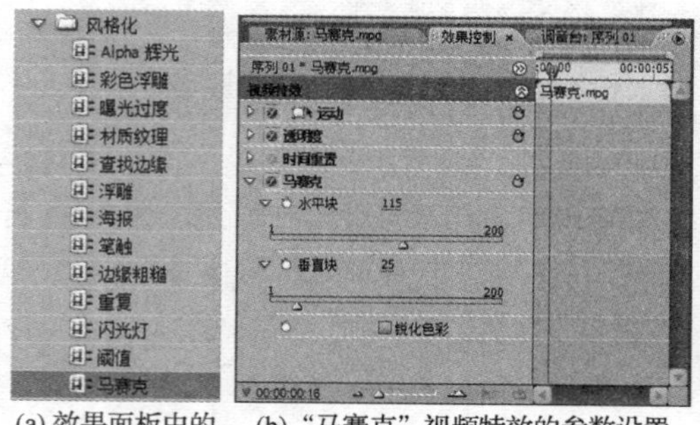

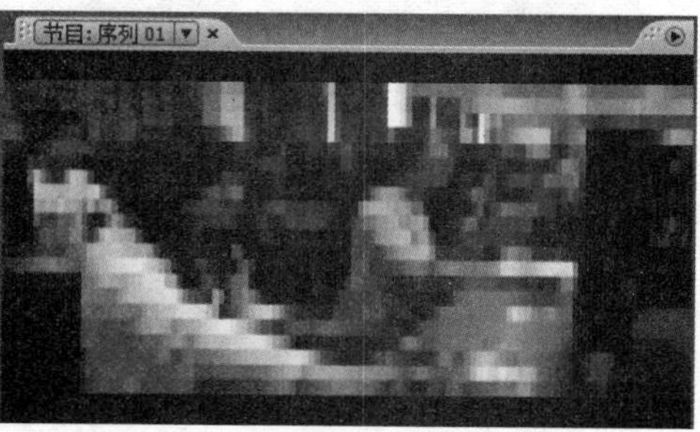

(a) 效果面板中的“马赛克” (b) “马赛克”视频特效的参数设置 (c) “马赛克”效果

图 4-48 “马赛克”视频特效设置过程

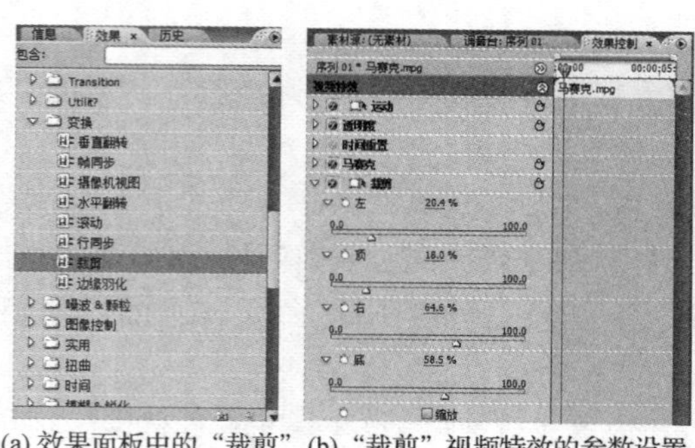

(a) 效果面板中的“裁剪” (b) “裁剪”视频特效的参数设置 (c) “裁剪”效果

图 4-49 “裁剪”视频特效设置过程

6. 渲染和影片输出。按回车键进行渲染，完成后时间轴工作区域条出现绿线。然后执行“菜单”→“文件”→“导出”→“影片”命令，导出影片设置与“子项目一”一致，输入文件名“子项目四”，单击“保存”即可。

子项目五　特殊效果——抠像与合成

要求：用“蓝屏键”对“抠像素材.jpg”进行抠像，与“背景.jpg”形成自然的合成效果，然后输出帧“子项目五.png”。如图 4-50 所示。

(a) “抠像素材.jpg”

(b) “背景.jpg”

图 4-50　项目素材

具体步骤：

1. 新建工程“子项目五”，可执行“菜单”→“文件”→“新建”→“项目”，在对话框里采用“DVCPRO50 PAL 标准”预置模式，即画面为 4:3、720×576 像素的格式。如图 4-51 所示。

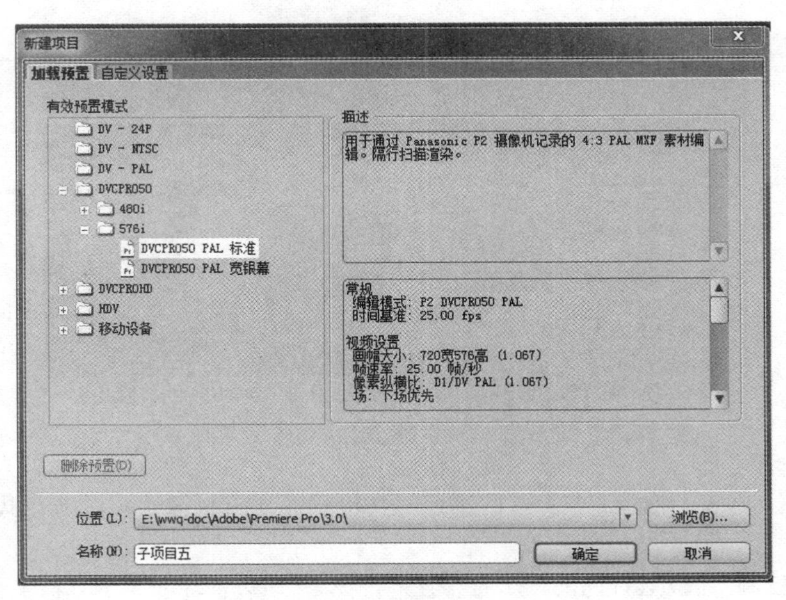

图 4-51　新建项目对话框设置

将图片素材“抠像素材.jpg”和“背景.jpg”导入到项目窗口，并将“抠像素材.jpg”拖放至“视频 2”轨道，如图 4-52 所示。

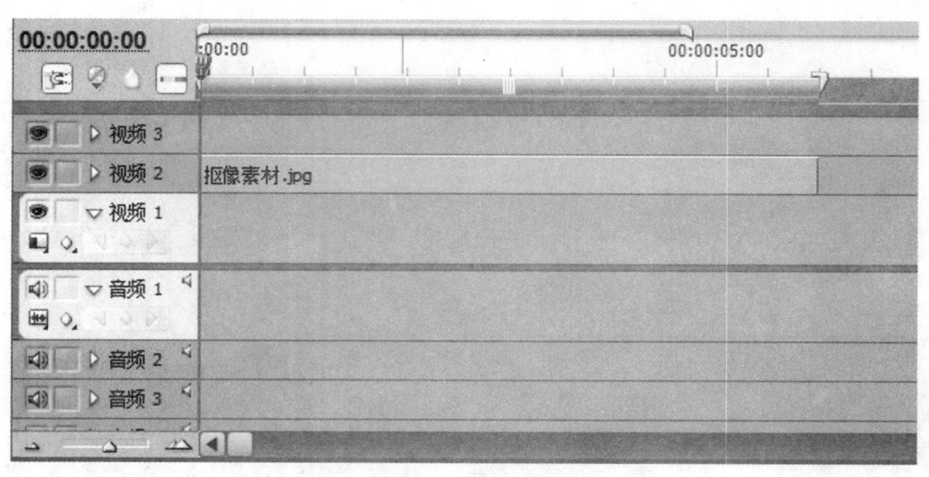

图 4-52　时间线状态

2. 对“抠像素材.jpg”进行抠像。找到“效果面板”→“视频特效”→“键”→“蓝屏键”，将其拖动到“视频 2”轨道的编辑对象上，可以看到一个明显的变化效果。如图 4-53 所示。

这时素材的蓝色的背景几乎变成了透明，但还有一部分淡淡的灰色，在黑色背景下不太明显，所以我们要将背景图片导入时间线进行进一步的调整。

(a) 效果面板的“蓝屏键”　　(b) 添加“蓝屏键”的前后反差

图 4-53　“蓝屏键”运用的初步效果

将素材“背景.jpg”拖放到“视频 1”轨道，这时，就能看出抠像素材的灰色边框了。如图 4-54 所示。

在“效果控制”面板上对“蓝屏键”的参数进行设置，使边框完全透明，猫的前景清晰。在设置参数时可以一边看节目监视器一边调试，“界限”用于设置素材的蓝色，直接影响素材的透明区域，滑动器越向左透明度越高，滑动到最左端素材将完全透明。“截断”用于设置素材中除了蓝色以外颜色的不透明度。参数的设置结果如图 4-55 所示。可以看到，猫的抠像已经有了较好的效果，不足之处在于猫的大小的比例和空间位置不当。

(a) 时间轴状态

(b) 初步合成效果

图 4-54　“蓝屏键”运用的初步效果

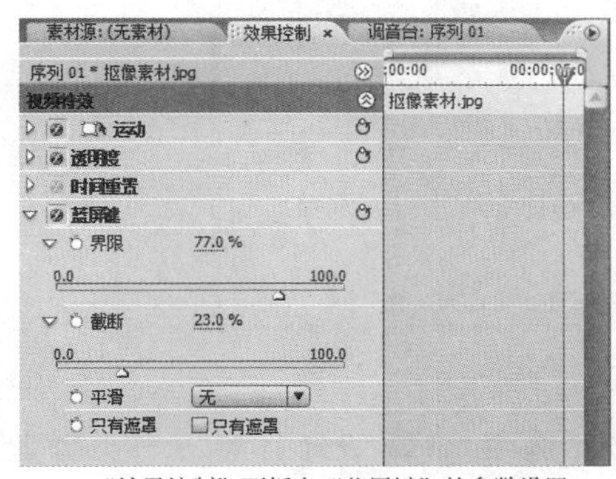

(a) “效果控制” 面板中 “蓝屏键” 的参数设置

(b) 调整后的效果

图 4-55　“蓝屏键”参数设置后的效果

3. 用“效果控制”面板中“视频特效”的“运动”设置来修改抠像的大小和位置。通过“位置”的水平位置和垂直位置的设置来改变空间位置，通过“比例”来缩放对象的大小，参数的的设置结果如图 4-56 所示。

4. 渲染和输出，点击回车键直接渲染，时间线出现绿线之后，执行“菜单”→“文件”→“导出”→“单帧”命令，这时跳出“输出单帧”对话框，给文件命名为“子项目五”，如图 4-57 所示。但还不能直接保存，我们需要对导出的单帧进行设置。

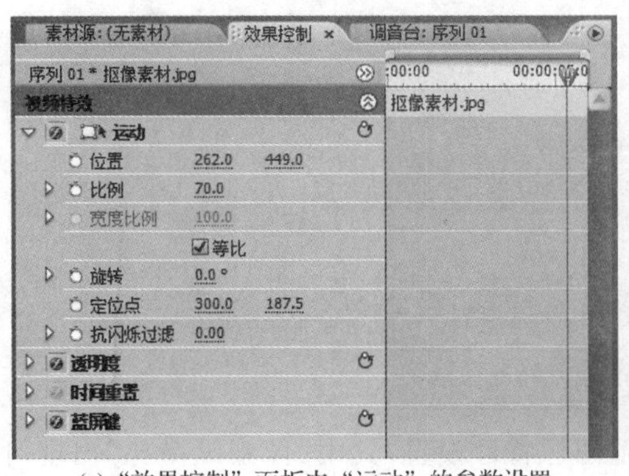

(a) “效果控制” 面板中 “运动” 的参数设置

(b) 最终的效果

图 4-56　“运动”参数设置后的效果

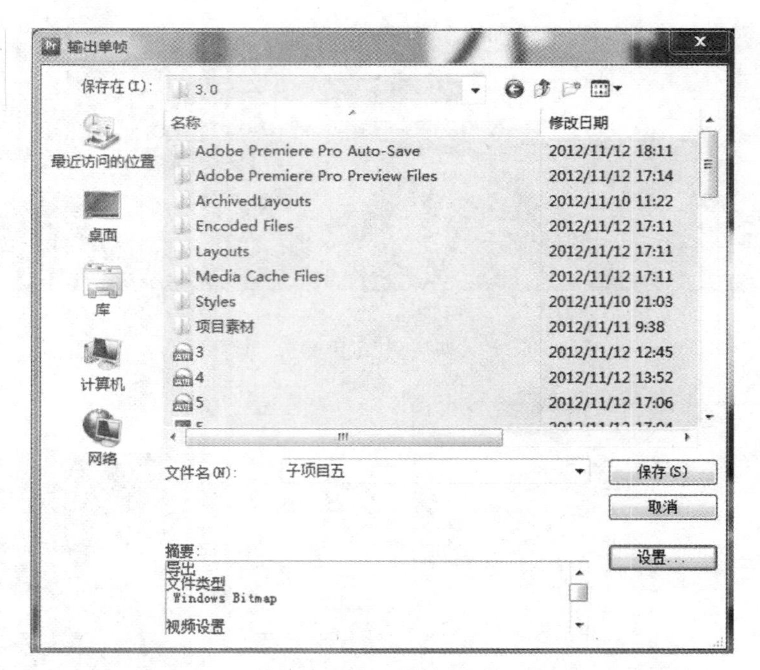

图 4-57 输出单帧对话框

点击“设置”,可以看到跳出“导出单帧设置”对话框,在“常规”设置中,将“文件类型”设为“Windows Bitmap”,即“BMP”格式,也可以选择“TIFF”、“GIF”、“TARGA”格式,如图4-58所示。图像文件类型的差别大家可以到项目二——《数字图像的制作》的知识点里查看。

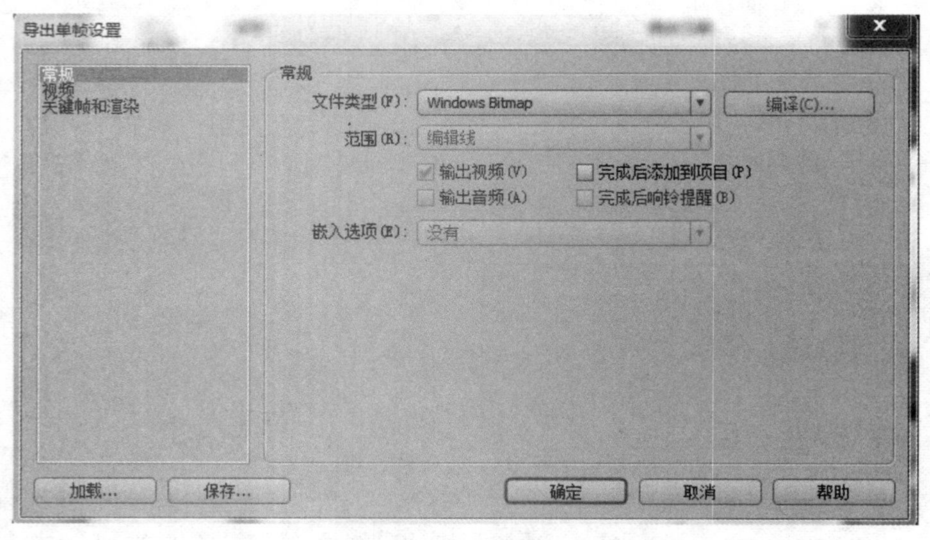

图 4-58 导出单帧设置中的常规设置

在“视频”设置中,根据文件类型自动产生了图像特性设置,其中“像素纵横比”出现可下拉框,我们应该首选“DV PAL(1.067)”,这和我们开始选择的项目预设中是一致的,符合素材的属性,能够避免输出图像的变形。如图 4-59 所示。

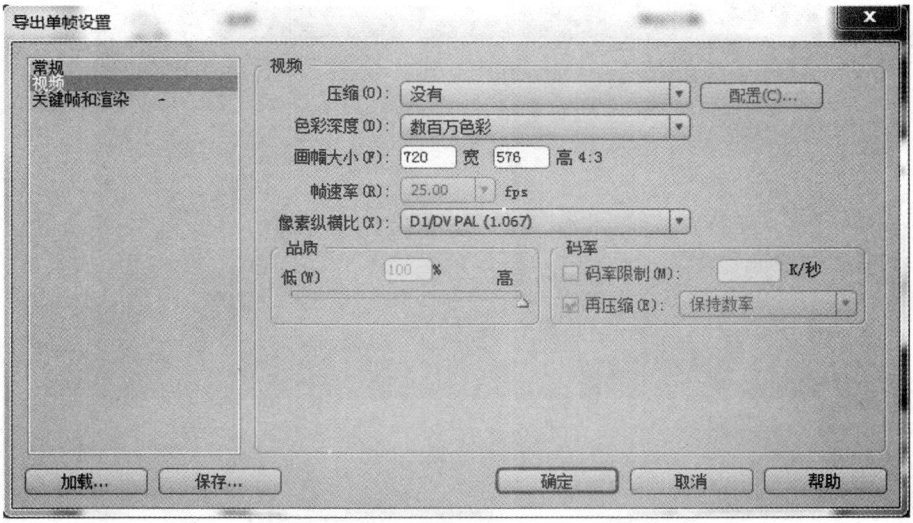

图 4-59　导出单帧设置中的视频设置

最后是“关键帧和渲染”设置，采取默认选项即可。如图 4-60 所示。

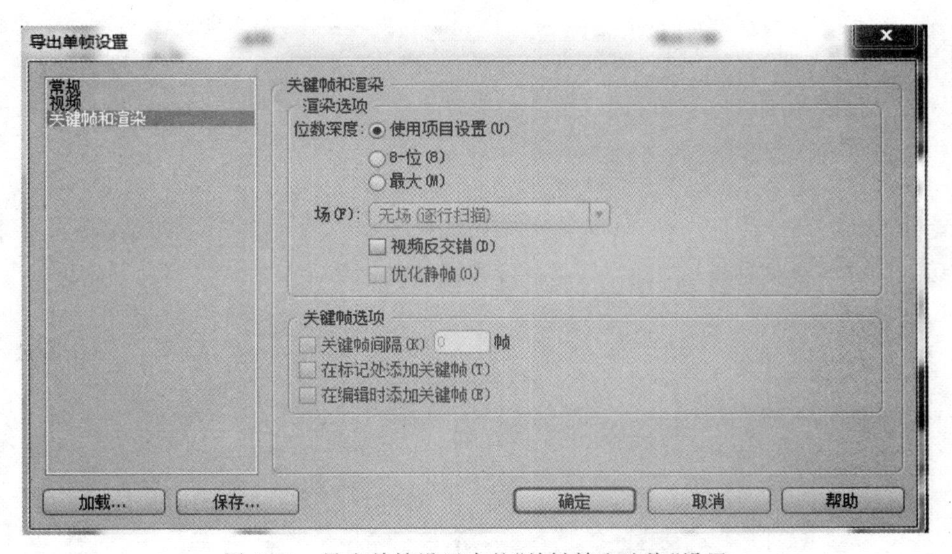

图 4-60　导出单帧设置中的“关键帧和渲染”设置

设置完毕确认后回到单帧导出对话框，单击“保存”即可。

子项目六　特殊效果——婚庆贺联展开

要求：在 Premiere 中制作一对婚庆贺联，形成展开的动态效果，贺联为大红的底色、明黄的字体，写着“新婚庆典，永结同心”，背景是夜空的礼花(见素材图)。如图 4-61 所示。

图 4-61 项目效果

具体步骤：

1. 思路分析：该项目的关键是制作具有动画效果的贺联，主要应用到的是"彩色蒙版"和字幕的素材绘制，在动态效果合成上，可用视频特效中"运动"设置来形成卷轴的滚动效果；用"线性擦除"给红色蒙版、字幕添加同步效果，这些都必须要结合关键帧的设置才能完成到位。此外，还有一个难点在于一对贺联的制作，可以采取多个序列的嵌套来达到，而不是同一画面制作两个贺联。最后还可以通过"比例缩放工具"改变贺联动画的速度。

2. 新建工程"子项目六"，执行"菜单"→"文件"→"新建"→"项目"命令，在对话框里采用"DVCPRO50 PAL 宽银幕"预置模式。

3. 制作单个贺联，第一步用"彩色蒙版"制作贺联的红底幕布。点击"菜单"→"文件"→"彩色蒙板"，这时会跳出一个拾色器，将 RGB 值设为(255,0,0)，确认后就在项目库中建立了一个新的项目"彩色蒙板"，色彩为正红色，如图 4-62 所示。

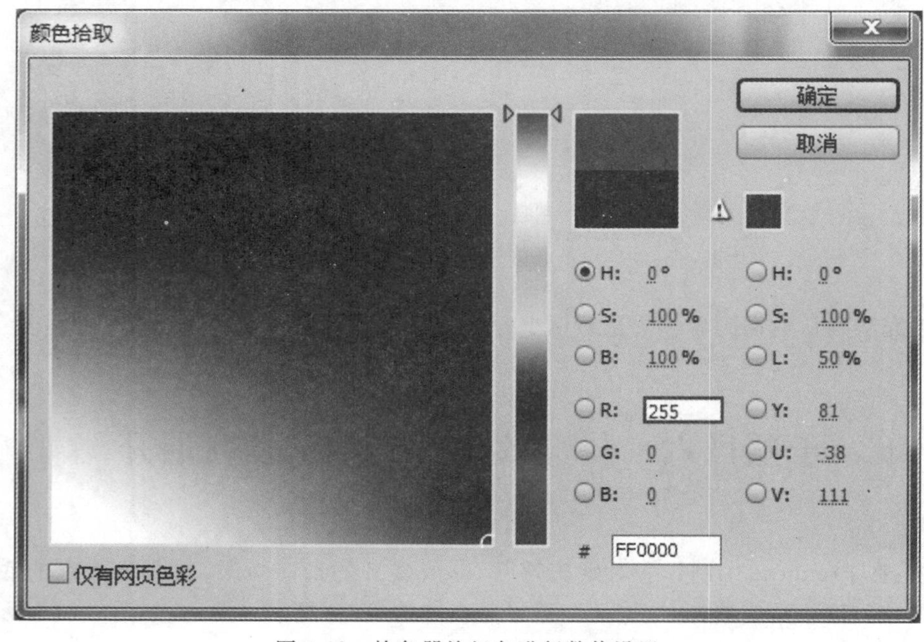

图 4-62 拾色器给红色进行数值设置

把“彩色蒙板”从项目窗口拖到时间线“视频 2”轨道上进行剪裁。为什么不拖到“视频 1”轨道呢？一般情况下，要预留给背景素材使用。

对“彩色蒙板”进行裁剪，保留对联幕布大小。打开“效果面板”→“变换”→“裁剪”特效，将之拖到时间线“视频 2”轨道上的“彩色蒙板”上，打开“效果控制”面板“裁剪”调整有关参数。分别输入：32％、15％、52％、11％，如图 4-63 所示。完成后就是贺联的幕布大小了。

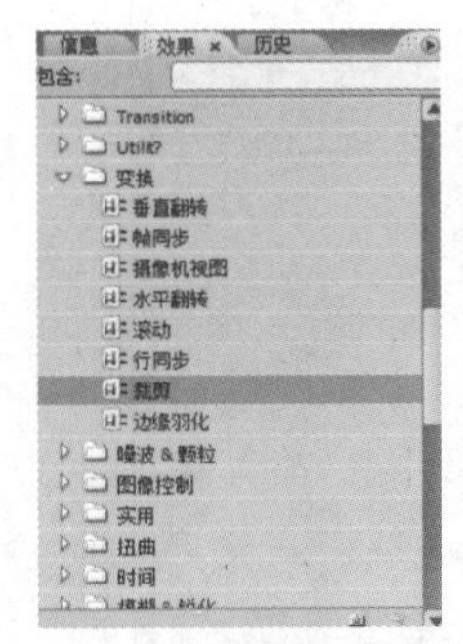

(a) 效果面板中的“裁剪”特效

(b) 裁剪前的红色蒙板铺满窗口

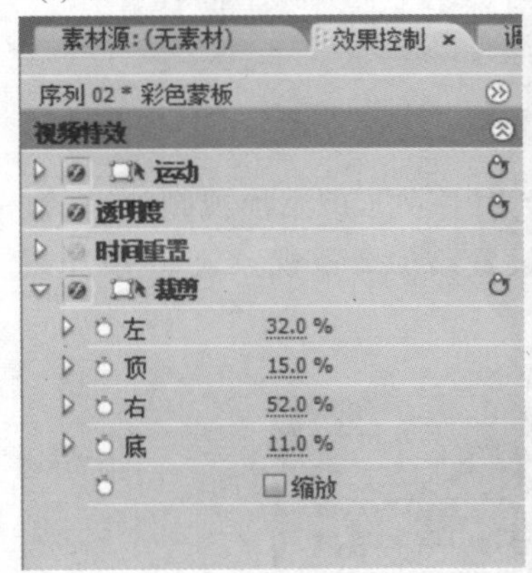

(c) “裁剪”特效的参数设置

(d) 裁剪后的红色蒙板成了长方形

图 4-63 用蒙板制作红色长方形过程

4. 用字幕的方式制作贺联的上下轴。点击“菜单”→“文件”→“新建”→“字幕”，默认命名“字幕 01”。

在字幕窗口上绘制贺联的上轴，须先用文字工具在视频上激活面板，接着将填充色彩设为明黄色，然后在“字幕工具”栏中选择“矩形工具”，在贺联上方绘制一条细长型的轴，如图 4-64 所示。

完成后关闭字幕窗口，项目库中已增加“字幕 01”，将“字幕 01”拖到时间线“视频 3”轨道上，作为固定的上轴使用。

下轴其实和上轴的形态完全一致，因而需要将“字幕 01”拖到时间线“视频 4”轨道上去作为下轴使用。

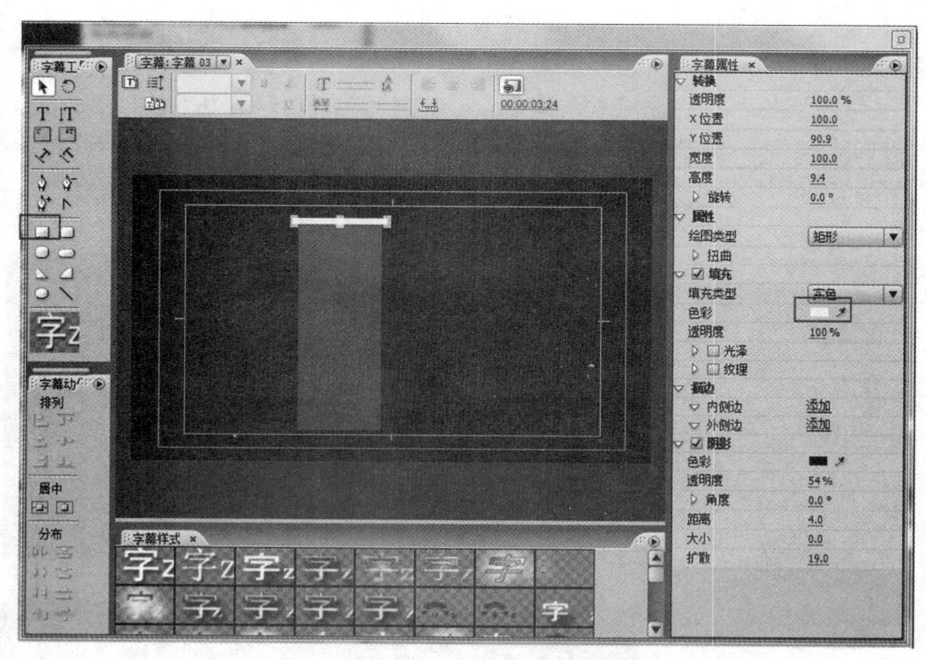

图 4-64 字幕 01 的添加过程

但是大家会发现目前时间线上的轨道只有 3 条，所以需要为“序列 01”添加视频轨道，执行“菜单”→“序列”→“添加轨道”，这时会出现一个对话框，可设置添加 2 条视频轨，0 条音频轨。如图 4-65 所示。

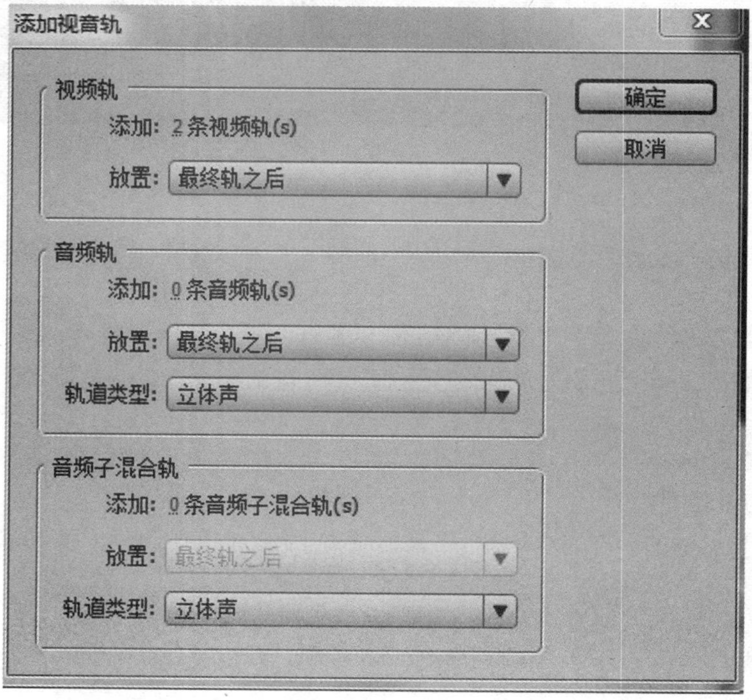

添加视音轨

视频轨
添加：2 条视频轨(s)
放置：最终轨之后

音频轨
添加：0 条音频轨(s)
放置：最终轨之后
轨道类型：立体声

音频子混合轨
添加：0 条音频子混合轨(s)
放置：最终轨之后
轨道类型：立体声

确定
取消

图 4-65 “添加轨道”对话框设置

完成“字幕 01”的两次添加后，时间线状态如图 4-66 所示。这样上下轴也具备了。

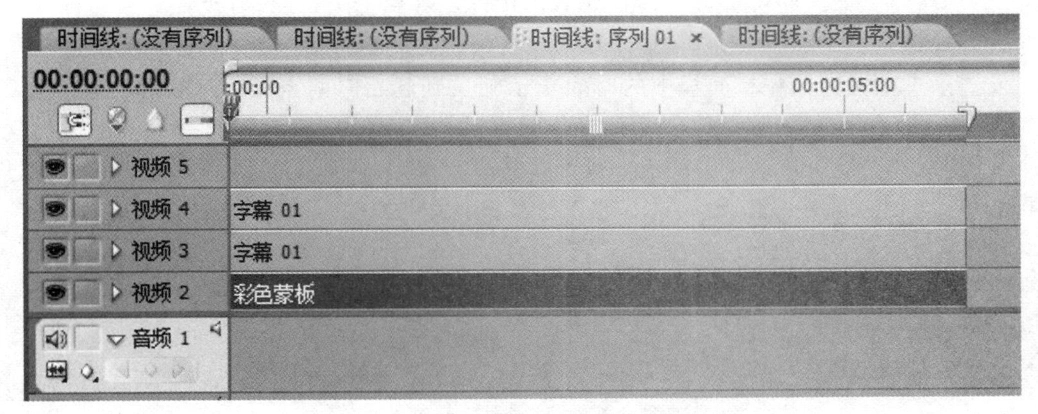

图 4-66　设置好上下轴后的时间线状态

5. 制作字体字幕“新婚庆典”。新建字幕“字幕 02”，在红色蒙版的适当位置输入“新婚庆典”。字体大小为 86，字体为“STXingkai”，颜色为明黄色，阴影部分设置如图 4-67(a)所示。用文字工具输入，选择工具调整字体位置。完成后如图 4-67(b)所示。

关闭字幕后，将项目窗口的“字幕 02”拖到时间线“视频 5”轨道。如图 4-68 所示。

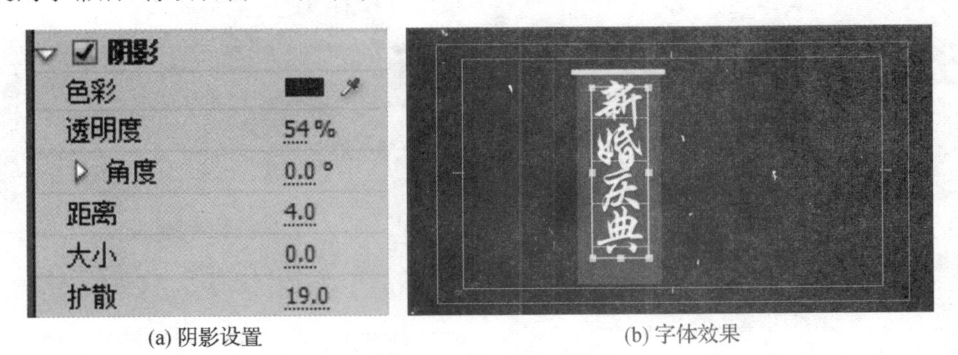

(a) 阴影设置　　(b) 字体效果

图 4-67　“字幕 02”制作

图 4-68　时间线构成

6. 设置贺联的动态展开效果。

第一步先设置下轴的滚动效果。点击“视频 4”轨道上“字幕 01”，在“效果控制”面板上进行“运动”效果设置。如图 4-69(a)所示。因为下轴只进行纵向运动，所以需要调整的参数实际上只有一个，即纵向位置数值，图 4-69(b)中已用方框标示，该数值设置必须和标示时间点的关键帧配合。

设置第 1 个关键帧先将面板中的时间指示轴拉到起始时间点处，将纵向位置数值设置为 310，再点击边上的关键帧按钮(后两个步骤先后秩序不限)，这时时间指示轴上就出现了一个关键帧，其功能是对这一时间点的画面状态进行限定，并建立与前后关键帧的平滑过渡关联。图 4-69(b)到图 4-69(f)显示了第 2 到第 5 个关键帧的时间点及纵向运动值设置。

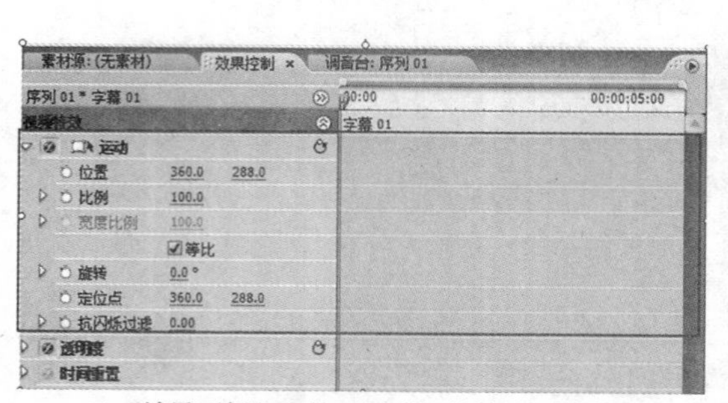

(a) “效果面板” 上的 “运动” 特效的初始参数

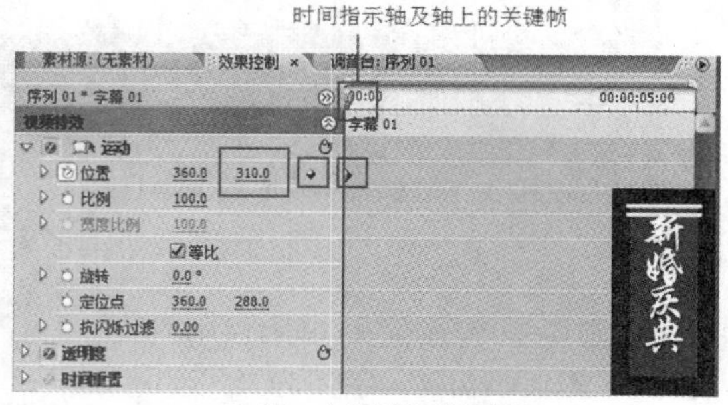

(b) 第一个关键帧的设置

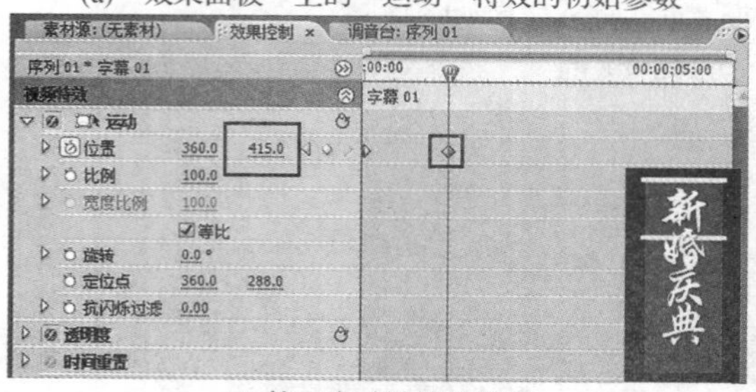

(d) 第三个关键帧的设置

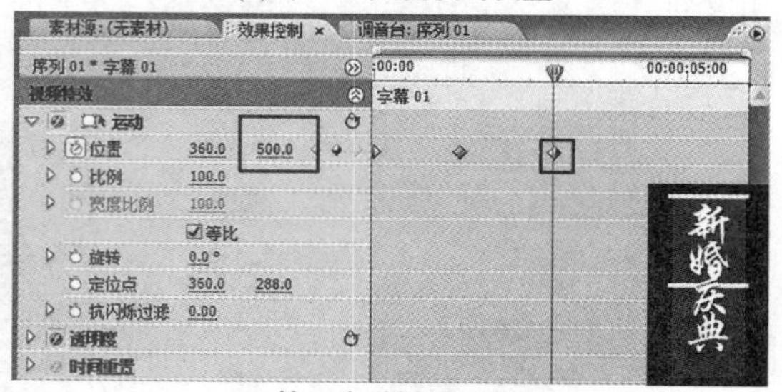

(c) 第二个关键帧的设置

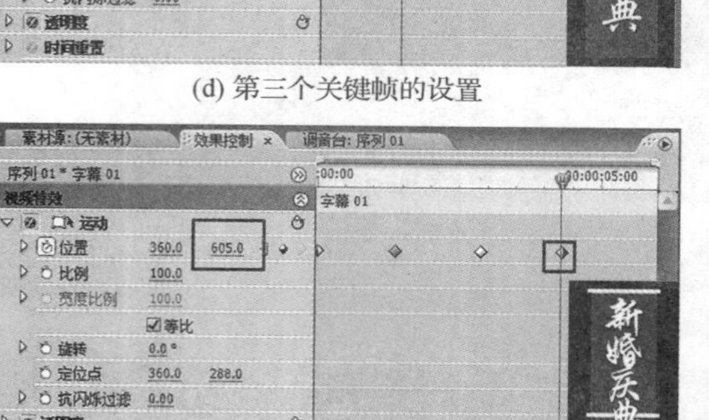

(e) 第四个关键帧的设置

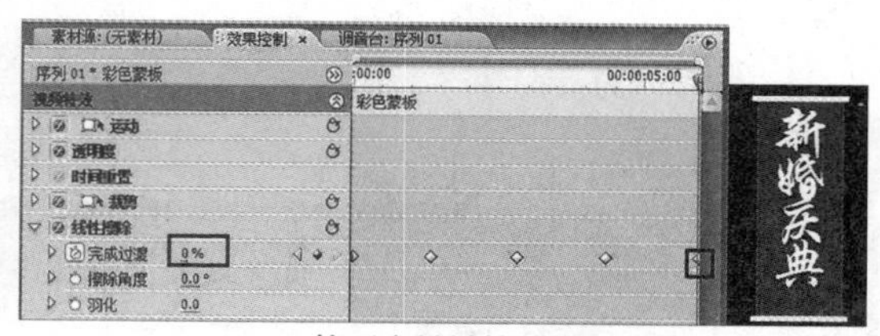

(f) 第五个关键帧的设置

图 4-69 “视频 4”轨道上“字幕 01”(下轴)滚动效果的设置过程

第二步设置幕布(彩色蒙板)和字体(字幕 02)的动态展开效果，此处使用“线性擦除”特效的动态控制来达到目的。打开“效果面板”→“过渡”→“线性擦除”，将之添加到“视频 2”轨道“彩色蒙板”和“视频 5”轨道“字幕 02”上。

对“彩色蒙板”的参数和关键帧进行设置，点击“彩色蒙板”，再点击“效果控制”面板，可以看到“线性擦除”特效的原始参数，如图 4-70(a)所示，将“擦除角度”改为 0°。

5 个关键帧的数值设置如图 4-70(b)到图 4-70(f)所示，参数只涉及“完成过渡”的比例数值调整，关键帧的设置方法同上，每一个关键帧“完成过渡”的比值应该与下轴的运动同步。请注意，激活关键帧的是“切换动画”按钮，每一项参数前都有该功能键。

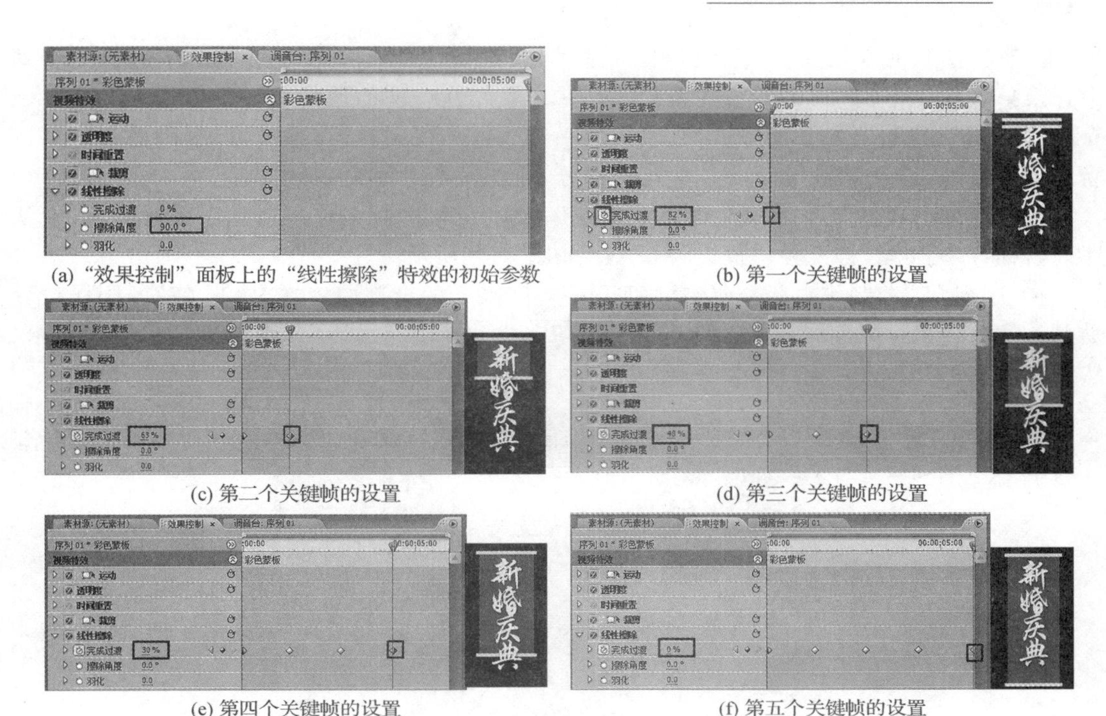

(a) “效果控制”面板上的“线性擦除”特效的初始参数　(b) 第一个关键帧的设置

(c) 第二个关键帧的设置　(d) 第三个关键帧的设置

(e) 第四个关键帧的设置　(f) 第五个关键帧的设置

图 4-70　“视频 2”轨道上“彩色蒙板”展开效果的设置过程

对字体(字幕 02)的动态展开效果进行设置,点击“视频 5”轨道“字幕 02”,再点击“效果控制”面板,将“线性擦除”的“擦除角度”改为 0°。

5 个关键帧的设置过程与“彩色蒙板”的设置相同,参数只涉及“完成过渡”的比例数值调整。如图4-71(a)到图 4-71(f)所示。“完成过渡”的数值设置应与红色幕布、下轴的运动过程保持一致。至此,贺联的左联完成了。

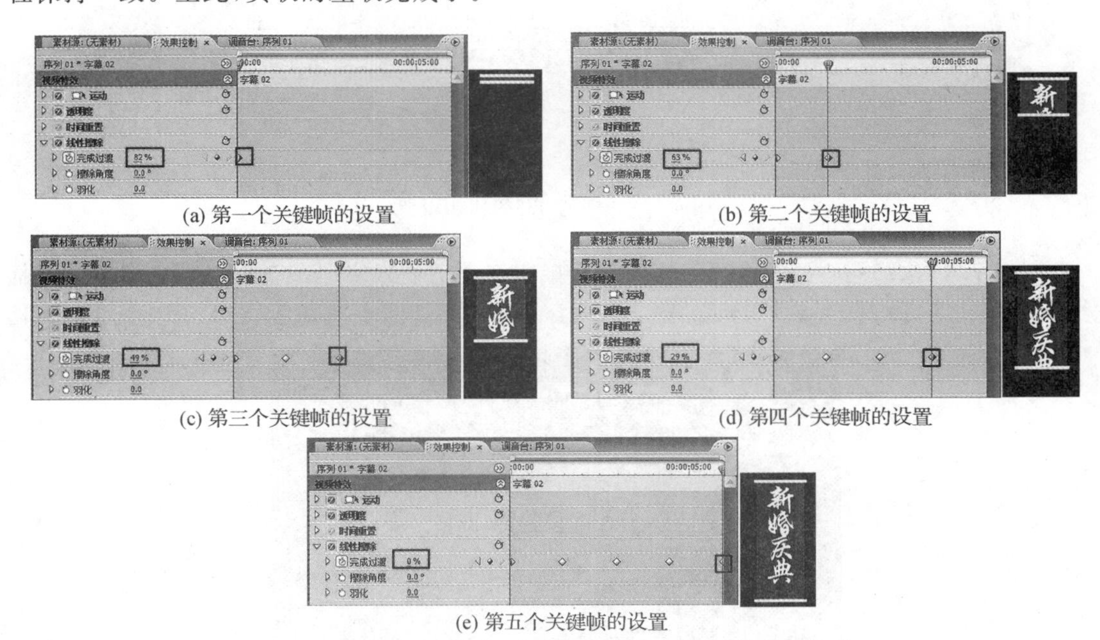

(a) 第一个关键帧的设置　(b) 第二个关键帧的设置

(c) 第三个关键帧的设置　(d) 第四个关键帧的设置

(e) 第五个关键帧的设置

图 4-71　“视频 2”轨道上“彩色蒙板”展开效果的设置过程

7. 制作贺联的右联。右联和左联除了字的内容不同，其他都一样，因而只要在同一序列中置换掉字的内容（字幕 02），添加新的字幕并设置好新字幕的运动即可。但这个过程在已有的“序列 01”中进行非常的不方便，要添加一倍数量的视频轨道，操作繁琐，因而我们可以新建一个序列，通过复制“序列 01”的可用部分，在新序列中完成右联的制作。

新建序列，执行“菜单”→“文件”→“新建”→“序列”，这时会出现新建序列对话框，默认序列名称“序列 02”，将视频轨道设为 5 条。如图 4-72 所示。

在“序列 02”上制作右联。复制“序列 01”时间线上的全部内容在“序列 02”的同样位置黏贴。这个过程可采用“Ctrl＋C”和“Ctrl＋V”完成。复制完成后时间线如图 4-73(a)所示。然后将“视频 5”轨道的“字幕 02”删除。

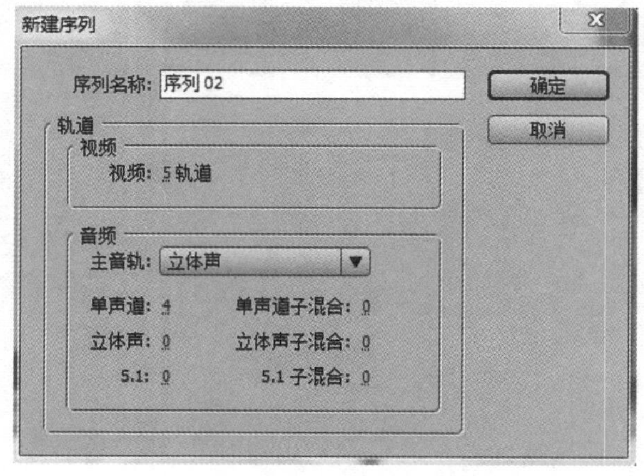

图 4-72 新建序列对话框设置

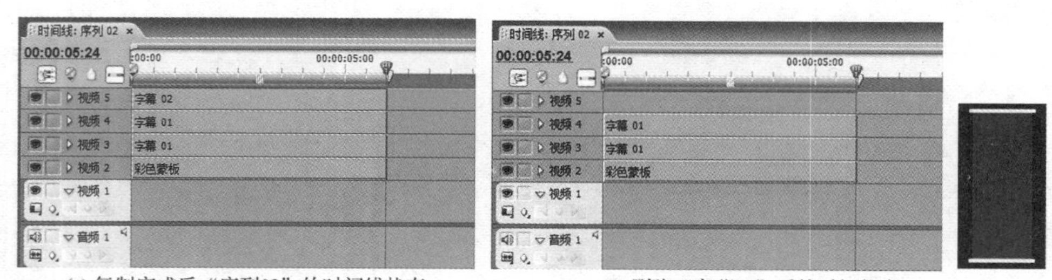

(a) 复制完成后“序列02”的时间线状态　　(b) 删除“字幕02”后的时间状态

图 4-73 “序列 02”的初步设置

制作字幕“永结同心”。新建“字幕 03”，直接在红底上输入字体，字体大小、色彩和阴影部分的设置同“字幕 02”，可参照上面的第 5 点内容。完成后如图 4-74 所示。然后关闭字幕窗口。

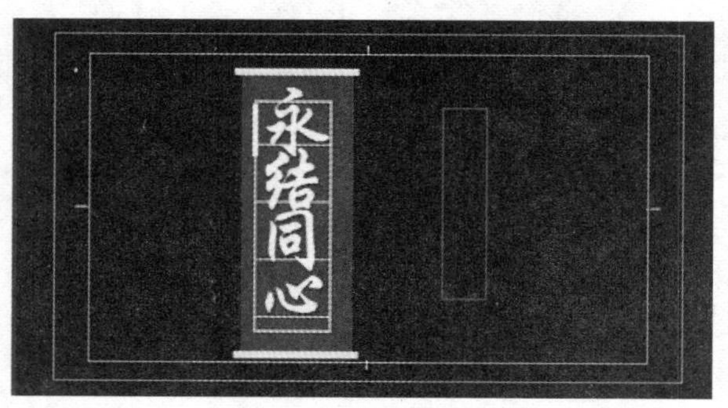

图 4-74 “字幕 03”

从项目窗口把“字幕 03”拖入时间轴“视频 5”轨道，并进入“视频特效”→“过渡”→“线性擦除”，将之拖曳到“视频 5”轨道“字幕 03”上。如图 4-75(a)所示。

在“效果控制”面板中给“完成过渡”项添加 5 个关键帧，其方法同“序列 01”中“字幕 02”的制作相同，此处不赘言。设置完毕后其效果如图 4-75(b)所示。

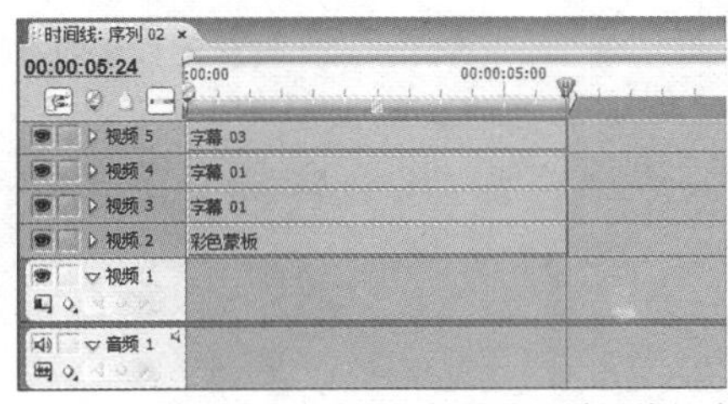

(a) 添加“字幕03”后的“序列02”时间线状态

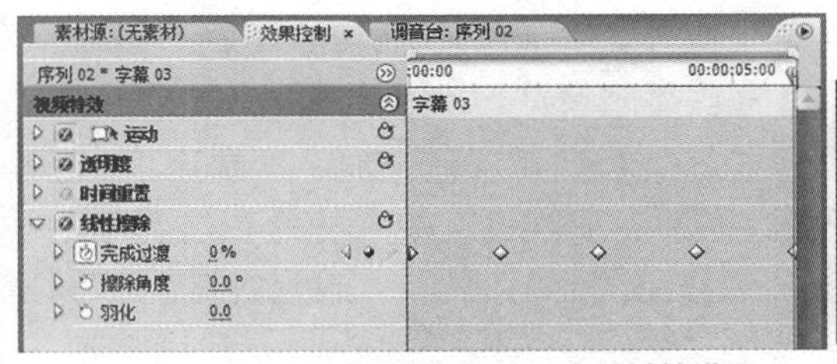

(b)“完成过渡”项的五个关键帧设置

图 4-75　给“字幕 03”添加设置过程

8. 新建“序列 03”，完成最终效果的设置。执行“菜单”→“文件”→“新建”→“序列”，在新建序列对话框中默认序列名称“序列 03”。

将素材“礼花夜空. jpeg”导入到项目窗口，然后拖曳到“视频 1”轨道。

将“序列 01”从项目窗口拖曳到“视频 2”轨道。

将“序列 02”从项目窗口拖曳到“视频 3”轨道。

大家会发现，在时间线“音频 5”处有一条“序列 02”的音轨，这个属于不需要的内容，在它上面单击右键勾选“解除视音频链接”，然后用“Delete”键删除即可。其过程如图 4-76 所示。

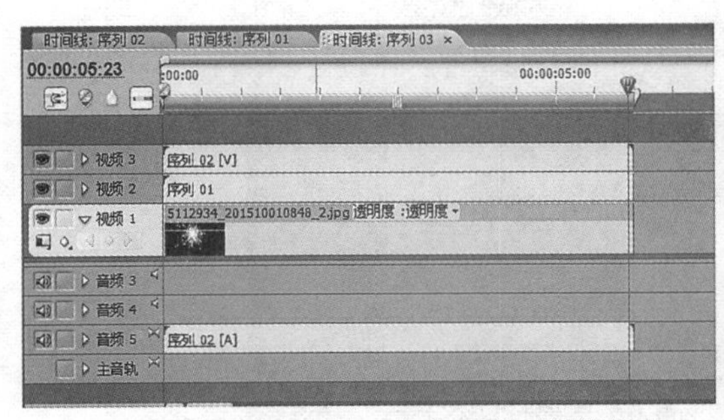

(a) 添加好各项素材后的“序列03”的时间线状态

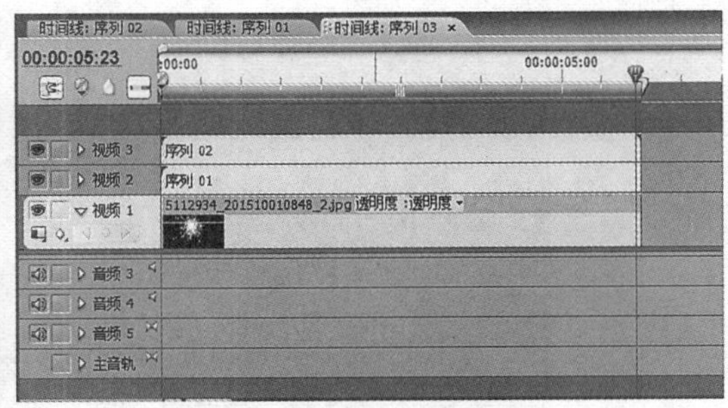

(b) 删除音频后的“序列03”的时间线状态

(c) 画面的效果

图 4-76　“序列 03”的素材添加过程

此时画面上只显示了“序列 02”即贺联的右联的画面，“序列 01”即贺联的左联的画面不可见，这是因为“序列 02”的空间位置与“序列 01”完全一致，两者重合，只能显示放在视频轨道上端的画面。要使两个画面同时出现在背景画面中间，需要对“序列 02”、“序列 01”的水平位置的参数做一下调整。点击“视频 2”轨道“序列 01”，打开“效果控制”面板，将“运动”特效展开，把“位置”的水平位置参数设为 330。然后点击“视频 3”轨道“序列 02”，同法将其将水平位置参数设为 531，设置过程和画面效果如图 4-77 所示。

在节目窗口播放预览，会感到贺联展开的速度偏慢，可以加快动画播放速度。

9. 用“比例缩放工具”调快动画播放速度。在工具栏上找到“比例缩放工具”，如图 4-78(a)所示，拖动各视频轨道的素材的右端到 00:00:04:00 的位置。这样就可以将播放速度加快近 50%。完成后的时间线面板如图 4-78(b)所示。

素材源:(无素材) 效果控制 ×
序列 03 * 序列 01
视频特效
运动
位置 330.0 288.0
比例 100.0
宽度比例 100.0
等比
旋转 0.0 °
定位点 360.0 288.0
抗闪烁过滤 0.00

(a) “序列01” 的水平位置参数调整

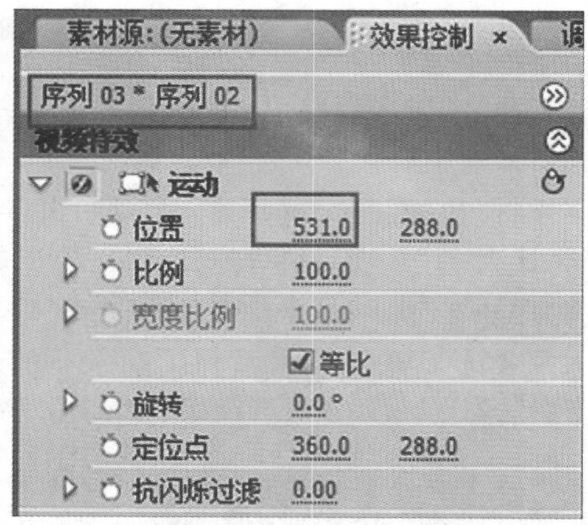

(b) “序列02” 的水平位置参数调整

(c) 画面的效果

图 4-77 “序列 01”和“序列 02”的水平位置调整

10. 渲染与输出影片。按回车键直接渲染，然后执行“菜单”→“文件”→“导出”→“影片”命令，跳出影片导出设置对话框，输入文件名“子项目六”，导出影片的设置模式同“子项目一”。此处不赘言。然后点击“保存”即可。

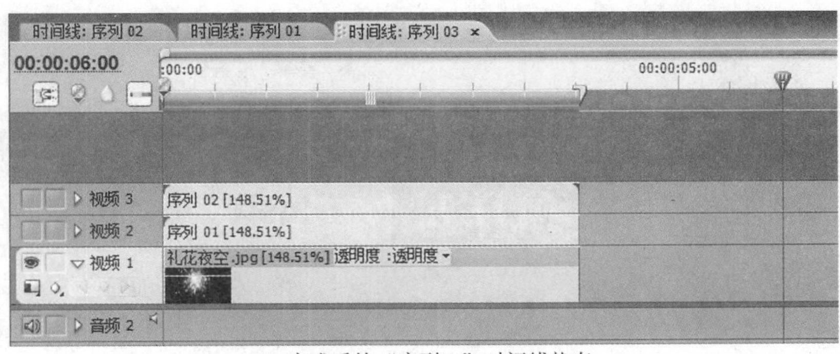

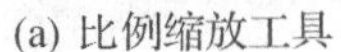

(a) 比例缩放工具　　　　(b) 完成后的“序列03”时间线状态

图 4-78　播放速度的调整

【练习题】

1. 运用几张个人照做一段视频转场练习，要求每张图片的放映时间为 4 秒钟，转场特效不限，输出“. avi”格式。

2. 为个人照片视频的片头和照片添加适当的文字说明，字幕形式可尽量个性化，片头字幕动态化。完成后输出“. avi”格式以及“. tiff”格式的单帧效果图。

3. 为个人照片视频添加合适的背景音乐和画外音，声音的运用应尽量自然，避免突兀。完成后输出“. avi”格式。

4. 运用视频效果“运动”关键帧设置，使个人照片视频中的每张图片产生空间运动效果，完成后输出“. avi”格式。

项目五　Flash 动画的制作

【项目概述】

Flash 动画是一种用 Flash 软件来绘制或合成的运动画面，它可以使用多种媒体素材，还可以添加交互功能，因而它不仅体现了数字二维动画的绘制功能，同时还实现了计算机文字、图像/图形、声音、动画、视频的多种媒体元素的交互功能。本项目通过运用 FLASH 软件来完成二维动画的制作，并达成一定的交互功能。它涉及到对 FLASH 动画特定知识的了解以及对软件操作功能的初步把握。

【项目目的】

通过在 Adobe Flash CS5 软件中进行动画制作训练，让初学者了解数字动画的类别、补间、库、元件、时间轴、动作脚本的内涵和运用方式，并熟悉其功能窗口和基本工具的使用。

【项目要求】

熟悉 FLASH 动画的特点和基本功能，在 Adobe Flash CS5 软件中独立完成二维动画的制作和添加交互功能。

【项目知识点】

1. 数字动画的类型：逐帧动画、补间动画（运动补间、形状补间）、脚本动画

数字动画是在计算机中完成的一个图像序列，它的构成基础是帧（即单幅静止画面，与数字视频中的帧概念是一样的），通过时间轴上的安排把动画内容序列化为一个帧序列。数字动画的创建可以有不同的方法，如逐帧、补间和脚本，它们可以在一个项目中组合使用。

逐帧动画是指每一帧的画面内容都是单独创建的视觉内容，它把一系列差别不大的图形或文字放置在关键帧中，每一个关键帧的图形变化差别越小，关键帧的使用越多，得到的动画效果越流畅。如图 5-1 所示，展示了一只鸟飞翔动作的画面序列，它提供了 8 帧截然不同的动作状态，从而使飞翔的动作变化比较丰富，它们在画画序列中都被指认为关键帧。

图 5-1　帧动画里每一帧都是关键帧

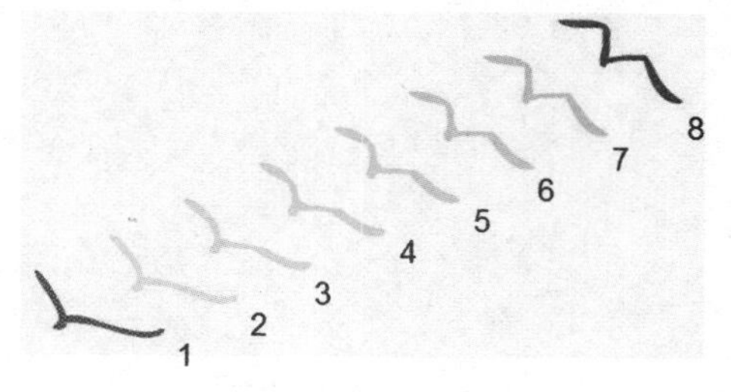

图 5-2　1 和 8 是关键帧，中间都是过渡帧

关键帧是指在表现运动或变化的动画内容时，至少前后要给出两个不同的关键状态，这两个关键状态就是关键帧。由计算机自动生成的两个关键帧中间的衔接画面就叫过渡帧。如图 5-2 所示，1 和 8 是关键帧，2～7 是计算机生成的平滑的中间状态帧——过渡帧，它的丰富性无法与图 5-1 的逐幅完成的帧动画序列相比，但从制作上来说非常便捷。

补间动画是指给出开始和结尾的两个关键帧，而中间画面由过渡帧构成的动画序列模式。图 5-2 所示就是一个补间动画，它的过渡帧完全由计算机生成。补间动画可用来完成位置、形状、旋转、大小、颜色和不透明度的变化。根据关键帧的属性，补间动画分为形状补间动画与运动补间动画。它们的使用差别在第 6 个知识点详细展开，此前，我们还需要了解 Flash 的基本组件的工作原理，才能够理解补间动画的形成。

脚本动画是通过动作指令或代码制作的动画，脚本指的就是命令语句的一段代码，当某事件发生或某条件成立时，就会发出命令来执行设置的语句和代码。Flash 的脚本语言叫做 ActionScript，它使用了所有高级编程语言中通用的编程概念和结构，有 1.0、2.0 和 3.0 三个版本，3.0 版本的语言架构做了较大的变动，适合与项目开发配合的设计者使用。本项目涉及到的案例都是 ActionScript2.0 版本的 Flash 文档。脚本动画不依赖于时间轴上的帧序列，它主要用来使动画响应用户的指令。比如鼠标点击按钮时的动作设置“stop all sounds”，即是要求在点击后停止当前音乐的指令，在案例“鼠标响应”（见第 5 章文件夹同名文件）中里则是一条会动的金鱼通过动作脚本跟随鼠标移动，如图 5-3 所示。

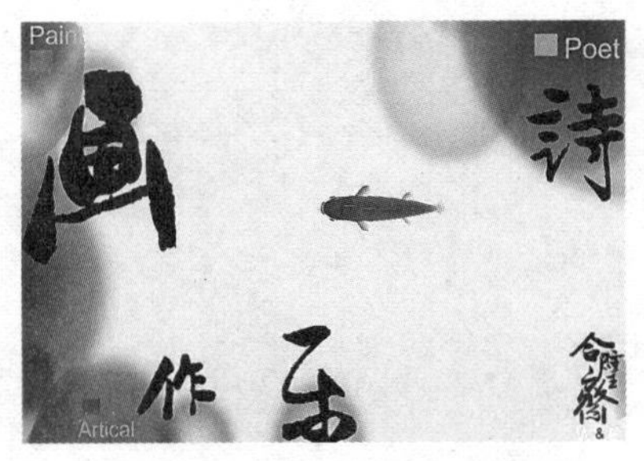

图 5-3　图中的金鱼响应鼠标的移动

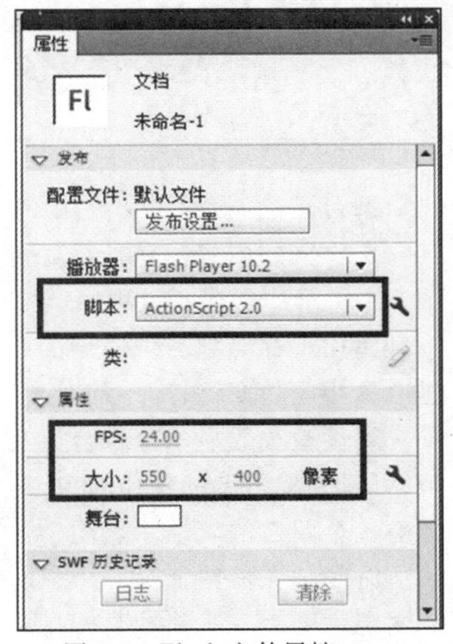

图 5-4　Flash 文件属性

2. 帧尺寸与帧速度

帧尺寸是指动画的宽度和高度，即舞台的大小，Flash CS5 默认状态下是 550×400 像素。帧速度是指动画的播放速度，即每秒钟播放的帧数（FPS），默认状态下是 24fps。它们都在“文件属性”里可见，并可随时可以修改。如图 5-4 所示。在 Flash 中，并不是任何对象都可以添加动作脚本的，只有关键帧、按钮和影片剪辑三类对象可以添加。

3. Flash CS5 工作区：工具、舞台、时间轴、属性检查器、库面板

Flash 工作区包括了五组基本的面板，如图 5-5 所示：①为工具面板，②为元件库面板和属性检查器切换区域，③为舞台，④为时间轴。

工具面板默认位置是在工作区基本功能设置的最右边，它包含了选择、绘图、预览、颜色和选项工具，如图 5-6 所示。

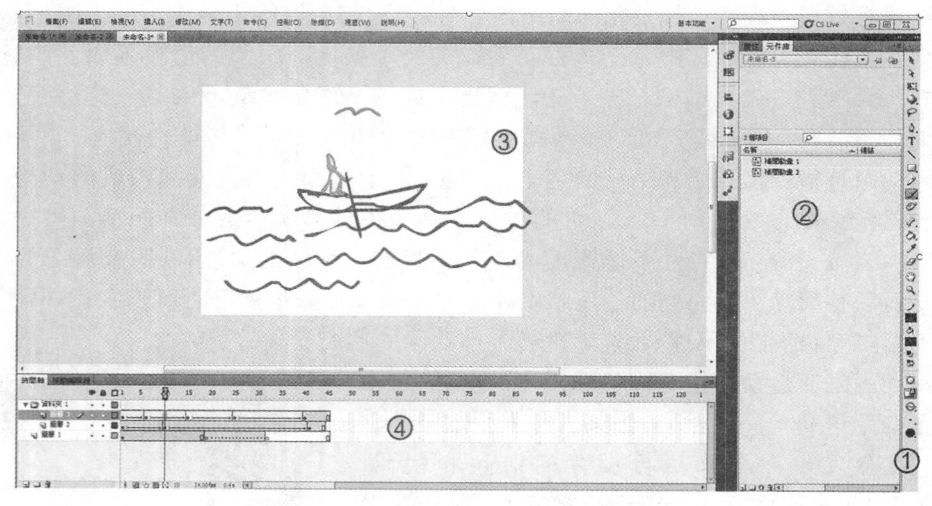

图 5-5　Flash CS5 工作区基本设置

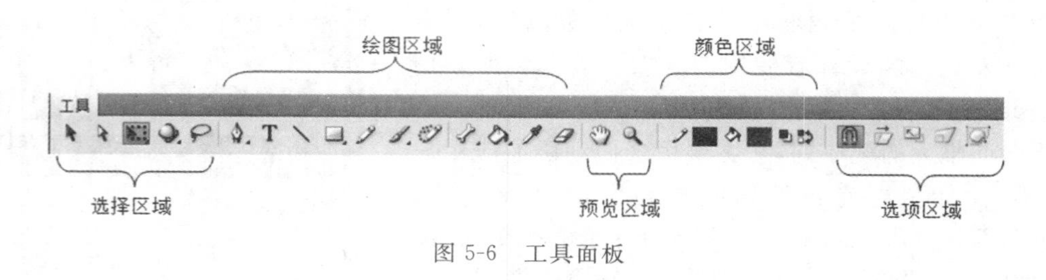

图 5-6　工具面板

舞台是绘制、编辑和显示 FLASH 影片的区域，是位于窗口中心位置的一个矩形。所有其它工作区的内容都是围绕舞台内容展开的。舞台的大小即帧尺寸，默认颜色为白色，可在图 5-4 所示的文档属性中"舞台"处修改背景颜色。

库用于存储项目中使用的元件、位图和音频，库中的对象只要拖放到舞台上，就可以创建一个相应的实例，库中的对象可在动画中多次重复使用。如图 5-7 所示。

属性检查器显示了舞台上当前选中的对象的信息和属性。选中对象可以是时间轴上的帧、可以是舞台上的任何对象，可以通过属性检查器参数设置改变对象的属性，图 5-8 是舞台上一个图像的属性示意图。

时间轴在横向上是一个以时间为基础的线性进度的安排表，在纵向上是可以叠加的多个图层序列表。时间轴是安排并控制帧排列和将复杂动作组合起来的窗口。它用来安排动画形成的方式、播放的顺序和时间，它主要由帧、图层和播放头构成。如图 5-9 所示。

帧是时间轴的一个格子，是 Flash 中计算动画时间的基本单位。时间轴的插入状态只有关键帧、空白关键帧和帧三种，从外观来看：关键帧是黑色实心圆，空白关键帧则是黑色空心圆，插入帧为空白矩形。

处于时间轴上的帧的状态却还可区分出：过渡帧、普通帧、延长帧、空白帧。处于正常活动状态的非关键帧中，有阴影而无形状的帧为普通帧，它的内容完全等同于开始时的关键帧；处于关键帧中间有箭头指向的帧为过渡帧，它是由电脑自动生成的动作的中间状态帧；延长帧则是处于一个帧序列的结尾处，为空白的矩形，功能是将前一关键帧的内容延续到当前；空白帧则是没有添加任何设置的帧，为空白格子。具体可对照图 5-9。

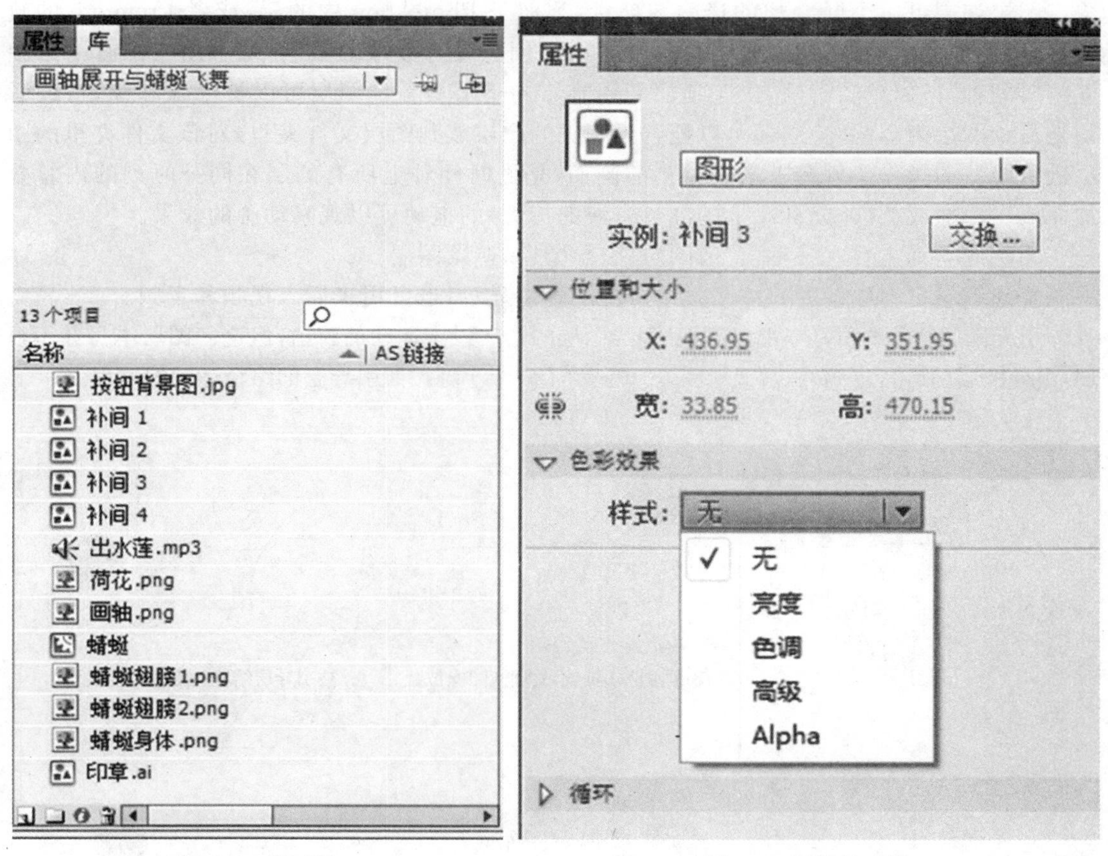

图 5-7　库面板　　　　图 5-8　属性检查器

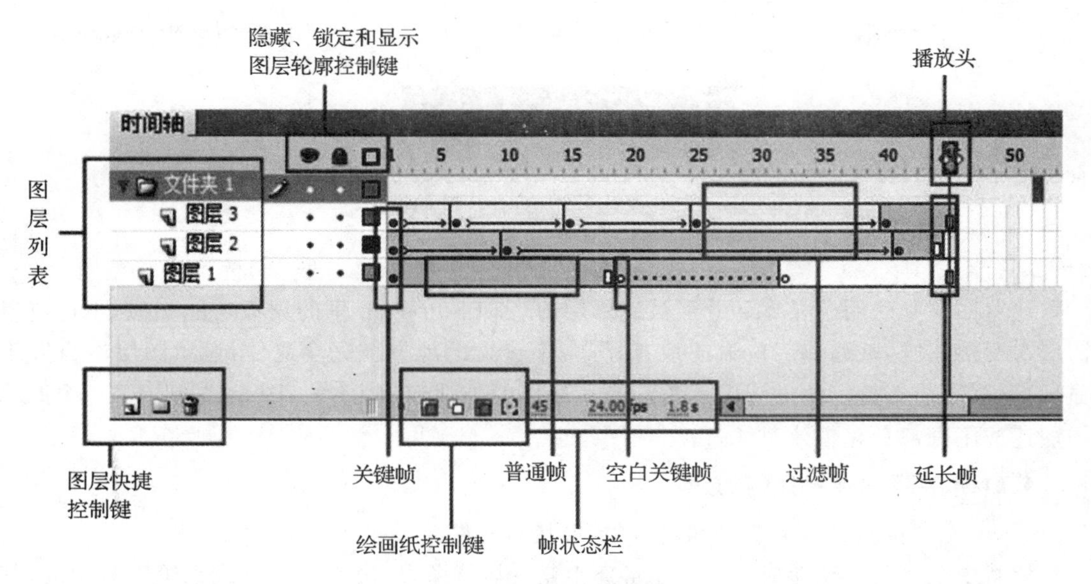

图 5-9　时间轴的构成

图层如同可以不断叠加的透明玻璃纸，类似于 Photoshop 中的层，或者 Premiere 的轨道，每个图层都可以放置一个动画对象，图层的创建没有数量的限制，每个图层都有一条独立的时间轴，可以单独编辑，位于顶层的内容将向下层覆盖。图层可以被隐藏和锁定，或者只是显示图层内容的轮廓，还可以把若干相关的图层放到图层文件夹里，对该文件夹里的图层进行统一的操作。舞台上某一时刻的画面，是由时间轴上所有的层在同一时刻的内容叠加而成。由播放头（时间标尺上的红色方块的指针）的拖动可以观察动画的效果。

图层的类别主要有三种：普通图层、引导图层、遮罩图层。

普通图层可容纳各种媒体素材予以向下叠加显示，也可用来插入视频和音频。

引导图层往往提供一条路径，给被引导图层的物体设定运动的轨道，但这一图层本身并不显现，引导图层前有特定的外观标示，图 5-10 显示了一个小球按照引导层的路径运动的过程。

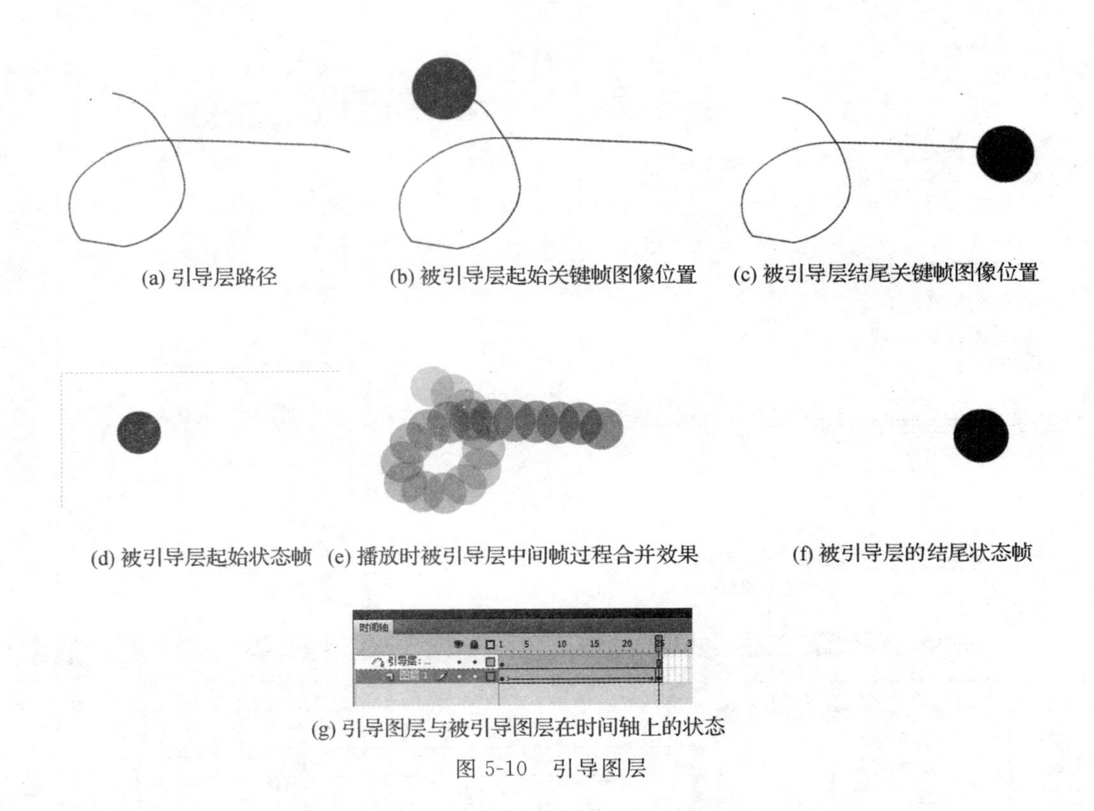

(a) 引导层路径　(b) 被引导层起始关键帧图像位置　(c) 被引导层结尾关键帧图像位置

(d) 被引导层起始状态帧　(e) 播放时被引导层中间帧过程合并效果　(f) 被引导层的结尾状态帧

(g) 引导图层与被引导图层在时间轴上的状态

图 5-10　引导图层

遮罩图层则是用于显露和遮蔽被遮罩层的，和 Photoshop 里的蒙板功能相似，不过遮罩图层没有透明度，被遮罩层覆盖的地方显露，不覆盖的地方被完全遮住，遮罩图层本身并不显现，遮罩层前有特定的外观标示，被遮罩层的外观标示为。图 5-11 显示了一个遮罩图层达成图画部分显现效果的过程。

4. Flash 中的对象：形状和元件

Flash 有两类软件内生成的编辑对象：形状与元件。

形状由笔触或填充形成。笔触在形态上是一段线条，可由铅笔工具或钢笔工具生成，其宽度、颜色和线条样式等笔触的属性可以在属性检查器中更改，图 5-12 显示了一个由线条工具完成的笔触实例。

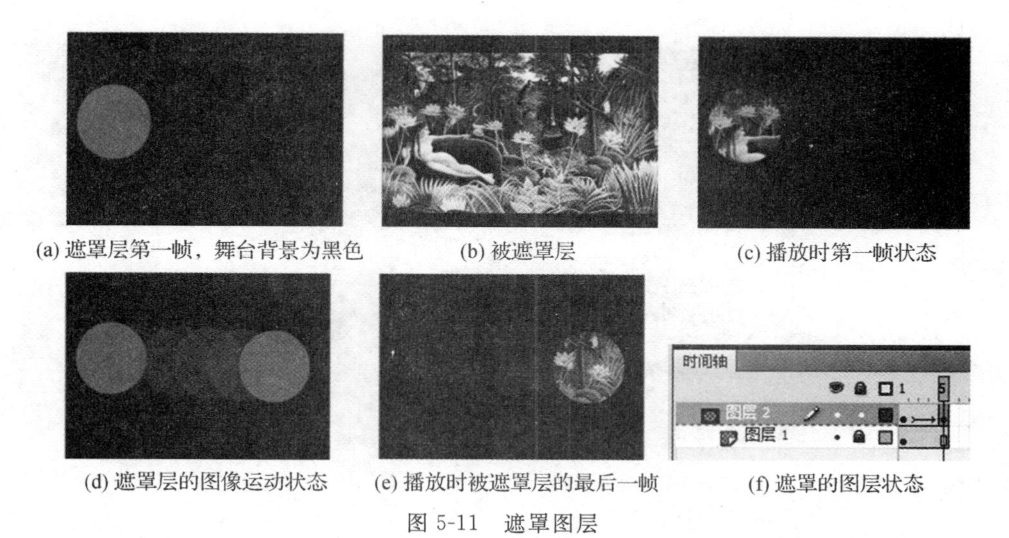

(a) 遮罩层第一帧，舞台背景为黑色　(b) 被遮罩层　(c) 播放时第一帧状态
(d) 遮罩层的图像运动状态　(e) 播放时被遮罩层的最后一帧　(f) 遮罩的图层状态

图 5-11　遮罩图层

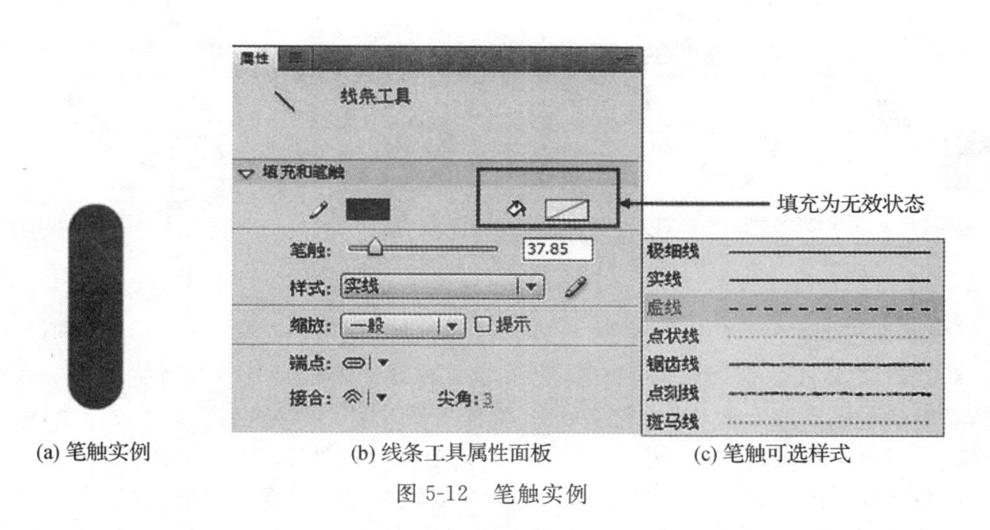

(a) 笔触实例　(b) 线条工具属性面板　(c) 笔触可选样式

图 5-12　笔触实例

填充在形态上是一块有内容的区域，可由颜料桶工具或刷子工具创建，图 5-13(a)显示了一个由刷子完成的填充实例。此外，只要在舞台上用绘图工具形成闭合区域，都能够使用填充工具。

图 5-14 则显示了一个用矩形工具绘制的同时具有笔触和填充的形状实例。

元件指在 Flash 中创建可在动画中反复使用的元素。元件可以创建，也可将选中的对象转换成元件，新的元件会自动加到库中。要使用元件，可直接将其从库中拖曳到舞台。库中的元件可随意使用不会影响 Flash 文件的大小。存储在库里的元件是舞台上所有副本的主控副本，舞台上的副本称为实例，修改库里的元件会使舞台所有的相应元件产生同样的变化。图 5-15 显示了一个图形元件被改变后舞台上所有相应元件产生的变化。

元件有三种类型：图形、按钮和影视剪辑。

图形元件 是可以反复取出使用的图片，用于构建动画时间轴上的内容，一般是只含一帧的静止图片。

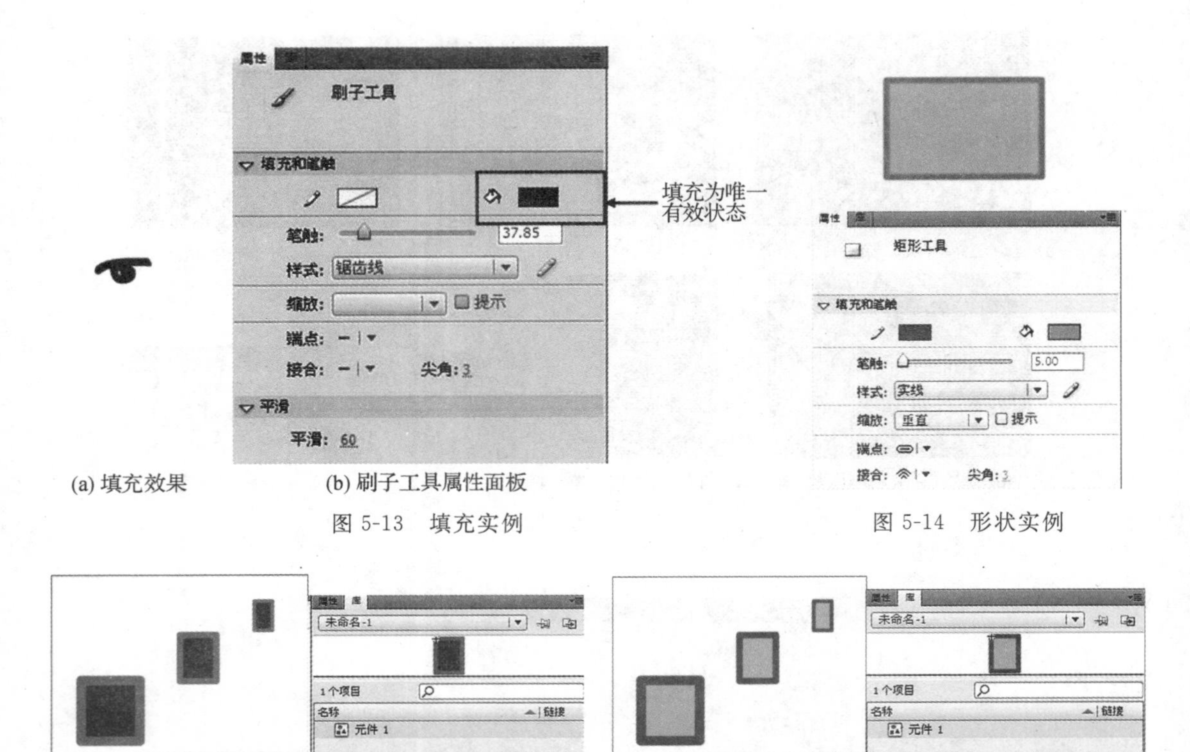

(a) 填充效果　(b) 刷子工具属性面板

图 5-13　填充实例

图 5-14　形状实例

(a) 舞台上三个由图形元件1的缩放构成的实例　(b) 当元件1被修改笔触和填充色彩后舞台实例的自动变化

图 5-15　元件库与舞台实例的关联

按钮元件是用于创建交互控制的按钮,以响应鼠标事件。每个按钮元件都有一条自己的时间轴,由四个特殊用途的帧构成,它们分别对应于按钮的四种不同状态:弹起、指针、按下、点击。可以添加任意对象(图像元件、影视剪辑或者形状)来定义按钮的不同外观,弹起是指在没有鼠标经过时的外观,指针是指鼠标经过时的外观,按下是指鼠标点击时的外观,点击是指按钮的感应区域。图 5-16 以不同的色块来定义其四个状态,在观看中会发现,只有前面三个色块在鼠标点击按钮的过程中体现变化,而最后一个帧“点击”的作用不在于改变外观,而是定义鼠标响应的范围。

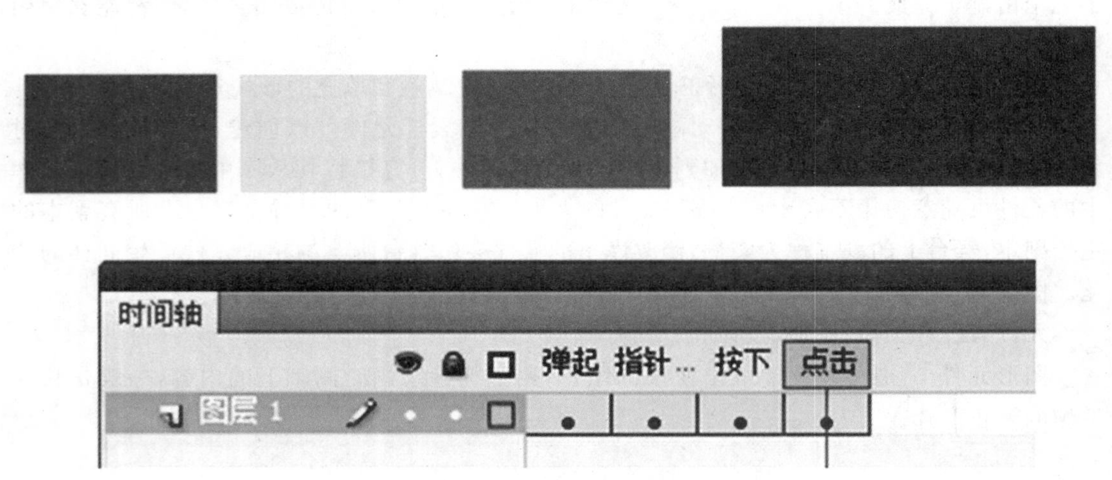

图 5-16　按钮元件的设置

影片剪辑[图标]用于可重复使用的动画片段。它有自己的时间轴，它不同于按钮的四个特殊帧，它可以编辑基于帧的动画，播放时独立于主时间轴，我们可以将之视为大动画里包含的小动画。影片剪辑可以包含其它元件——图形元件、按钮，甚至可以包含其他影片剪辑实例，还可以添加声音和动作脚本形成交互控制。影片剪辑也可以插入到按钮元件的时间轴里，创建动画按钮。图 5-17 显示的实例是一个影片剪辑，它只有两帧，呈现了蜻蜓的翅膀不断开合的画面。只要在时间轴上给它设置运动位移，就会看到它沿预定轨迹飞动的效果。

图 5-17　两帧画面构成的影片剪辑元件是一个独立的小动画

5. 合并绘制、组合与分离

合并绘制是指将多个形状合为一个绘制对象，可采用“菜单”→“修改”→“合并绘制”完成。在功能上，一个绘制对象可以直接进行编辑改变大小和位置，用橡皮擦工具直接擦拭，其填充或笔触可以进行整体或单独的修改，但如果需要对其中的单个形状的大小进行修改，则必须对合并对象进行分离（“菜单”→“修改”→“分离”，或快捷键“Ctrl+B”，或者双击进入解除合并绘制的编辑状态），如果绘制对象中有交叠处，则分离后不可见的重叠部分将不能恢复，图 5-18 显示了一个合并绘制对象的功能。

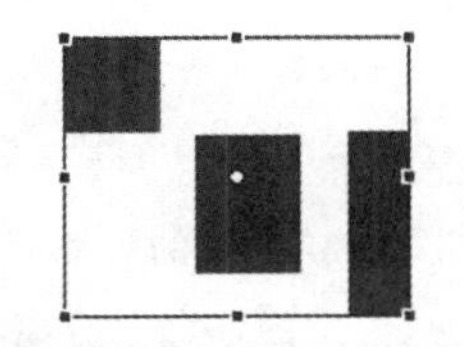

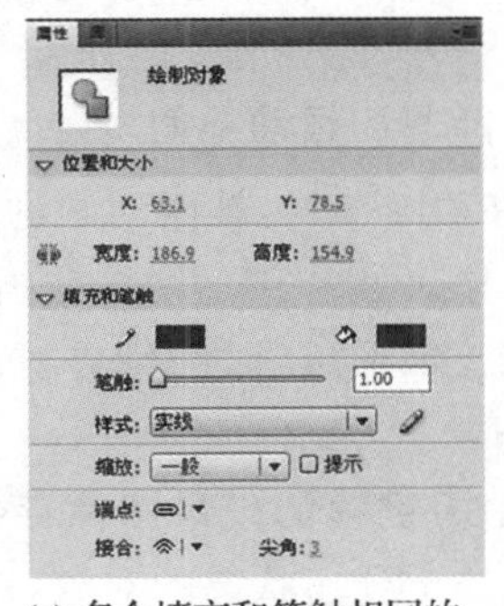

(a) 多个填充和笔触相同的形状构成的绘制对象

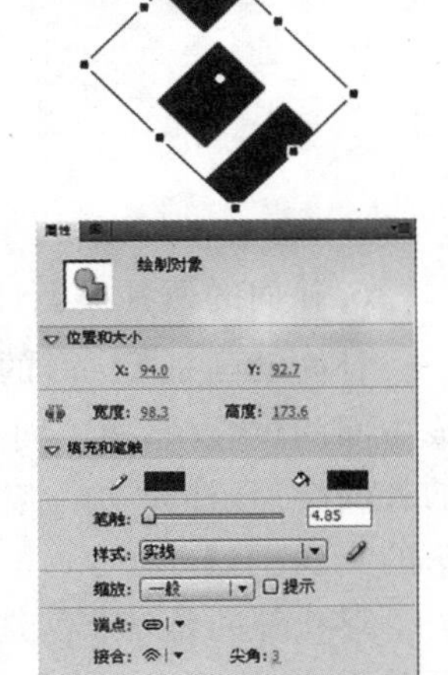

(b) 位置、大小、填充和笔触均被统一修改后的状态

图 5-18　合并绘制的绘制对象编辑

组合使多个独立的对象（形状、位图、元件）形成一个整体，使之成为一个处理单元，在舞台对象比较复杂时可以避免与其它对象重叠，一个组合即使和别的组合交叠，也不会删除重叠部分。组合的可修改属性包括了统一的位置和大小。图 5-19 显示了组合的属性面板内容。组合的对象无法进行编辑，除非双击解除组合，或采用分离，才能进入对象编辑状态。

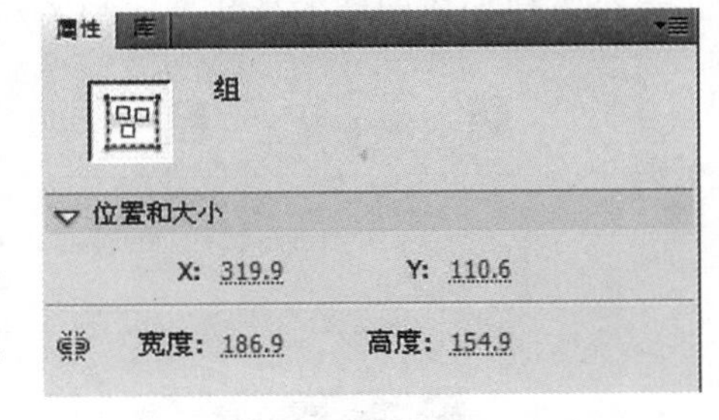

图 5-19　组合对象的属性面板

分离是将对象分散为可编辑的形状，无论是绘制对象、组合、文字还是位图都可以被分离为可编辑的形状，但是一串文字或者含位图的组合需要分离两次才能使对象可完全编辑。文字的第一次分离是将一串文字分散为一个个文字对象，第二次分离是将文字对象分离为可编辑的形状，如图 5-20 所示。而含位图的组合的第一次分离是将位图从组合里分离为单个对象，第二次分离则是将位图分散为形状。

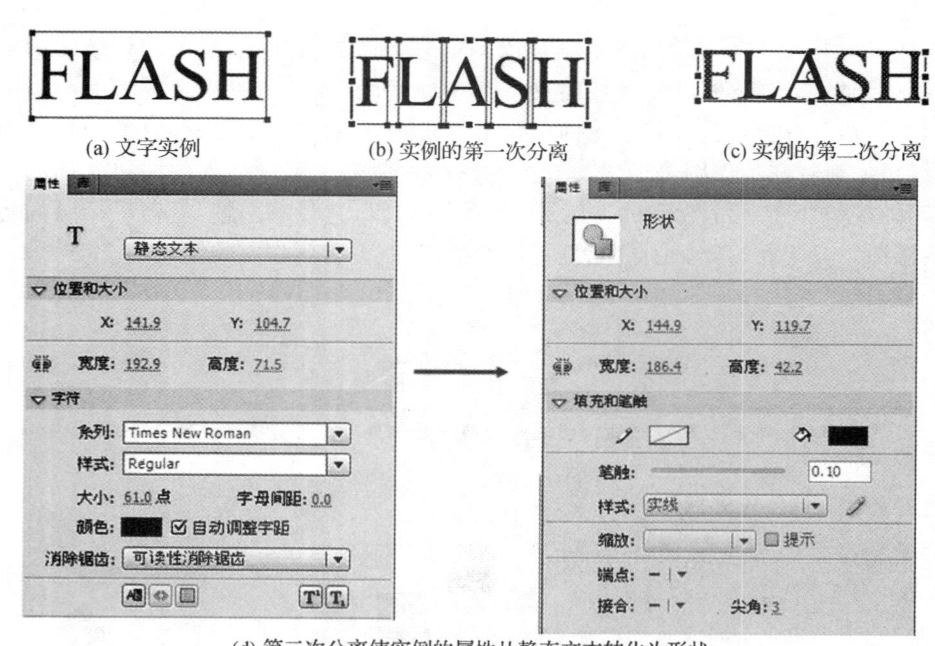

(a) 文字实例　(b) 实例的第一次分离　(c) 实例的第二次分离

(d) 第二次分离使实例的属性从静态文本转化为形状

图 5-20　分离功能

6. 补间的两种类型:形状补间和运动补间

补间动画是 Flash 的特有动画功能,补间动画的形成必须具备两个关键帧,并由电脑生成中间的过渡帧,而不同的对象属性和用途决定了补间动画的运用差别。如果运用了错误的补间类型,补间动画将无法正常形成,时间轴将显现一条虚线,而正常情况下是一条带箭头的实线。

形状补间是基于所选两个关键帧的矢量图像存在形状、色彩和大小等差异而创建的动画关系,它只能作用于形状或处于分离状态的对象,而不能作用于元件、文字和组合对象,不能使用运动引导。它的创建方法是先创立两个关键帧,在中间的任意一帧处,单击右键勾选“创建补间形状”,当创建成功后,会在关键帧之间形成一个绿色背景的箭头。图 5-21 显示了一个方块变成圆圈的形状补间的实例。

(a) 形状补间的起始帧以及中间的过渡帧:第1、5、10、15、20帧

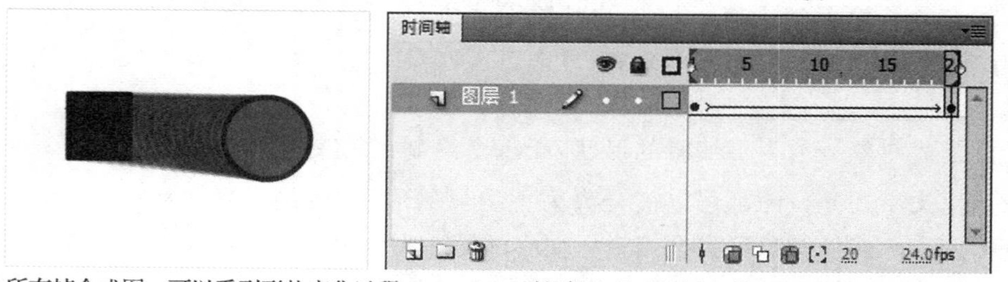

(b) 所有帧合成图,可以看到形状变化过程　(c) 时间轴上显示的绿色箭头为形状补间

图 5-21　形状补间

运动补间(也称动画补间)是指在时间轴的两个关键帧实现同一个图层中的一个对象产生的两种状态的变化动画,它只能作用于元件或组合,可以通过设置位置、大小、方向、旋转和透明度等参数,带来对象的运动变化过程,运动补间不能用来产生形变动画。在同一图层上参与运动补间的元件不能超过一个。它的建立方法与形状补间不同:只需设置一个关键帧,在舞台上引入对象,右键单击关键帧,勾选“创建补间动画”,使时间轴上的该图层出现蓝色阴影,然后在时间轴上选择好需要第二个关键帧的位置,直接将对象拖曳到舞台上预定的位置,调整成预定的大小、方向和透明度,这时会看到在舞台上出现一条运动路径,这表示运动补间已经形成。可用“选取工具”对路径加以弧线修改。运动补间第二个关键帧显示为菱形实心黑点,没有箭头,只有蓝色阴影。运动补间不需要添加引导层就能够实现沿路径运动的功能。图 5-22 显示了一个树叶图形元件实现运动补间的实例。

(a) 运动补间的起始帧以及中间的过渡帧:第1、5、10、15帧

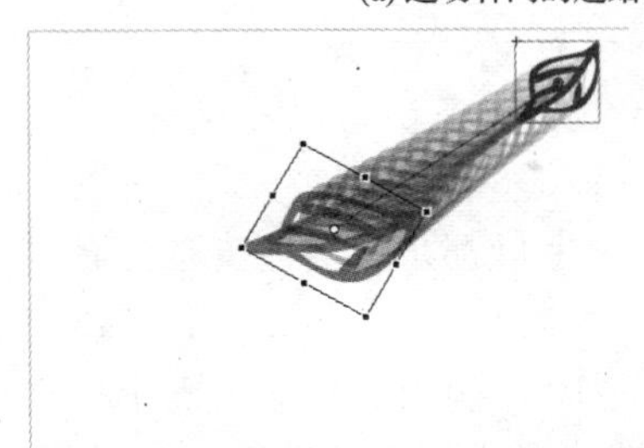

(b) 所有帧合成后,可以看到运动变化过程

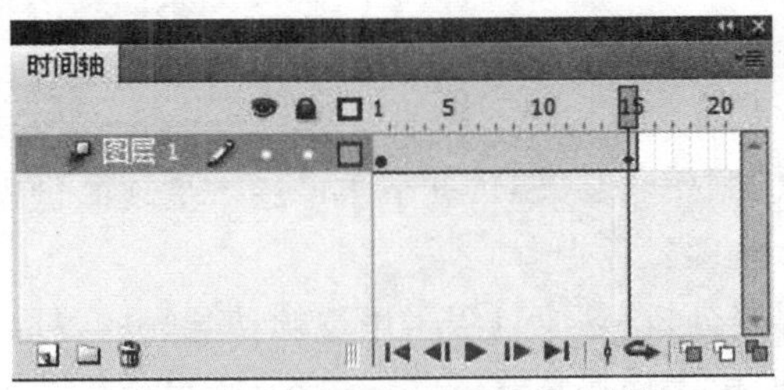

(c) 时间轴上显示的蓝色阴影部分为运动补间

图 5-22 运动补间

此外运动补间和形状补间的属性中都有“缓动”参数,缓动可对补间过程的速度进行控制,其参数值从“100～－100”,当数值为 100 时,动画是先快后慢,数值为 0 时,动画为匀速,当数值为－100时,则先慢后快。图 5-23 显示了形状补间动画缓动参数变化时中间帧间距上的差异。

(a) 缓动值为100时,前疏后密,先快后慢

(b) 缓动值为-100时,前密后疏,先慢后快

图 5-23 缓动变量效果

运动补间的属性中还有“旋转”参数,可以设定对象整个补间过程中的旋转圈数和旋转的方向:顺时针或逆时针。

此外,有必要提及传统补间,它是较早版本的 Flash 软件运动补间的生成方式,即设置两个关键帧,然后添加补间动画,形成点对点的直线运动轨迹,没有缓动带来的速度变化,也没有路径偏移(弧线),如果需要直线以外的路径运动,则需要添加引导图层。图 5-10 就是传统补间添加引导图层达成运动补间功能的实例。传统补间创建成功后,会在关键帧之间形成一个紫色背景的箭头。传统补间可作用于所有类型的对象。

7. 动画的关联结构:场景

场景是一个完整的动画片段,一个 Flash 文件可以由多个场景构成,每个场景都有一个独立的时间轴,内容可以截然不同,场景可以在一个 FLASH 文件里实现多个动画片段的连续播放和交互。

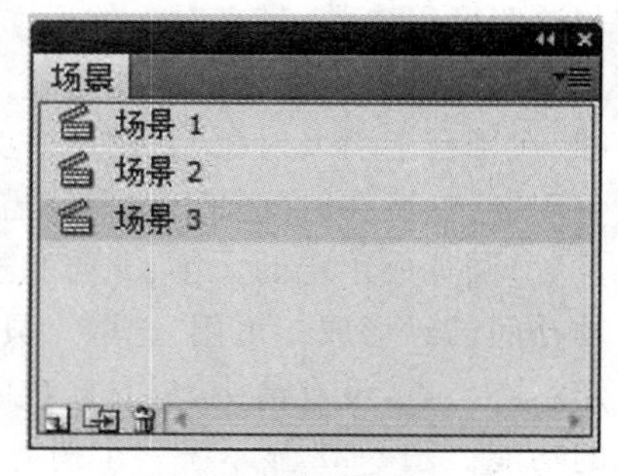

图 5-24 场景面板

场景面板可以通过"菜单"→"插入"→"场景"调出,多个场景之间可以通过"场景面板"切换到指定目标,如图5-24所示。

场景之间的放映顺序在默认状态下是按照场景的序列排列,也可以添加动作指令的按钮使场景之间交互。

子项目一 逐帧动画—字体呈现

要求:制作"FLASH"五个字母逐个呈现的过程,每个字母都是从绿色变成红色。

具体步骤:

1. 思路分析:这个过程采用逐帧动画完成,可以分为 10 个帧,仅"Flash"逐个呈现就要 5 个关键帧,由于还要从绿变红,所以要多出一倍的关键帧来完成颜色的改变。字体的变色既可以采用修改字体属性中的颜色的方法,也可以把字体分离成形状后编辑,后者更方便些。在制作过程中,为避免重复打字,我们可采用从第 10 帧往第 1 帧制作的方式。

2. 新建一个文件。执行"菜单"→"文件"→"新建"命令,在对话框里选择"ActionScript2.0"。如图 5-25 所示。

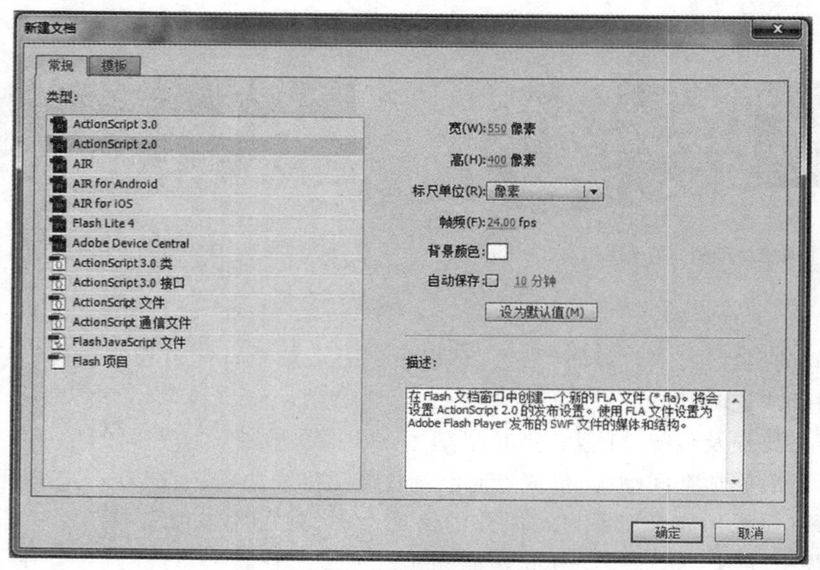

图 5-25 新建文件对话框

3. 制作第 1 帧的文字，用文字工具 T 在舞台上输入红色字体“FLASH”，使其居中。

在舞台上输入字体，可在属性面板上对字体的大小、间距、颜色和位置进行调整，将“大小”设为 100 点，“字母间距”设为 10，在“颜色”下拉框的拾色器里选择“＃FF0099”，如图5-26所示。

(a) 文字属性面板

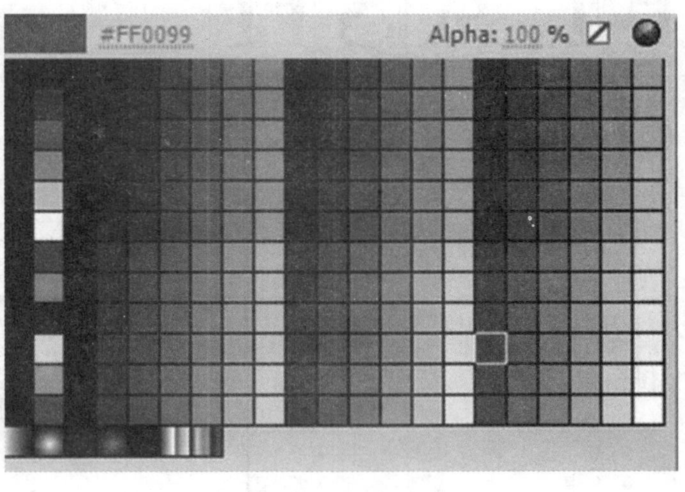

(b) 拾色器的色彩选择

图 5-26　文字属性面板的设置

将字体对齐到舞台中心点，从“菜单”→“窗口”→“对齐”进入“对齐”面板，图 5-27(a)任一方框所示的一组对齐方式都可使图像居中，对齐后的舞台效果和时间轴状态如图 5-27(b)(c)所示。

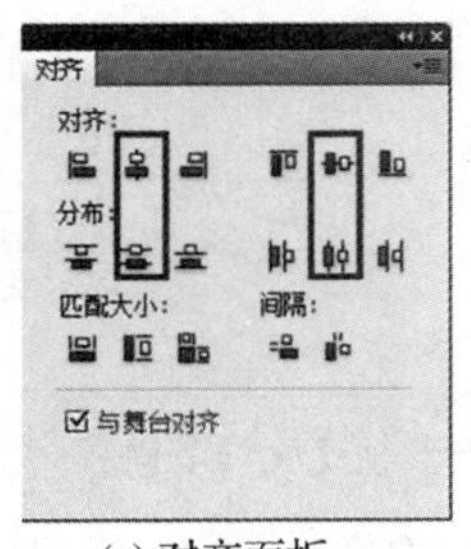

(a) 对齐面板

(b) 舞台状态

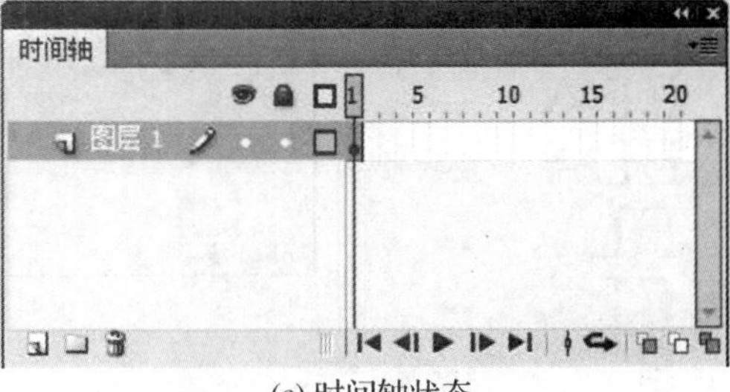

(c) 时间轴状态

图 5-27　第 1 帧字体初次设置

为了后面的操作便捷，我们先将字体“分离”使其进入可编辑状态。可先点击“选择工具”，而后在舞台上单击右键勾选“分离”，或直接使用快捷键“Ctrl＋B”，此时，文本分离成单个可编即的字体，如图 5-28 所示。

4. 设置第 10 帧。在时间轴第 10 帧设置关键帧，这时舞台的内容不变，时间轴状态如图如图 5-29 所示。

5. 设置第 9 帧到第 1 帧的文字内容。

在第 9 帧上设置关键帧，把“FLASH”的最后一个字母改为绿色，可用“选择工具”选定最后一个字母，在属性面板把“字体颜色”修改成绿色。如图 5-30 所示。

图 5-28　分离后单个字体可直接编辑

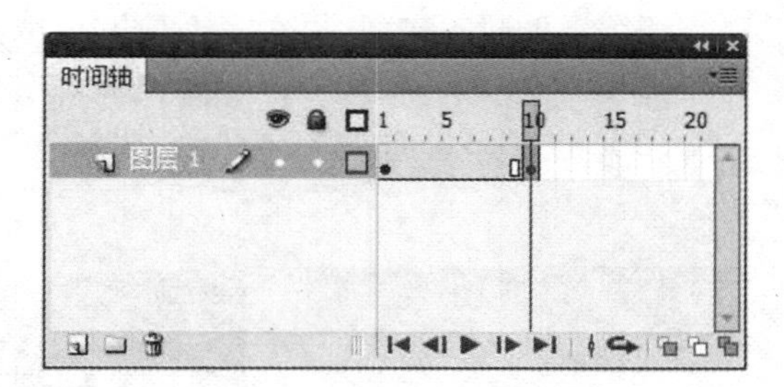

图 5-29　第 10 帧时间轴

第 8 帧要删除最后一个字母，先设置关键帧，在舞台上用“选取工具”选定最后一个字母，用“Delete”键删掉即可。然后依上法设置第 7 帧到第 1 帧。如图 5-31 所示。

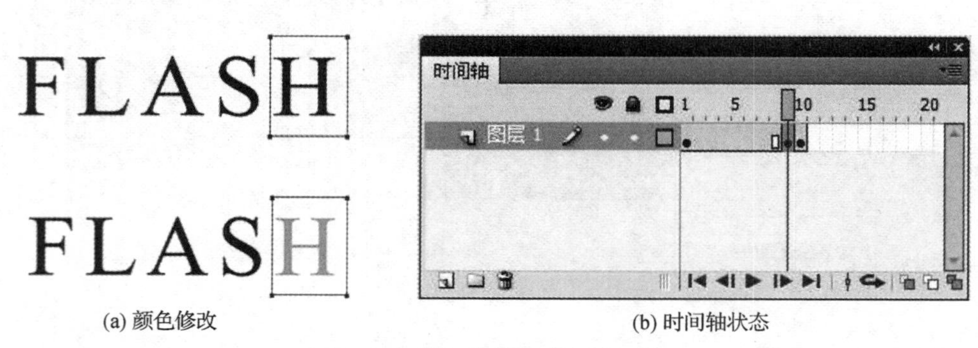

(a) 颜色修改　　(b) 时间轴状态

图 5-30　第 9 帧的舞台与时间轴

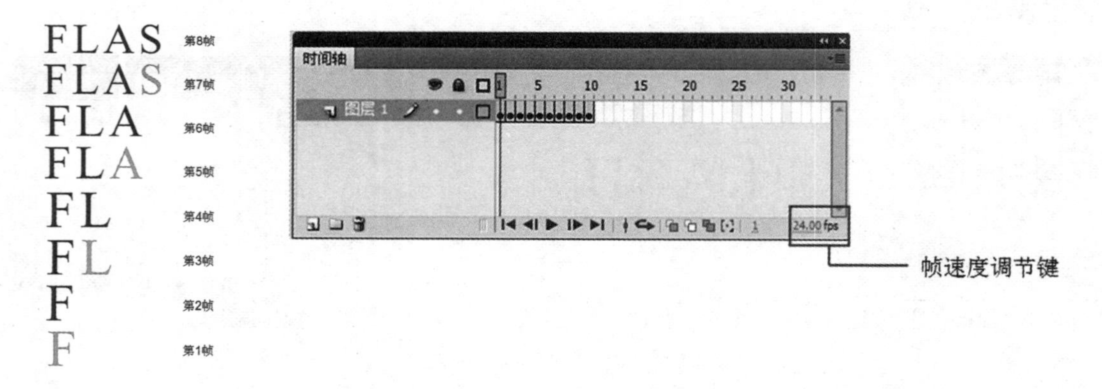

图 5-31　第 8 帧到第 1 帧的字体设置以及完成后的时间轴状态

6. 影片测试与保存。可执行“菜单”→“控制”→“影片测试”命令，或者直接采用快捷方式“Ctrl＋Enter”，就会跳出一个临时窗口，即可看到影片的全貌。如果感到动画节奏过快，还可用帧速度调节键进行播放速度的调整，其位置如图 5-31 所示。

影片的保存可执行“菜单”→“文件”→“导出影片”，选择“. swf”格式，输入文件名为“Flash 闪动”，如图 5-32 所示。如果还需要保存工程文件，以便调整，则可以执行“菜单”→“文件”→“保存”，格式为“. fla”，输入文件名为“FLASH 闪动”。

图 5-32 影片导出的对话框

子项目二 动画绘制与闪烁效果

要求:绘制一幅黑蓝夜空中,月亮旁几颗星星在闪烁的图景。如图 5-33 所示。

图 5-33 动画效果

具体步骤:

1. 思路分析:要求的图景有不同的景物时,应该采用多个图层来控制每一个绘制对象,这样可以避免牵一发动全身。星星闪烁的效果可以通过透明度的补间动画形成,运用图形元件和影片剪辑元件完成三组星星。为造成自然的效果,星星的闪烁在时间上应避免一致。

2. 新建一个文件。执行“菜单”→“文件”→“新建”命令,在对话框里选择“ActionScript2.0”。

3. 建立背景图层,用黑蓝渐变色填充作为夜空,上黑下蓝填满画面。

设置渐变填充。进入“菜单”→“窗口”→“颜色”,这时会出现颜色对话框,如图 5-34 所示,在①处选择“线性渐变”,在②处选择“扩充颜色”排列模式,在③处双击选择黑色,即“#

000000”，在④处双击选择深蓝色，即“#000066”。

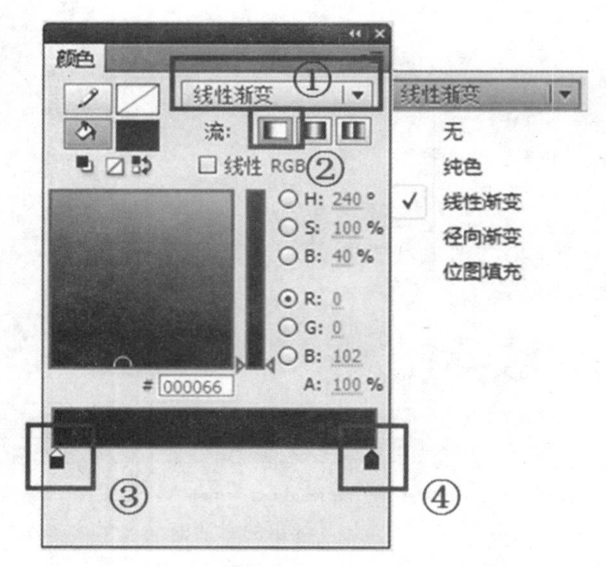

图 5-34　颜色对话框里的渐变填充设置

在舞台上用“矩形工具”画一个矩形，然后使用“自由变形工具”将矩形旋转 90°，并调整矩形边框，使之与舞台一样大。如图 5-35 所示。

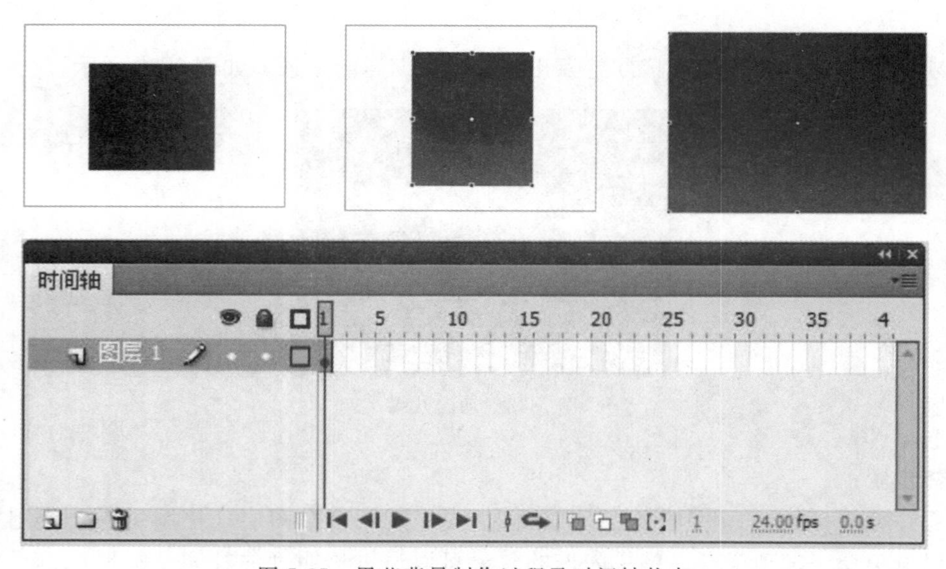

图 5-35　黑蓝背景制作过程及时间轴状态

4. 在新建图层上画一个半圆的月亮。在时间轴面板点击“新建图层”快捷键，双击“图层 2”更名为“月亮”，如图 5-36 所示。

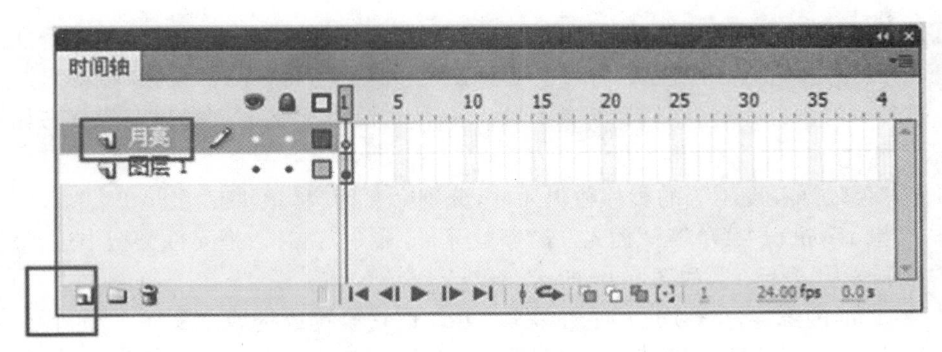

图 5-36 新建图层

在时间轴“月亮”图层的第一帧绘制半圆的月亮。可采用两种方法，第一是使用“钢笔工具”绘制半圆的路径，第二种方法是先画一个圆，然后用另外一个圆对第一个圆进行重叠(重合部分会被自动删除)得到半圆。对于初学者而言，第二种方式比较简单。先将“填充颜色”设为黄色即“#FFFF66”，“笔触”设为空，即☐。用“椭圆工具”并同时按住“Shift”键在舞台的左上角画一个正圆，然后将“填充颜色”改为任何一种可见颜色(如果不改颜色，后一个圆形会和第一个圆形连在一块，无法区分选取)，对着黄色圆圈的中间位置画上另一个椭圆，注意两个圆圈交叠的部分只保留可见，然后用“选取工具”和“Delete”键删除后画的圆，留下黄色的半圆即可，如图 5-37 所示。

图 5-37 半圆的月亮绘制

5. 绘制三组变化不同、大小不同的星星。我们采用同一个图形元件来保证星星的基本造型一致。然后制作三个闪烁时间不同的影片剪辑元件。

制作一个星星的图形元件。执行“菜单”→“插入”→“新建元件”命令，在对话框元件类型中选择“图形”，将名称改为“星星”，如图 5-38 所示。

创建新元件
名称(N): 星星
类型(T): 图形
文件夹: 库根目录
确定
取消
高级

图 5-38 建立新元件对话框

用“多角星形工具”绘制星星。点击“多角星形工具”属性对话框，如图 5-39(a)所示。将“填充颜色”设为黄色，点击“选项”，出现“工具设定”对话框，将“样式”设为“星形”，“边数”设为“4”，如图 5-39(b)所示。然后在舞台上画出一个星形，星形的时间轴以及库状态如图 5-39(c)所示。

制作三个闪烁程度不等的影片剪辑元件，分别命名为“星星 1”、“星星 2”、“星星 3”。先来制作“星星 1”，执行“菜单”→“插入”→“新建元件”命令，在对话框元件类型中选择“影片剪辑”，将名称改为“星星 1”，如图 5-40 所示。

“星星 1”的闪烁通过透明度的变化获得，可以把它设置成透明度从 40%向 100%渐变，然后再回到到 40%(为构成循环播放的顺畅，首尾值应保持一致)。这需要在时间轴上设置 3 个关键帧，分别设置不同的透明度值，中间帧用传统补间动画完成。

点击时间轴第 1 帧，将库里的图形元件“星星”点击拖曳到舞台上，在属性面板中将“色彩效果”样式选为“Alpha”(即透明度)，如图 5-41(a)所示，第 1 帧的 Alpha 量值设为 40%。在时间轴第 20 帧插入关键帧，在属性对话框中将 Alpha 量值设为 100%。同法在时间轴第 40 帧插入关键帧，将 Alpha 量值设为 40%，然后在时间轴上拖动鼠标界定所有关键帧区间，单击右键勾选“创立传统补间”，这时关键帧之间出现紫色箭头，图 5-41(b)从上到下显示了 3 个关键帧的 Alpha 量值以及相应的时间轴设置。图 5-41(c)则显示了库的变化。

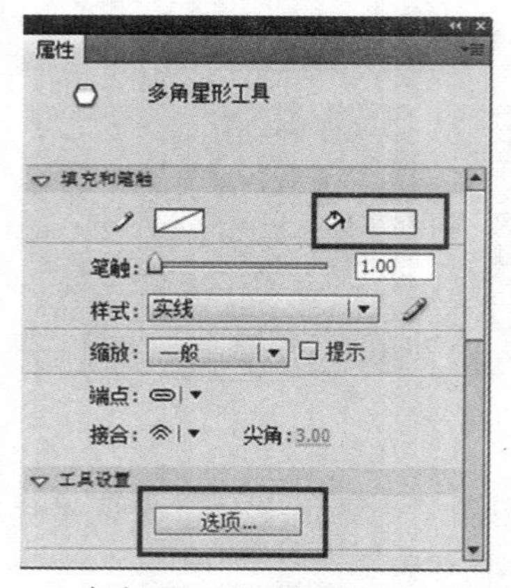

(a) 多边星形工具属性对话框的设置

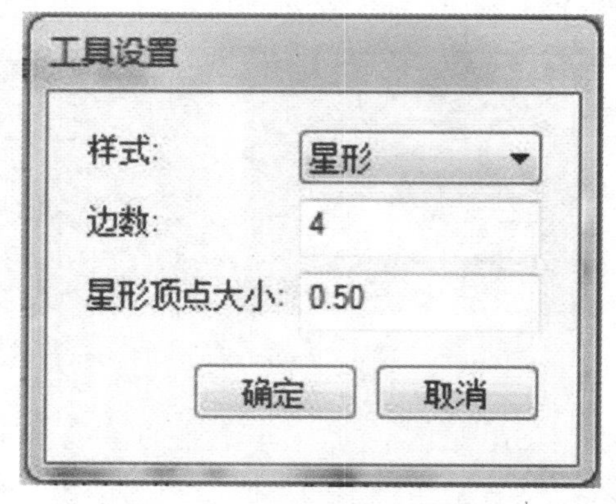

(b) 工具设定对话框的设置

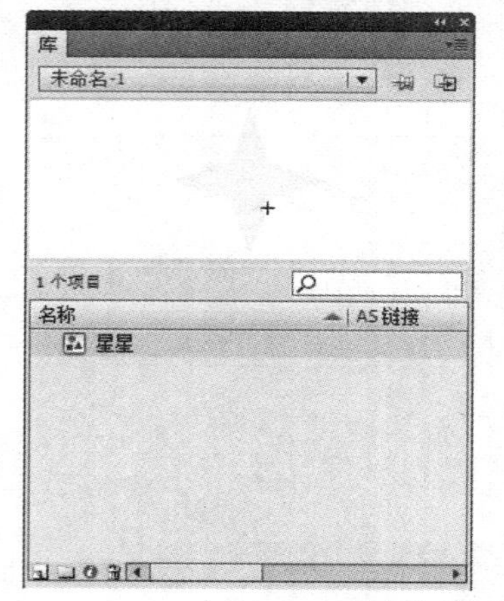

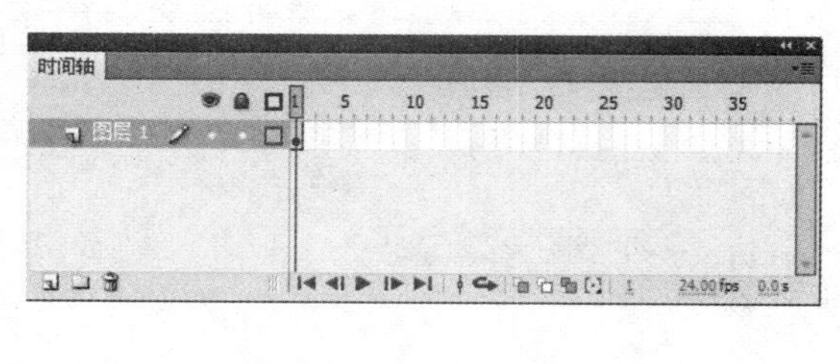

(c) 图形元件“星星”在库的显示以及时间轴的状态

图 5-39 绘制图形元件“星星”

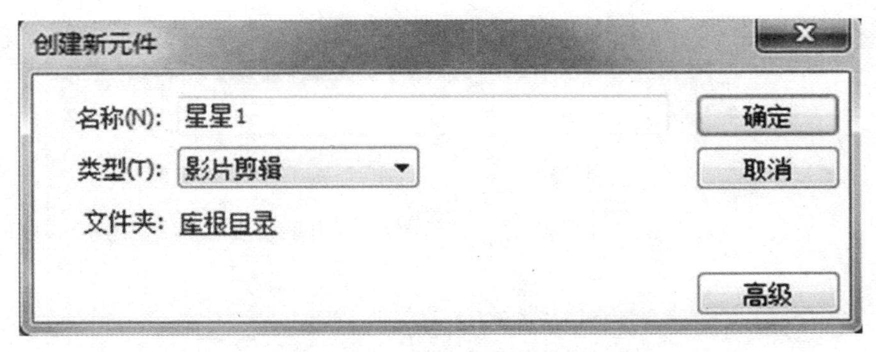

图 5-40　建立新元件对话框

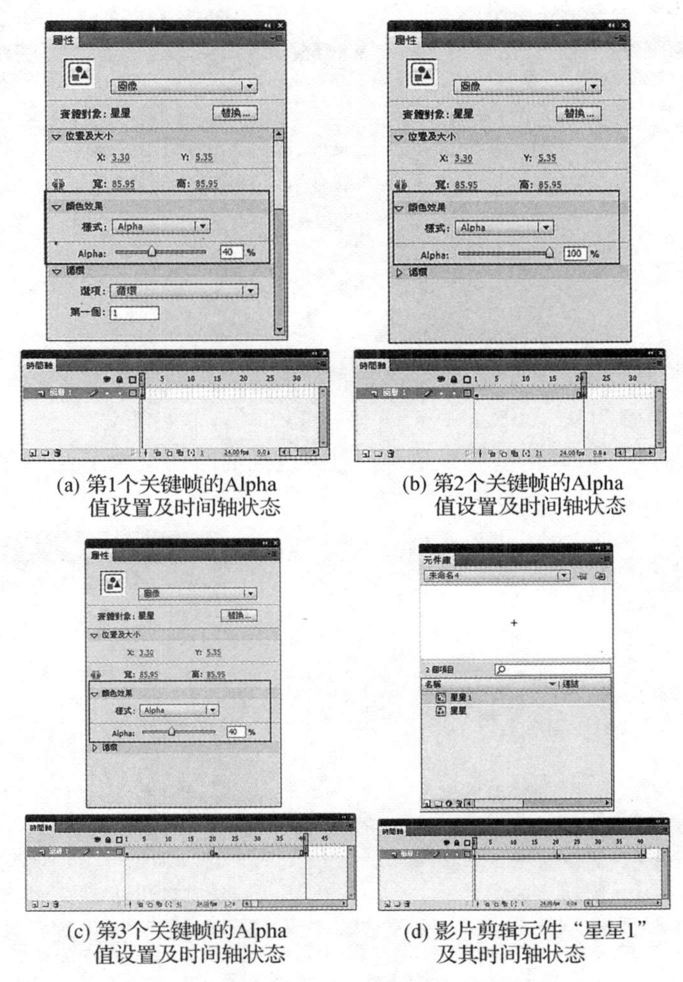

(a) 第1个关键帧的Alpha值设置及时间轴状态

(b) 第2个关键帧的Alpha值设置及时间轴状态

(c) 第3个关键帧的Alpha值设置及时间轴状态

(d) 影片剪辑元件“星星1”及其时间轴状态

图 5-41　影片剪辑元件“星星 1”制作过程

“星星 2”可以设置为从 60%的透明度渐变到 100%，然后再渐变到 60%。也是设置 3 个关键帧，完成过程与“星星 1”基本一致。3 个关键帧的时间位置分别为第 1 帧、第 15 帧和第 30 帧，其关键设置如图 5-42 所示。

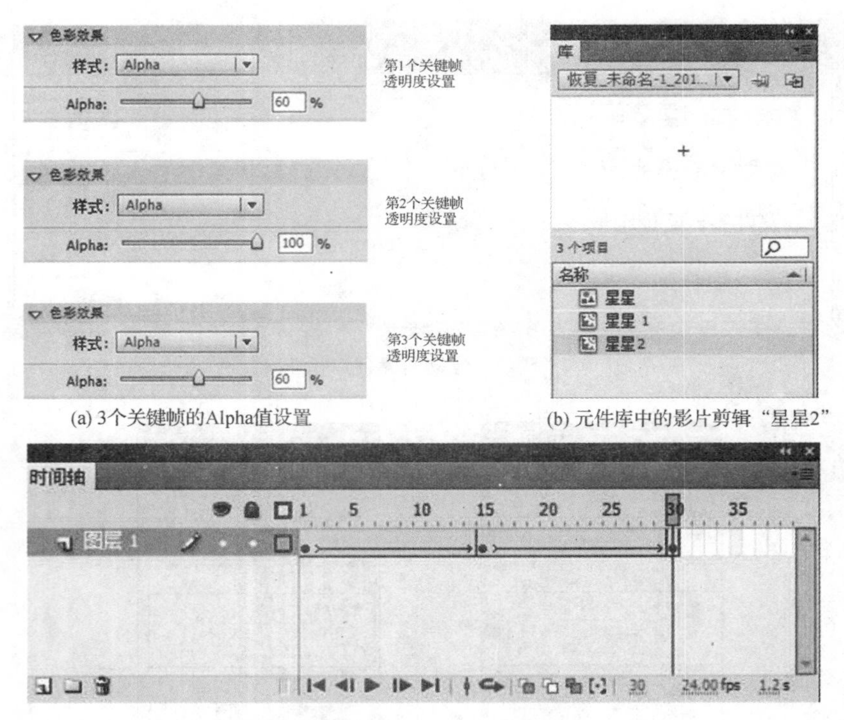

(a) 3个关键帧的Alpha值设置 (b) 元件库中的影片剪辑“星星2”

(c) 影片剪辑“星星2”的时间轴设置

图 5-42 影片剪辑元件“星星 2”制作过程

“星星 3”可以设置为从 100%的透明度渐变到 30%，然后再渐变到 100%。也是设置 3 个关键帧，完成过程与“星星 1”基本一致。3 个关键帧的时间位置分别为第 1 帧、第 20 帧和第 40 帧，其关键设置如图 5-43 所示。

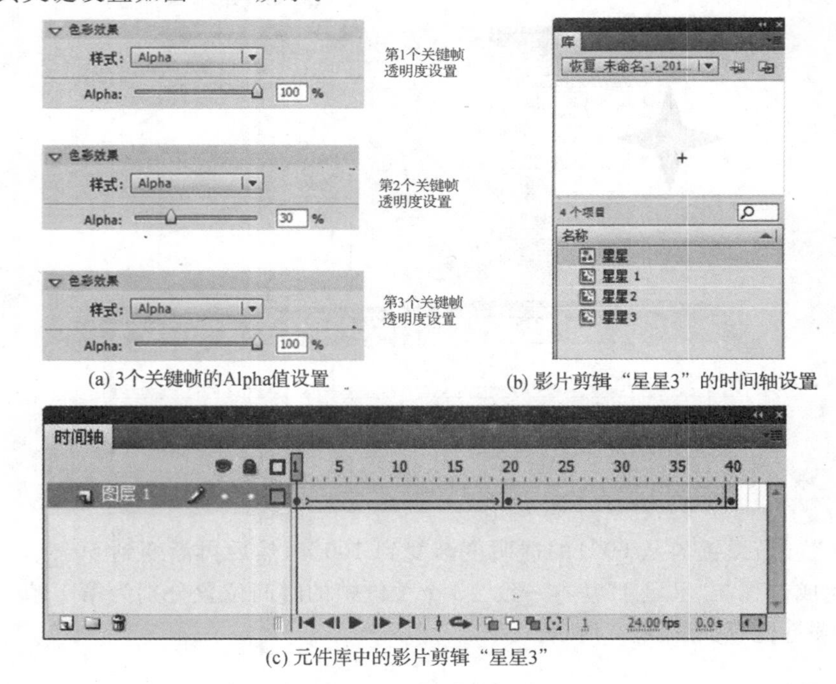

(a) 3个关键帧的Alpha值设置 (b) 影片剪辑“星星3”的时间轴设置

(c) 元件库中的影片剪辑“星星3”

图 5-43 影片剪辑元件“星星 3”制作过程

6.将 3 个影片剪辑分三个图层添加到“场景 1”时间轴，每个图层用同一个影片剪辑，数量为 2 个，大小自定。“场景 1”即上面第 4 步骤已经完成的月夜图景。由于当前舞台还停留在元件的时间轴，需要切换到“场景 1”，可以在文件栏进行直接切换，如图 5-44 所示。

图 5-44　“场景 1”切换

新建图层“星星 1”，从“库”里点击“星星 1”，拖曳到舞台的合适位置，用“自由变形工具”对其大小进行调整，再重复操作一次，使舞台有两个“星星 1”。如图 5-45 所示。

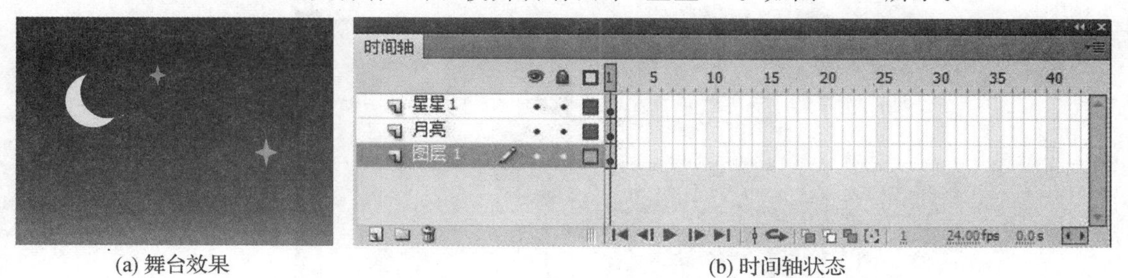

(a) 舞台效果　　(b) 时间轴状态

图 5-45　添加“星星 1”元件

同法，新建图层“星星 2”，从“库”里点击拖曳“星星 2”至舞台 2 次，用“自由变形工具”对其大小进行调整，如图 5-46 所示。

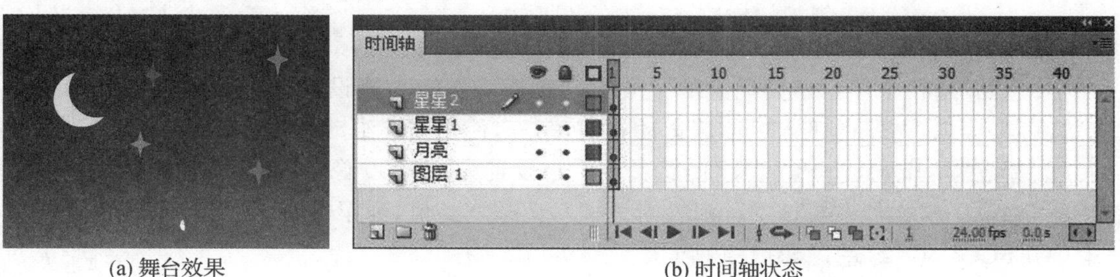

(a) 舞台效果　　(b) 时间轴状态

图 5-46　添加“星星 2”元件

同法，建立“星星 3”图层，在舞台上添加影片剪辑“星星 3”2 个并调整好大小。如图 5-47 所示。

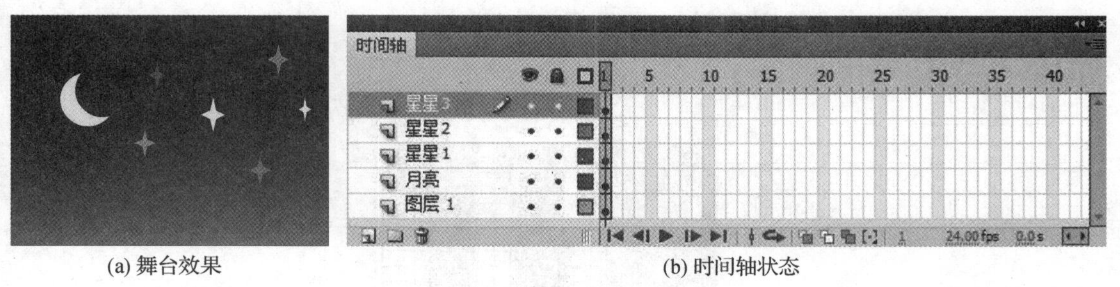

(a) 舞台效果　　(b) 时间轴状态

图 5-47　添加“星星 3”元件

7.影片测试与保存。执行“菜单”→“控制”→“影片测试”命令，或采用快捷方式“Ctrl+Enter”，就会跳出一个临时窗口，即可看到影片的全貌。

影片的保存可执行“菜单”→“文件”→“导出影片”命令，文件格式选择“.swf”格式，输入文件名为“星星闪烁”。如果还需要保存工程文件，则可以执行“菜单”→“文件”→“保存”命令，格式为“. fla”，输入文件名为“星星闪烁”。

子项目三　画轴展开与蜻蜓飞舞①

要求：一幅画轴缓缓打开，一幅荷花图展露出来，一只蜻蜓飞入画轴，停在荷花花瓣上。动画伴有音乐《出水莲》。如图 5-48 所示。

图 5-48　《画轴》

具体步骤：

1. 思路分析：本项目所要用到的主要有三种 FLASH 功能设置，第一，画轴展开可使用遮罩图层，第二，蜻蜓的飞入可使用运动补间，第三，使用图层给动画插入音乐。

2. 新建“Actionscript2. 0”文件，将文件大小设置为“宽 900 像素，高 700 像素”。可从“菜单”→“修改”→“文件”进入“文件属性对话框”，调整宽高值，为了美观，可将背景颜色置换为“＃CCFFCC”的淡绿色，如图 5-49 所示。

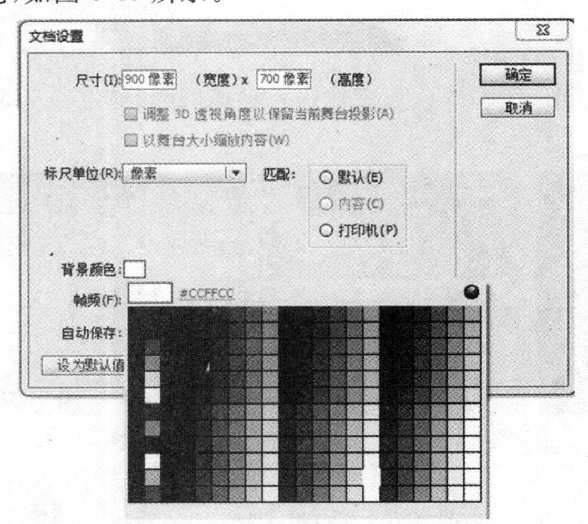

图 5-49　文件属性对话框设置

① 该案例是在浙江财经大学 09 级数字媒体艺术专业周冰魂同学的创意基础上改编的，同时采用了董建华老师《网络动画设计》课程的部分素材。

将项目五文件夹里的“《画轴》素材”导入库。可以将素材用鼠标拖曳到库,也可通过“菜单”→“文件”→“导入”→“导入到库”,完成后元件库如图 5-50 所示。

3. 在“图层 1”中导入图像“荷花”,并使图像居于舞台的中心点。从库直接图像拖曳至舞台,然后从“菜单”→“视图”→“对齐”进入“对齐”面板,可采用图 5-51 方框所示的任一组对齐方式使图像居中,对齐后的舞台效果和时间轴状态如图 5-52 所示。

图 5-50　元件库导入的素材

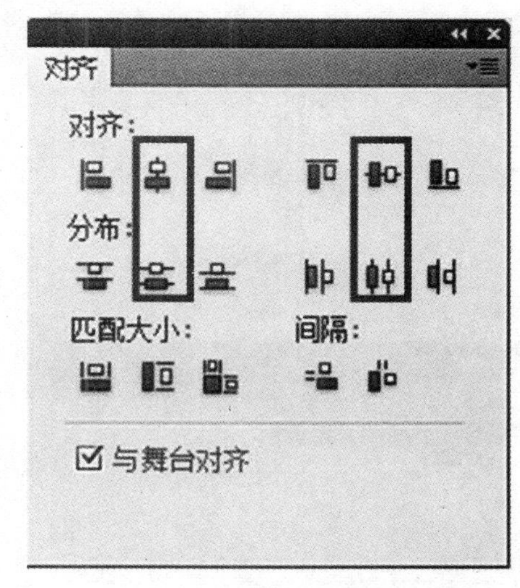

图 5-51　对齐面板设置

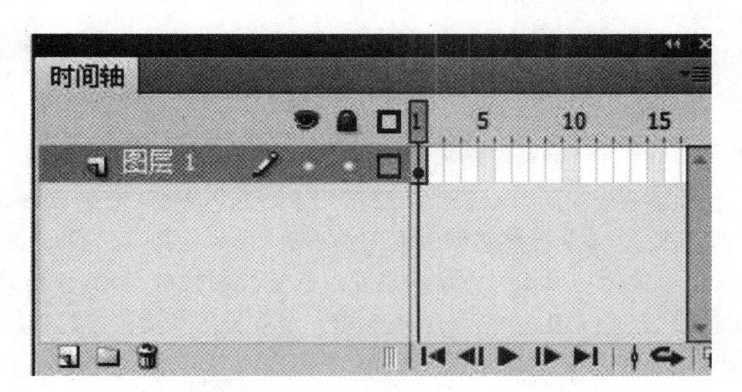

图 5-52　对齐后的舞台效果和时间轴状态

4. 设置两根画轴从中心向两边移动的效果。

新建图层“画轴左”,从库中将画轴拖曳到舞台中心点,用“自由变形工具”调整好画轴大小,如图 5-53(a)所示。新建图层“画轴右”,复制画轴,将两个画轴放到中间位置,如图 5-53(b)所示。

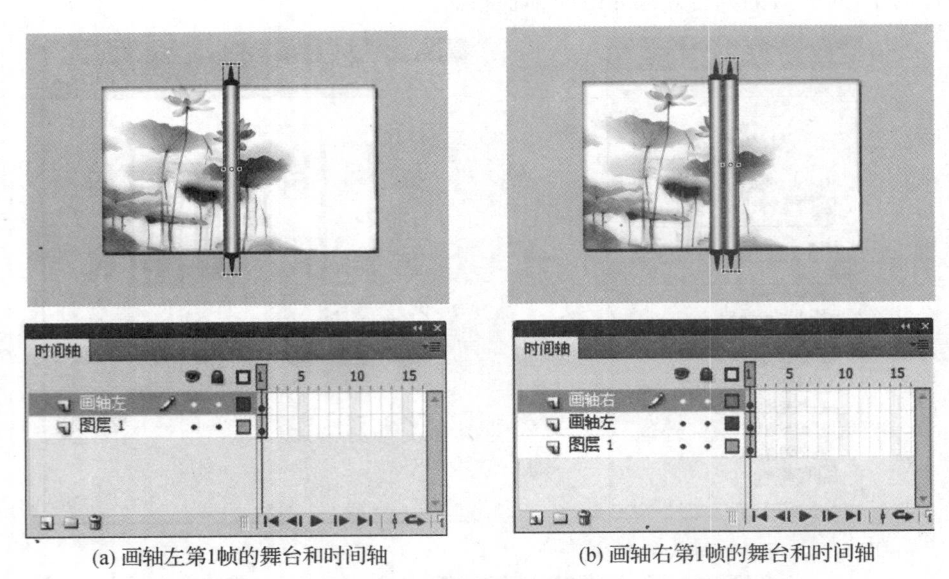

(a) 画轴左第1帧的舞台和时间轴　　(b) 画轴右第1帧的舞台和时间轴

图 5-53　建立左右轴的独立图层和摆放的中心位置

设置两根轴向两端展开的补间运动过程。在图层“画轴左”的第 90 帧处插入关键帧,在舞台上将左画轴移至左端,然后在两个关键帧之间单击右键勾选“创建传统补间”,这时,可以看到两个关键帧有一个紫色的箭头出现。同法,在图层“画轴右”的第 90 帧处设置关键帧,将右画轴移至右端,并建立传统补间动画。完成后舞台和时间轴如图 5-54 所示。

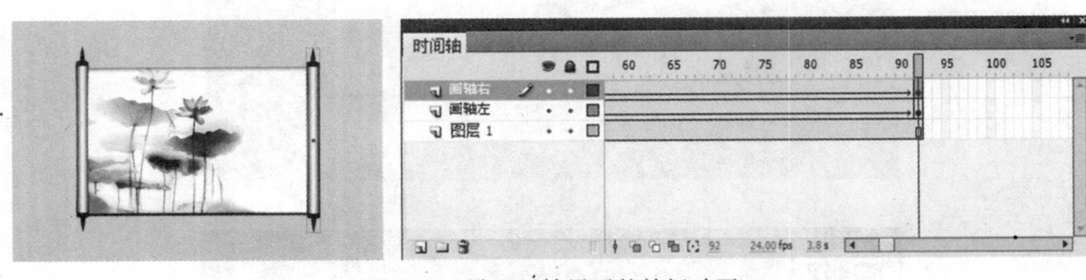

图 5-54　设置画轴展开的补间动画

5. 设置遮罩层,使画面随画轴运动呈现出来。

在“图层 1”上新建一个图层,命名为“遮罩”,用于绘制遮罩体(有遮罩体的部分相当于透明效果,可以看到下面一层,没有被遮到的地方是不透明的),因为画轴打开的运动范围主要是一个长方块,所以遮罩体可以用长方块的形变过程配合画轴的运动,使荷花图景展现。在“遮罩”图层第 1 帧用“矩形工具”在两轴中间绘制一个狭长的长方形,其宽度宜小,高度超过荷花画幅高度即可,如图 5-55(a)所示,其实际大小可在图 5-55(b)中看得更清楚。

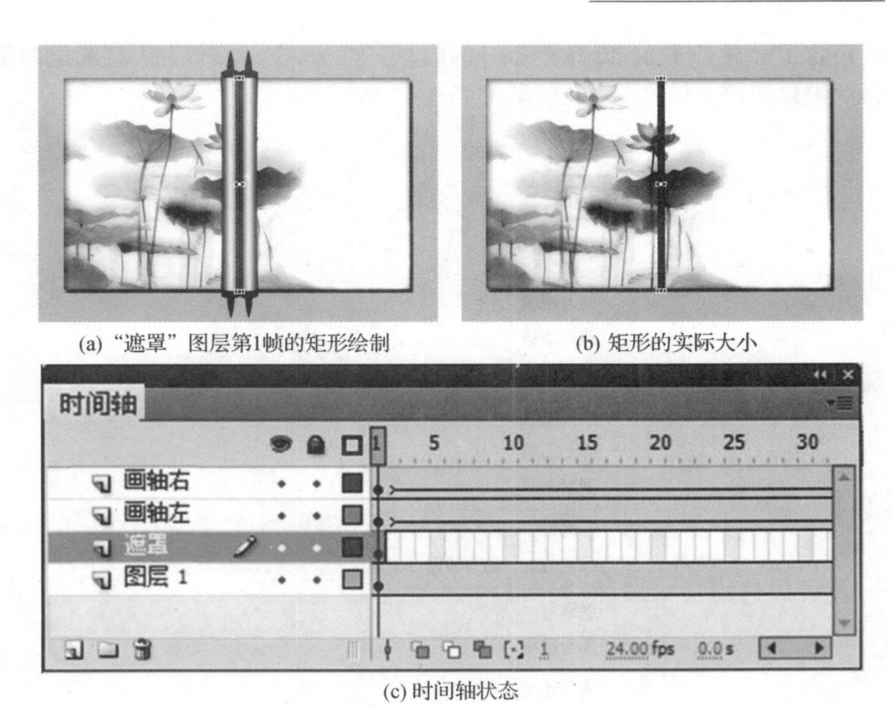

(a) “遮罩” 图层第1帧的矩形绘制

(b) 矩形的实际大小

(c) 时间轴状态

图 5-55　“遮罩”图层第 1 帧

在第 90 帧处设置关键帧，用“自由变形工具”将矩形调整为覆盖整个荷花画面的大小，然后添加“创立形状补间”，完成后会出现绿色背景的箭头，如图 5-56 所示。

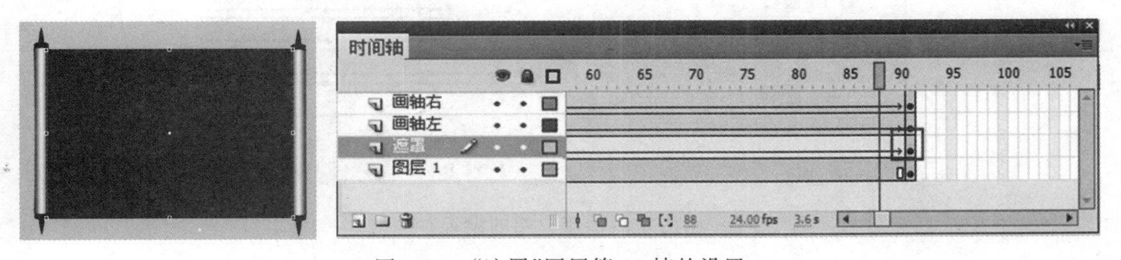

图 5-56　“遮罩”图层第 90 帧的设置

将“遮罩”图层的属性设定为“遮罩层”，只需在该图层上单击右键，在弹出框中勾选“遮罩层”，这时就会看到“图层 1”和“遮罩”图层出现了特定的被遮罩层和遮罩层的蓝色标示，如图 5-57所示。用快捷方式“Ctrl＋Enter”测试影片，可以看到预定画轴效果的出现。

6. 制作蜻蜓飞动的影片剪辑元件。先新建元件，执行“菜单”→“插入”→“新建元件”命令，在对话框“元件类型”中选择“影片剪辑”，将名称改为“蜻蜓”，如图 5-58 所示。

设置第 1 帧的蜻蜓状态，翅膀略微收敛。将时间轴“图层 1”改为“蜻蜓身体”，从库中拖曳图像“蜻蜓身体”到舞台上。新建图层“蜻蜓翅膀 1”，从库拖曳图像“蜻蜓翅膀 1”到舞台上，和蜻蜓身体缝合。新建图层“蜻蜓翅膀 2”，从库拖曳图像“蜻蜓翅膀 2”到舞台上，和蜻蜓身体缝合。这个过程如图 5-59 所示。

设置第 2 帧的蜻蜓状态，翅膀向外张开。在“蜻蜓翅膀 1”图层的第 2 帧设置关键帧，同时给“蜻蜓身体”图层第 2 帧添加“插入帧”，使“蜻蜓身体”在第 2 帧可见。用“自由变形工具”将“蜻蜓翅膀 1”向右下角旋转，达到张开的效果。同法，在“蜻蜓翅膀 2”图层的第 2 帧设置关键帧，将“蜻蜓翅膀 2”向左下角旋转，如图 5-60 所示。

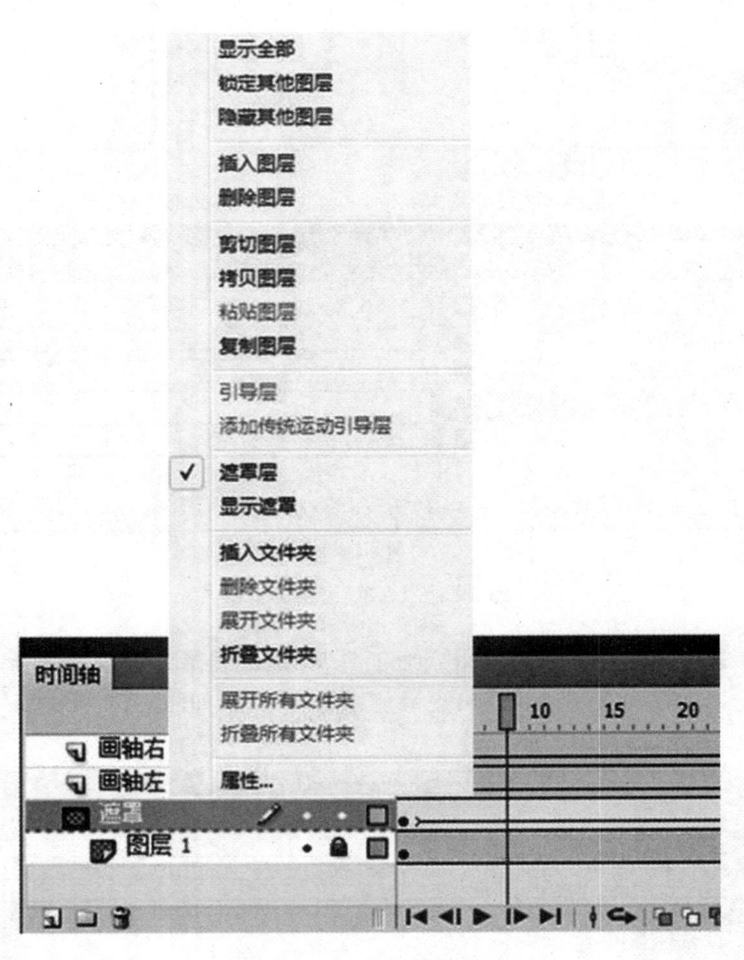

图 5-57 遮罩层的设置

创建新元件

名称(N): 蜻蜓

类型(T): 影片剪辑

文件夹: 库根目录

高级

确定

取消

图 5-58 影片剪辑元件设置

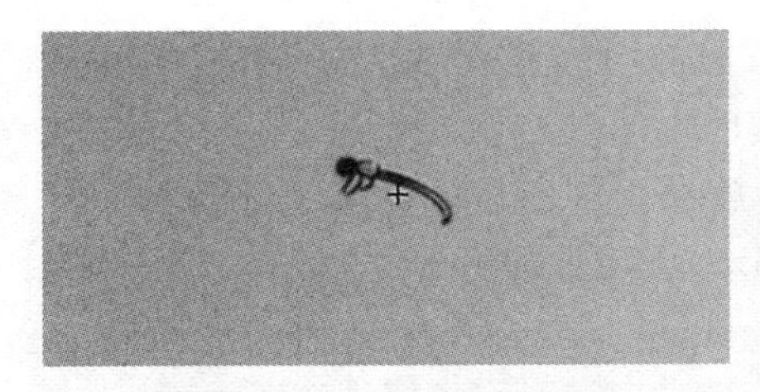
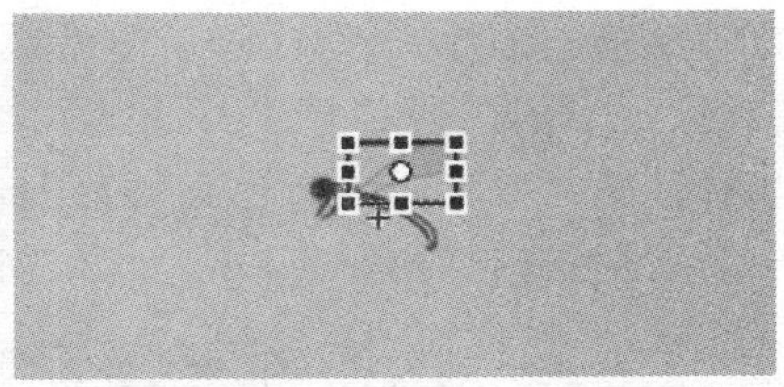
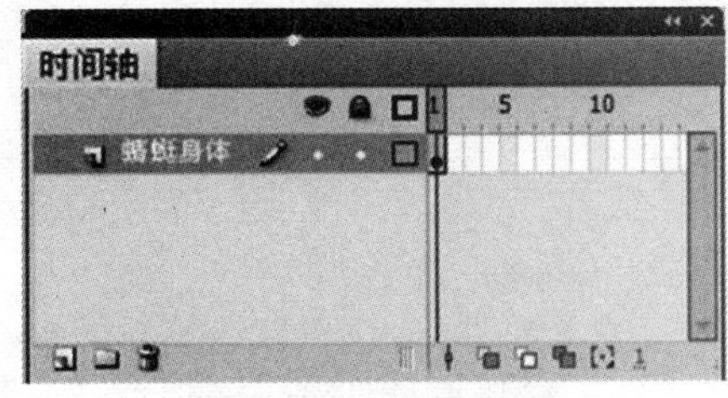

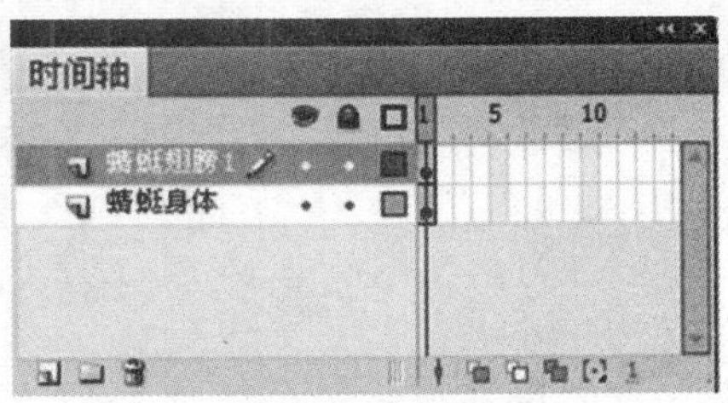

(a)“蜻蜓身体”图层的设置　　(b)“蜻蜓翅膀1”图层的设置

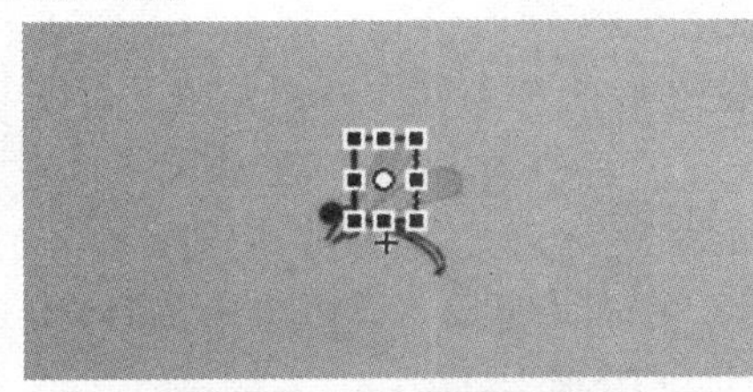
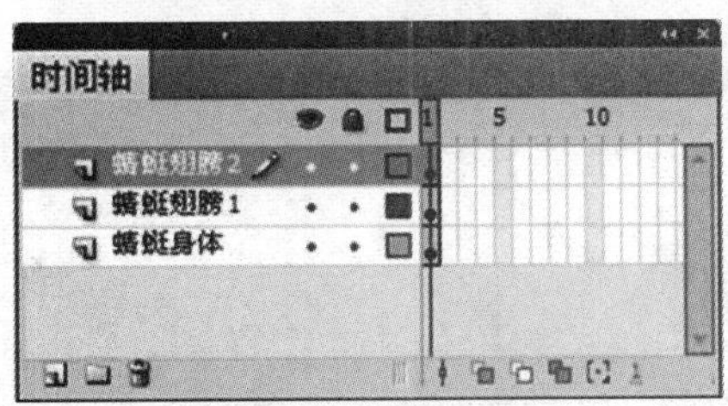

(c)“蜻蜓翅膀2”图层的设置

图 5-59　三个图层第 1 帧的设置过程

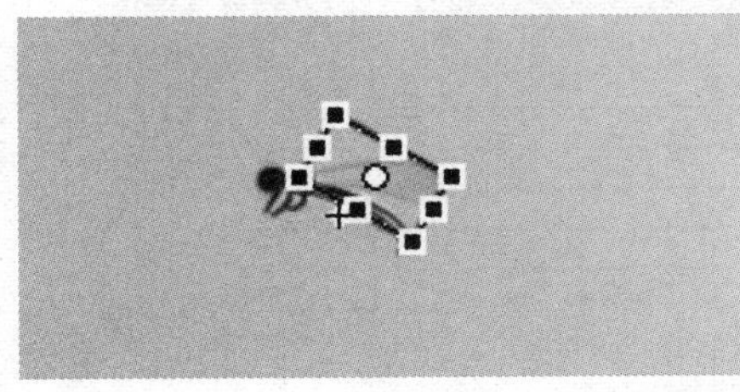
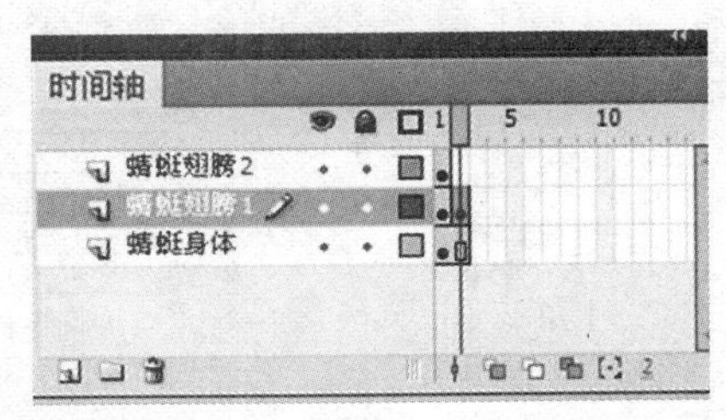

(a)“蜻蜓翅膀1”图层的设置

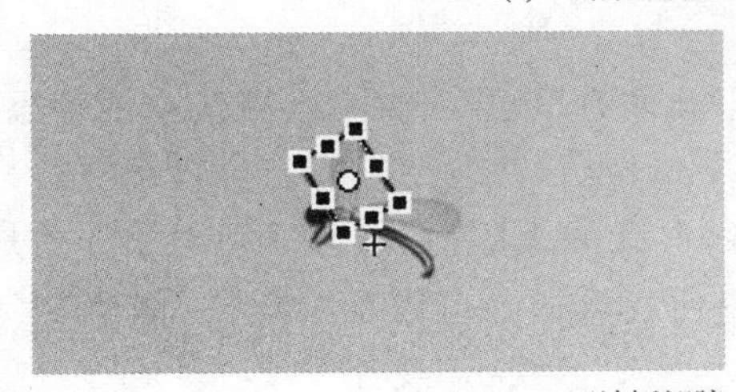
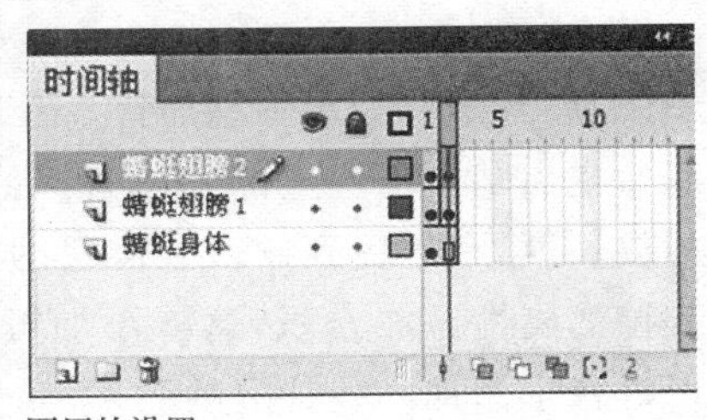

(b)“蜻蜓翅膀2”图层的设置

图 5-60　三个图层第 2 帧的设置过程

7. 设置蜻蜓从画轴外飞入，经过一个弧线的飞动最后停在荷花上的运动补间。

回到“场景 1”，新建图层“蜻蜓”，设置蜻蜓出现的起始帧。在第 75 帧设置空白关键帧，从库里将“蜻蜓”影片剪辑元件拖曳到舞台上，放在画轴右边的画布空间上，并用“自由变形工具”加“Shift”键按正比将蜻蜓缩小，如图 5-61 所示。

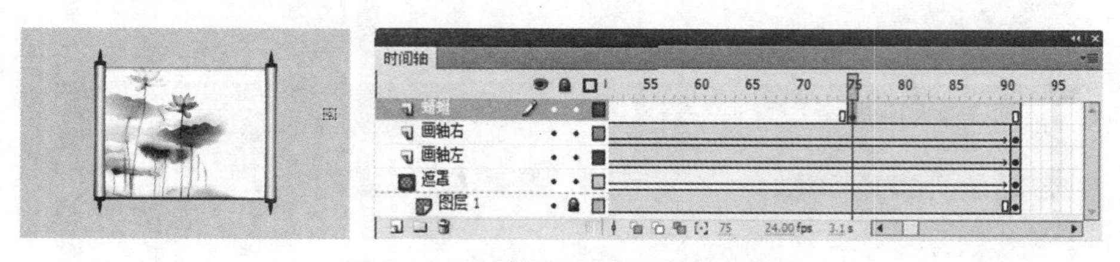

图 5-61 “蜻蜓”图层的起始帧设置

设置蜻蜓运动的结束帧。在第 150 帧处插入帧，并给其他各个图层都插入帧，使画面完全呈现在舞台上。

创建运动补间，可在 75 帧之后的任一帧位置单击右键，勾选“创建运动补间”，这时可以看到 75 帧之后的图层颜色变成了蓝色，在 150 帧处将舞台上的蜻蜓移到彩色荷花上，这时在舞台上自动生成一条红色的蜻蜓运动的直线轨迹，时间轴 150 帧会出现一个菱形的小黑块，说明创建成功，如图 5-62(a)左图所示。可用“选择工具”对运动轨迹的曲度进行自由调整，形成弧线轨迹，如图 5-62(a)右图所示。

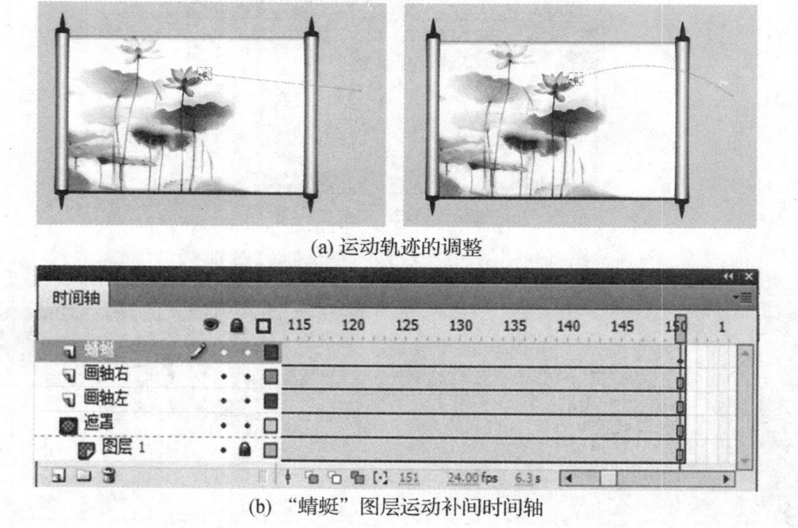

(a) 运动轨迹的调整

(b) “蜻蜓”图层运动补间时间轴

图 5-62 “蜻蜓”图层的运动补间设置

8. 新建图层“音乐”，为动画添加背景音乐“出水莲”(已在库中)。音乐有两种添加方式，一种是在起始空白帧上将库里的音乐直接拖曳到舞台，并在图层特定位置用“插入帧”来确认音乐的播放长度，音乐受到插入帧位置的限制，无法无限播放；第二种添加方式是通过起始空白关键帧的属性添加音乐，这样添加可以使音乐循环或者重复播放(同步“事件”状态下)，还可以对音乐添加一些特定的效果，比如“淡入”、“淡出”或者“左、右声道”。

我们采用第二种方式添加音乐。在“音乐”图层第 1 帧点击属性对话框，在声音的“名称”下拉框中选择“出水莲”(不在库里的音乐无法通过这个方法添加，所以要先把音乐素材导入库），在同步中选择“事件”和“循环”，如图5-63所示。这样在打开Flash文件后音乐可以无限播放下去。

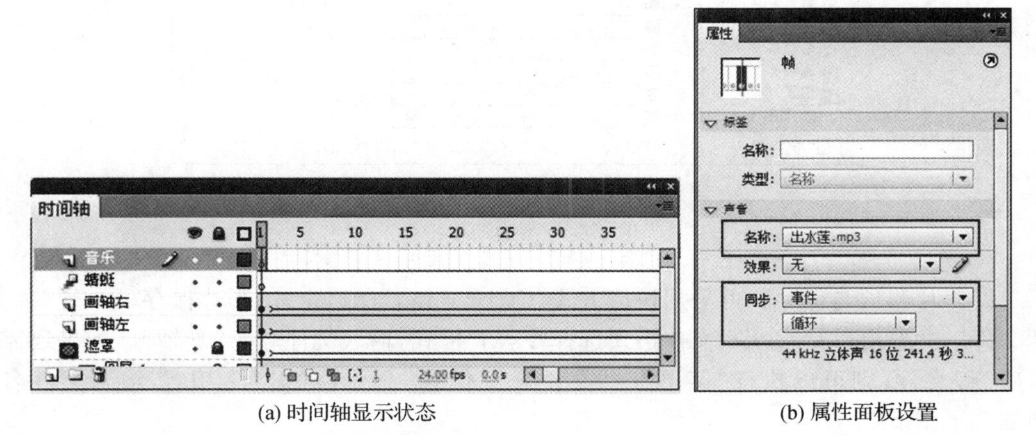

(a) 时间轴显示状态　　(b) 属性面板设置

图5-63　音乐添加过程

9. 设置动作指令，使时间轴停留在最后1帧的状态。用“Ctrl＋Enter”测试影片会发现，文件播放到最后就会自动重新开始，这就需要设置动作指令，使时间轴能够在放映动画设置内容后停留在最后一帧的状态，而不是反复地重新开始。

新建图层命名为“动作”，在第150帧处插入空白关键帧，然后单击右键勾选“动作”，进入动作设置面板。通过“＋”在对话框中增加“Actionscript 1.0&2.0”话语，在下拉框中点击“全域函数”→“时间轴控制项”→“stop”，如图5-64(a)所示。点击后对话框里出现“stop（　）；”字样，也可直接在动作对话框里用键盘输入同样字样，如图5-64(b)所示。

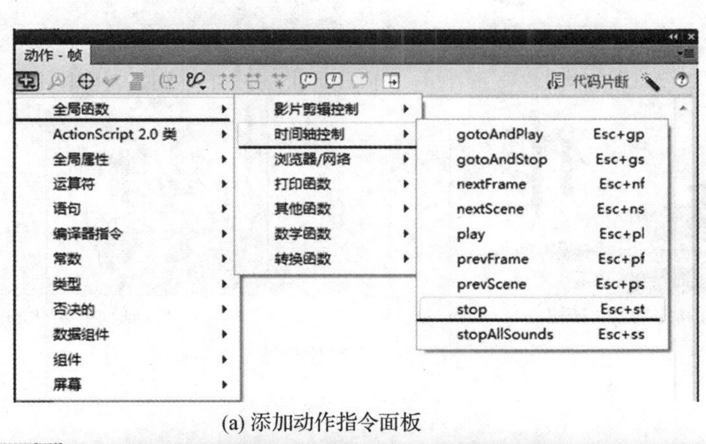

(a) 添加动作指令面板

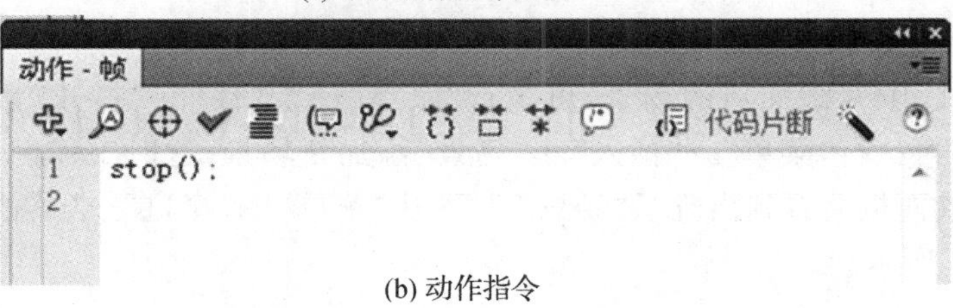

(b) 动作指令

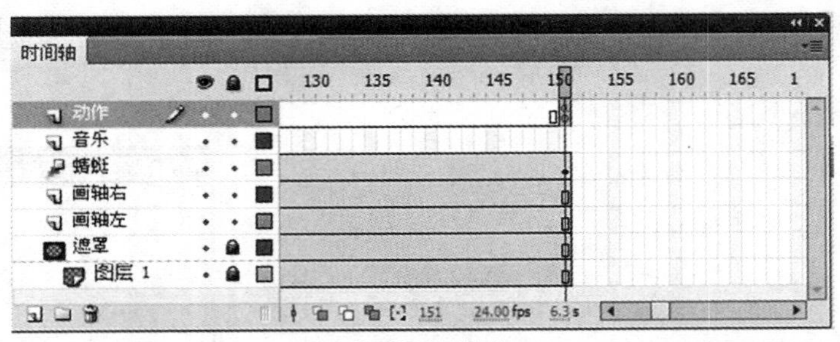

(c) 时间轴图层状态

图 5-64　添加动作指令

10. 影片测试与保存。可采用快捷方式“Ctrl＋Enter”测试全片，影片保存可执行“菜单”→“文件”→“导出影片”命令，文件格式选择“.swf”格式，输入文件名为“画轴”。如果还需要保存工程文件，则可以执行“菜单”→“文件”→“保存”命令，格式为“.fla”，输入文件名为“画轴”。

子项目四　创建交互

要求：在《画轴》工程文件里添加另一场景，作为引导页，通过按钮点击可以切换到画轴场景，在画轴场景中也设置一个按钮回到引导页。如图 5-65 所示。

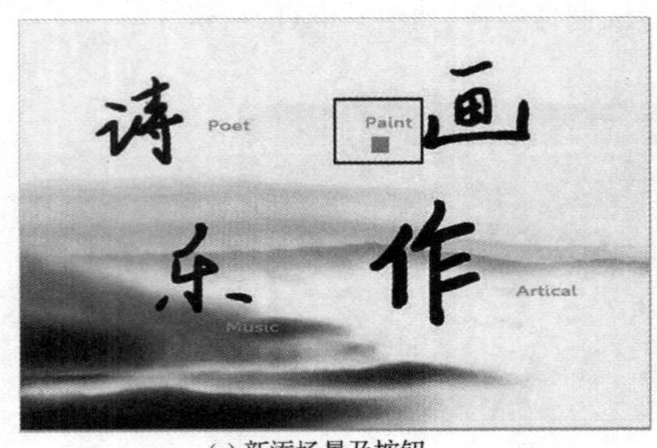

(a) 新添场景及按钮

(b) 画轴场景中的按钮

图 5-65　创建交互

具体步骤：

1. 打开“画轴.fla”，添加新的场景，可执行“菜单”→“文件”→“打开”命令，找到“画轴.fla”文件后打开，再执行“菜单”→“插入”→“场景”添加新场景，这时工作区会出现一条新的时间轴，打开场景面板会看到出现了“场景 2”(可从“菜单”→“窗口”→“其他面板”→“场景”进入)，如图 5-66 所示。

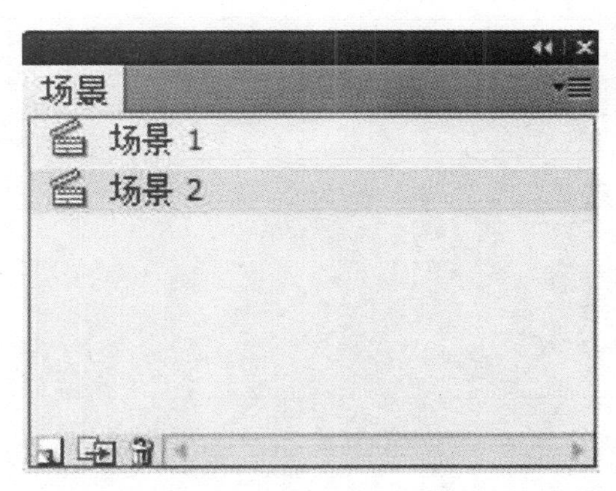

图 5-66 给画轴文件添加"场景 2"示意

2. 添加背景图。可用鼠标从库里将"按钮背景图"拖曳到舞台上，并用"对齐工具"中的"匹配大小"使背景图与舞台大小相同，然后使用"选择工具"将图像调整至完全覆盖舞台的大小。如图 5-67 所示。

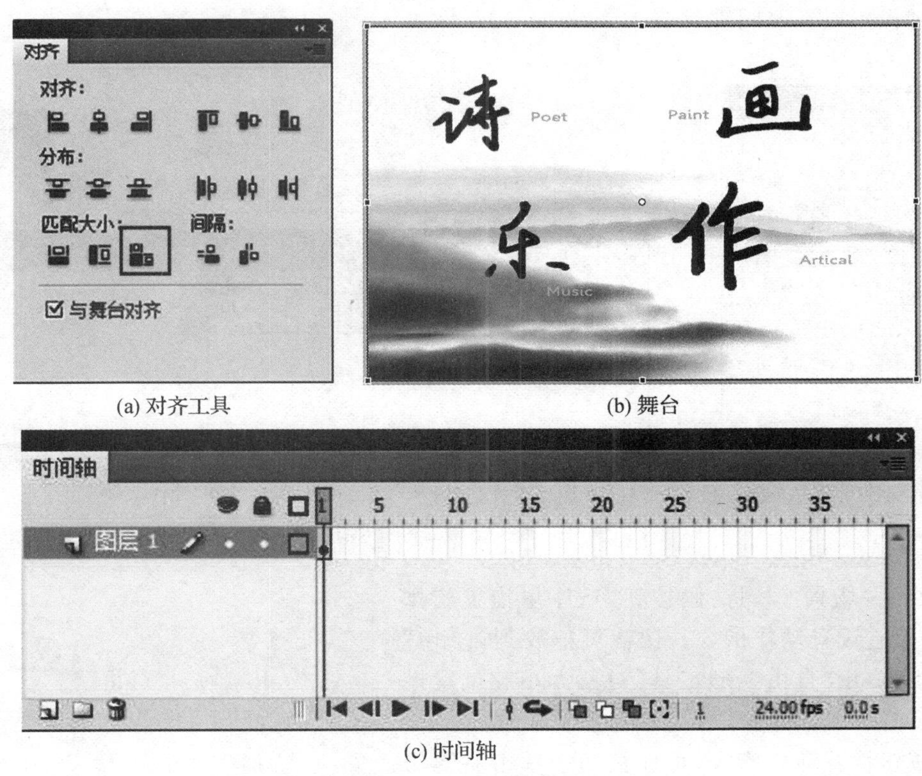

(a) 对齐工具 (b) 舞台

(c) 时间轴

图 5-67 添加背景

3. 制作按钮元件。从"菜单"→"插入"→"新建元件"进入"建立新元件"对话框，命名为"画按钮"，"元件类型"选择"按钮"。如图 5-68 所示。

创建新元件

名称(N): 画按钮　　确定

类型(T): 按钮　　取消

文件夹: 库根目录

高级

图 5-68 “建立新元件”对话框设置

确定后进入按钮时间轴的设置，按钮的时间轴有四个帧，分别是弹起、指针、按下、点击。

四个帧的设置如下：“弹起”空白关键帧的舞台上用“矩形工具”画一个灰色的正方形，可在属性面板对“填充”和“笔触”进行设置，如图 5-69(a)所示，“填充”为灰色，“笔触”为无颜色。在“指针”帧设置关键帧，将填充色改为绿色，在“按下”帧设置关键帧，将填充色改为红色，最后在“点击”帧上设置关键帧，用“自由变形工具”放大正方形。图 5-69(b)显示了四个帧的外观设置以及时间轴状态。

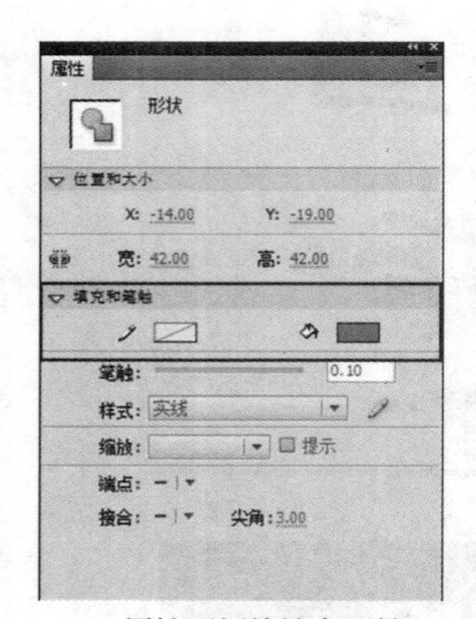

(a) 属性面板的填充工具

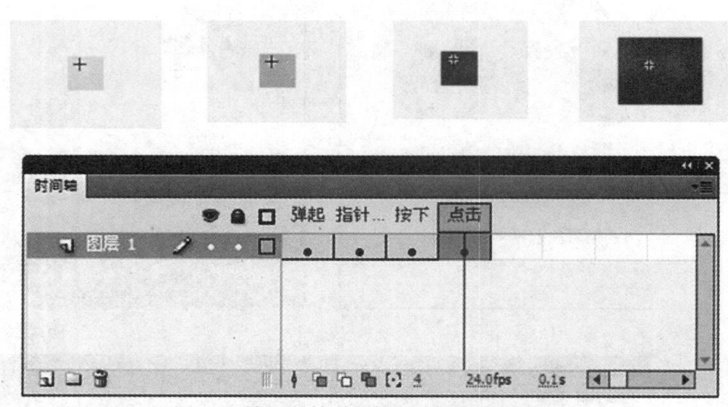

(b) 按钮元件时间轴四个帧的外观设置

图 5-69 “画按钮”元件时间轴设置

4. 回到“场景 2”，将“画按钮”从库里拖曳到舞台上，并给它设置动作指令。按钮可拖放到“paint”字体的下方，用“自由变形工具”对其大小和位置进行调整，如图 5-70 所示。

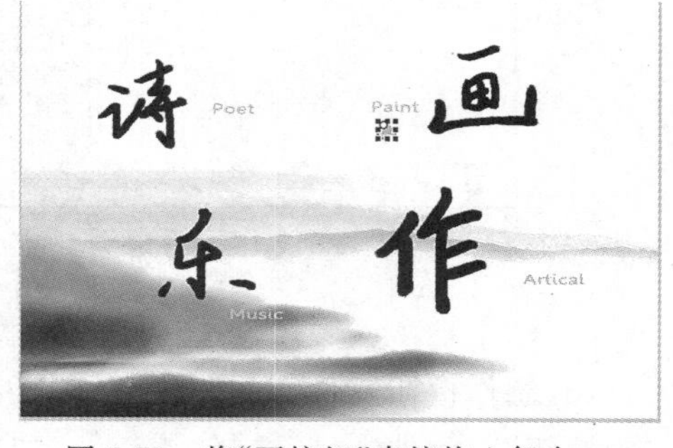

图 5-70 将“画按钮”直接拖入舞台

给按钮设置动作指令，可在按钮上单击右键勾选“动作”，出现动作对话框，在对话框中输入指令：

```
on (release) {
gotoAndPlay("场景 1",1);
}
```

指令的目的是使其在点击状态下播放“场景 1”第 1 帧。具体如图 5-71 所示。

图 5-71 给按钮设置动作指令

5. 给时间轴添加动作指令。由于目前“场景 2”的设置只在“图层 1”的第 1 帧，如果测试影片的话就会发现，由于帧时间太短，“场景 2”几乎不可见，要使播放时能够有充分的停留时间，要给时间轴添加动作指令。

在“场景 2”第 1 帧单击右键，勾选“动作”，在动作对话框中通过“＋”在对话框中添加“Action script”话语，在下拉框中点击“全域函数”→“时间轴控制项”→“stop”，如图 5-74(a)所示。

点击后对话框里出现“stop( );”字样，也可直接在动作对话框里用键盘输入同样字样，完成后如图 5-74(b)(c)所示。

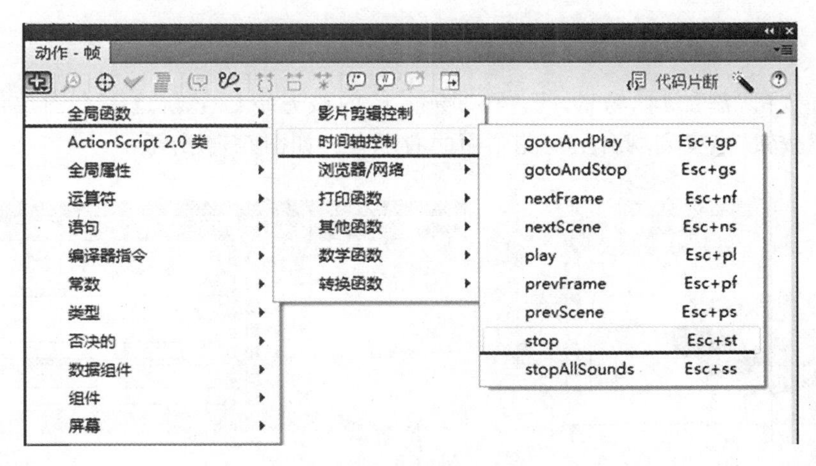

(a) 动作对话框中指令添加

(b) 动作指令详情

(c) 完成后的时间轴状态

图 5-72 时间轴动作添加

6. 给“场景 1”添加交互按钮。新建元件“印章按钮”，建立方法与图 5-69 一致，“印章按钮”元件时间轴的四个关键帧设置如图 5-73 所示。

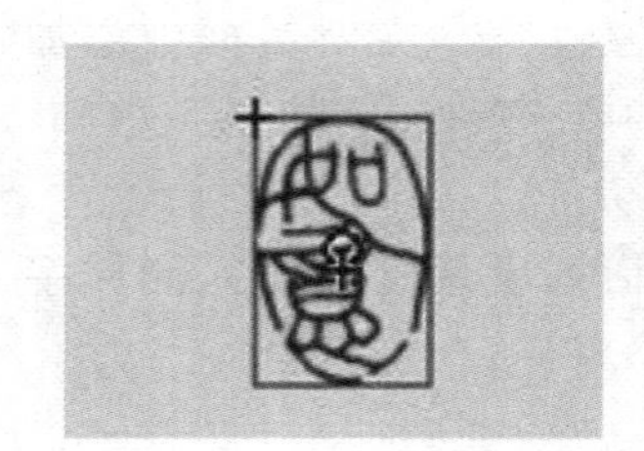
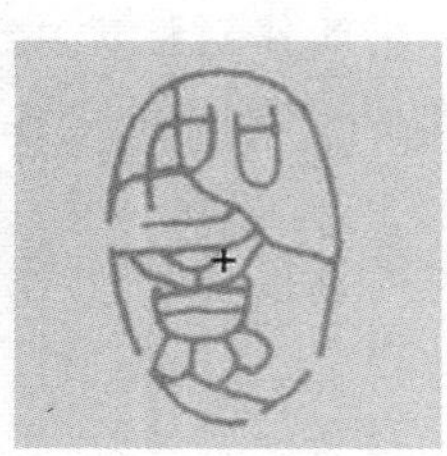
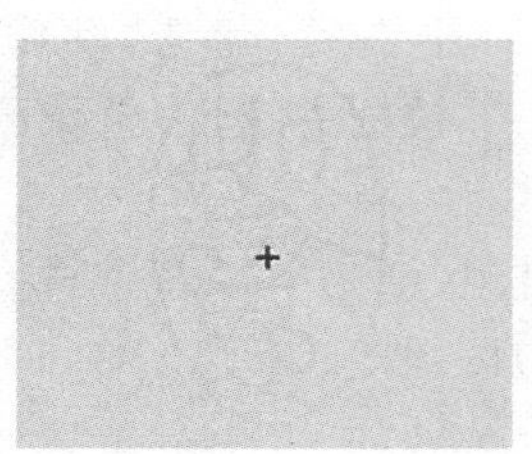
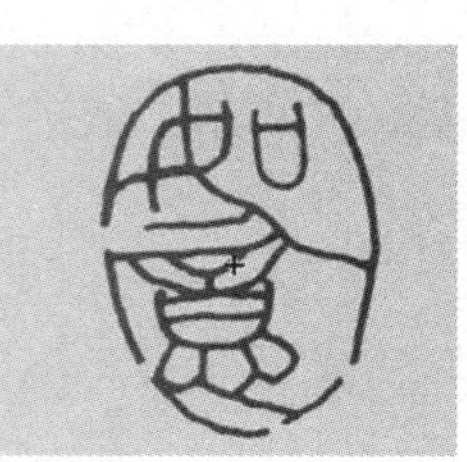

图 5-73 “印章按钮”元件时间轴的四个关键帧设置

将“印章按钮”添加到“场景 1”。在“场景 1”的被遮罩层上新建一个图层，命名为“按钮”，将“印章按钮”拖曳到舞台上荷花画面的右下方。如图 5-74 所示。

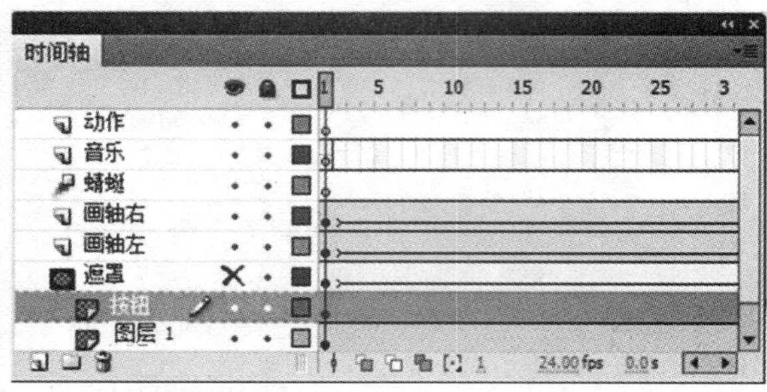

图 5-74 场景 1 的按钮图层与舞台设置

给舞台的“印章按钮”添加交互。在按钮的位置上单击右键勾选“动作”，在跳出的动作对话框中输入指令：

```
on (release) {
stopAllSounds();
prevScene();
}
```

其含义是在点击按钮时回到前一个场景，同时停止所有的声音，如图 5-75 所示。

7. 将场景面板中的“场景 2”放到“场景 1”的前面，使其先被放映。如图 5-76 所示。

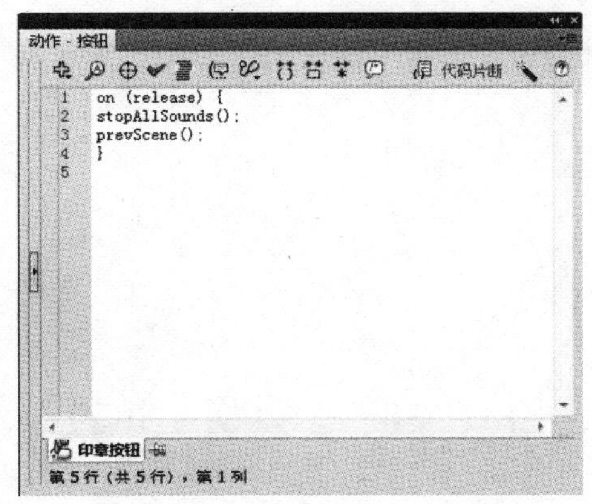

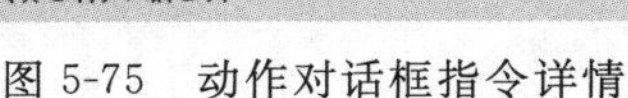
图 5-75　动作对话框指令详情

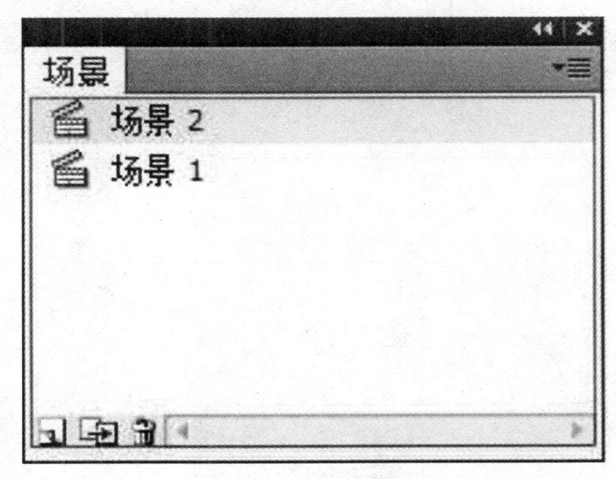

图 5-76　场景调整

8. 影片测试与保存。可采用快捷方式“Ctrl＋Enter”测试全片，影片保存可执行“菜单”→“文件”→“导出影片”命令，文件格式选择“.swf”格式，输入文件名为“创建交互”。如果还需要保存工程文件，则可以执行“菜单”→“文件”→“保存”命令，格式为“.fla”，输入文件名为“创建交互”。

【练习题】

1. 动态名片制作：里面的文字信息如名字和个人身份逐个出现，而照片和图案则可以采用形状补间动画出现。

2. 影片剪辑元件制作：绘制一棵简单的圣诞树，上面挂着五彩的会闪烁的小彩灯，并给它添加圣诞节的音乐。

3. 交互练习：找一个礼物包装盒素材图，作为引导页，然后点击盒子，会出现两个圣诞树彩灯闪烁的场景。点击最大的那个彩灯，回到引导页。

4. 运动补间制作：绘制一个球，让它在舞台上到处滚，到处弹。